升级版

> 终极视觉图解指南 > 探索·发现

# 动物

西班牙Sol90公司 ◇ 编著　迟文成　王　昕 ◇ 译

北方联合出版传媒（集团）股份有限公司
辽宁少年儿童出版社
沈　阳

图书在版编目（CIP）数据

探索·发现.动物 / 西班牙Sol90公司编著；迟文成，王昕译.-- 沈阳：辽宁少年儿童出版社，2025.4.
ISBN 978-7-5759-0086-7

Ⅰ.N49；Q95-49
中国国家版本馆CIP数据核字第2025J4A681号

© Original Edition Editorial Sol90 S.L., Barcelona
This edition © 2022 granted to Liaoning Children's Publishing House Co., Ltd.
by Editorial Sol90, Barcelona, Spain.
www.sol90.com
All Rights Reserved.
This simplified Chinese translation edition is arranged through COPYRIGHT AGENCY OF CHINA LTD.
著作权合同登记号：06-2022-194

**探索·发现 动物**

出版发行：北方联合出版传媒（集团）股份有限公司
　　　　　辽宁少年儿童出版社
出 版 人：胡运江
地　　址：沈阳市和平区十一纬路25号
邮　　编：110003
发行部电话：024-23284265　23284261
总编室电话：024-23284269
E-mail：lnsecbs@163.com
http：//www.lnse.com
承 印 厂：深圳市福圣印刷有限公司
责任编辑：董全正　袁丹阳
责任校对：李艾霖
封面设计：白　冰
版式设计：鼎籍文化创意
责任印制：孙大鹏

幅面尺寸：213mm×276mm
印　　张：15.5　　字数：394千字
出版时间：2025年4月第1版
印刷时间：2025年4月第1次印刷
标准书号：ISBN 978-7-5759-0086-7
定　　价：128.00元

版权所有　侵权必究

# 序

## 欢迎来到狂野动物王国

野生动物的身体构造、生活习性和生活方式各不相同。尽管如此，这些分属于不同种类的动物也有许多相同之处：都是由真核细胞构成的有机体，都通过消化食物或有机物获取能量，还都演化出了适合自己的捕猎方式，如有用尖锐的喙啄的，有用强壮的下颌咬的，有用锋利的毒刺蜇的，有用利爪捕的……科学家估计，世界上约有140万种动物，它们构成了多彩的动物世界。本书将以精练的文字、精美的图片和精细的图表，带你全方位了解脊椎动物中的哺乳动物、鸟类、爬行动物、鱼类、两栖动物以及无脊椎动物。

**已知的陆栖哺乳动物和水栖哺乳动物约有 5 000 种**。虽然同属哺乳动物，但它们之间有着巨大差异：最小的哺乳动物鼩鼱仅重约 3 克，而最大的哺乳动物蓝鲸则可能重达 160 吨。它们以千变万化的生活方式来适应不同的生存环境：有的擅长奔跑，有的擅长滑翔，有的能够飞行，而另一些则擅长跳跃、游泳或是爬行。水栖哺乳动物几乎没有毛发，取而代之的是厚厚的脂肪层。

为了节省能量，一些哺乳动物会在冬天进入深度睡眠状态，比如北极熊、睡鼠以及某些蝙蝠，严酷的低温导致它们不再遵循根据环境变化调节体温的重要规律。早在 6 000 多万年前，动物就已出现在地球上，从极地海床到茂密的热带丛林，从深深的海洋到较浅的湖泊，你可以在世界的任何角落看到它们的身影。

**世界上约有 9 700 种鸟，是仅次于鱼的大类群**。据统计，全球每年有超过 2 亿只鸟跨洲越洋进行迁徙。很多鸟类甚至会飞行上万千米，飞过荒凉无人的沙漠和波涛起伏的大海。

有些鸟类靠太阳、月亮和星星辨别方向，有些通过河流和山脉判断方位。体型较小的候鸟通常会多次停下进食，然后继续横跨大陆的旅程。候鸟的飞行速度十分惊人，有的五六天就能飞行 4 000 千米。

**鸟类的体型差距很大，成年的非洲鸵鸟可重达 150 千克，而成年的蜂鸟仅重约 1.6 克。**大部分鸟类都会飞，但也有少数鸟类只能行走和奔跑，比如几维鸟、非洲鸵鸟和美洲鸵鸟。还有一些鸟类特别擅长游泳，比如企鹅。鸟类的喙和爪子的形状也因生活环境而异。大部分鸟类都在巢里产卵。

**地球上有约 8 200 种爬行动物，如乌龟、蜥蜴、蛇、鳄鱼等。**爬行动物是第一批从水里爬出来的脊椎动物，这都是羊膜卵的功劳。羊膜卵的壳膜为胚胎营造了生存所必需的环境，让胚胎可以在陆地上生长，无须回到水中。因为爬行动物无法保持恒温，所以它们会长时间待在太阳光下，接受阳光照射。

人类与爬行动物之间有很深的渊源。蛇、鳄鱼是许多民族的传说、

民俗仪式或神话中的主要角色，是人类文明中不可忽视的存在。很多爬行动物都有令人震惊的能力。除了爬行，它们还能够攀登和游泳，还可以悄无声息地贴地移动，巧妙地改变身体颜色以融入周围环境，或者像鳄鱼那样拥有强壮有力的下颌。这些都是爬行动物能够在地球上存活数百万年的秘诀。

**鱼类和两栖动物是最古老的脊椎动物。它们都有骨架，但其构造天差地别。**鱼类是所有动物中唯一完全适应了水下生活的物种，它们用鳃呼吸，靠鳍在水中移动。鱼类的适应能力惊人，能够在各种各样的水生环境里生存。河流、湖泊、河口、暗礁以及大海，都是它们的家园。世界上大约有 31 000 种鱼。很多鱼类是商业捕捞的对象。由于过度捕捞，许多鱼类已处于濒临灭绝的状态。

一些最早的鱼类的后代长有树叶状肥厚的鳍，并且开始在陆地上寻找食物。一段时间之后，它们便完全适应了陆地的生活。泥盆纪时期有非常多的两栖动物，但其中大部分都在三叠纪时期灭绝了。现存

的两栖动物只是当初的一小部分。两栖动物的一大特点就是它们非常擅于隐藏自己。

**无脊椎动物是地球上最早出现的动物。因此，它们也是最古老且数量最多的动物。** 无脊椎动物的数量约占动物总数的95%，已知的无脊椎动物约有150万种。无脊椎动物和其他动物最大的不同便是没有脊柱。一些无脊椎动物的身体十分柔软，比如蠕虫和刺胞动物；另一些的身体则比较坚硬，比如昆虫和甲壳动物。

无脊椎动物对环境的适应能力非常强。它们有的生活在水里，随着水流分散至不同的地方；有的则始终待在同一个地方，比如珊瑚和海葵。所有的生命都离不开无脊椎动物。比如蜜蜂可以帮助植物授粉，在植物的生长和进化过程中扮演了至关重要的角色；蜘蛛则善于捕捉昆虫。人类已知的蜘蛛大约有35 000种，其中只有30%是毒蜘蛛。如果没有蜘蛛，那么地球早已被昆虫占领了。那样一来，别说是人类，就连其他的动物都难以生存。

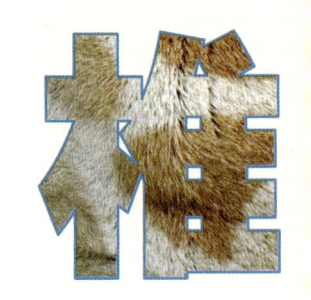

# 目录

## 第一章 脊椎

第一节 哺乳类

第二节 鸟类

第三节 爬行

第四节 鱼

第五节 两栖

## 第二章 无脊

| | |
|---|---|
| 动物 | 10 |
| 动物 | 11 |
| | 69 |
| 动物 | 117 |
| | 149 |
| 动物 | 181 |
| 椎动物 | 196 |

# 第一章
# 脊椎动物

第一节

# 哺乳动物

什么是哺乳动物 13
生活习性与生命周期 29
多样性 53

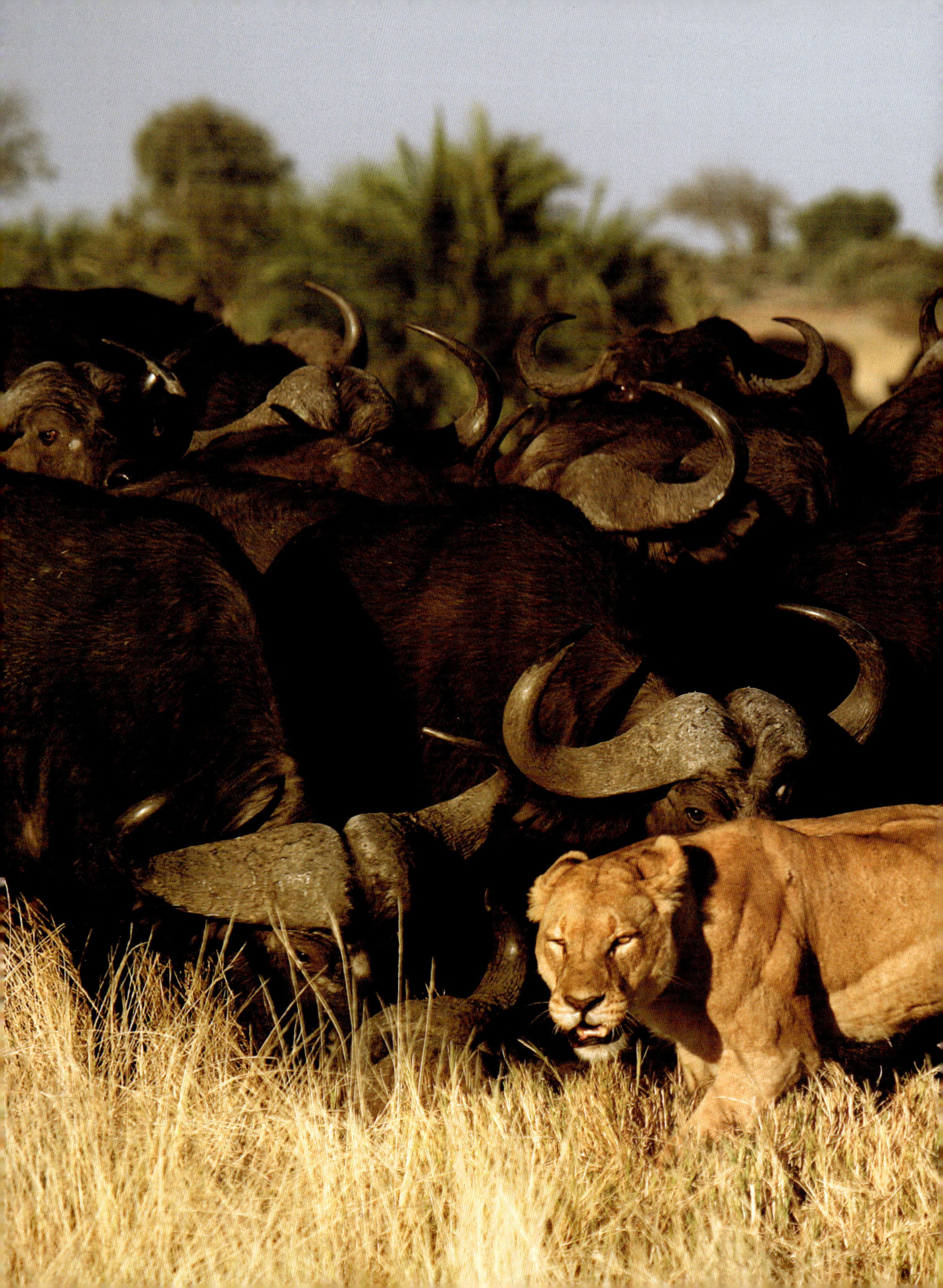

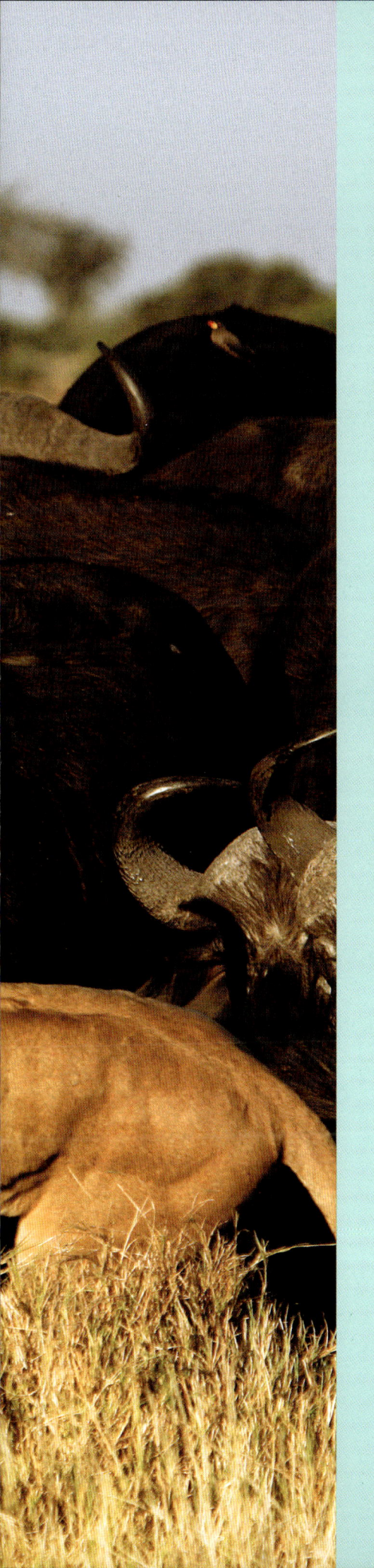

# 什么是哺乳动物

　　哺乳动物的基本特征：长有毛发、可以自主调节体温、胎生和哺乳。世界上有5 400多种哺乳动物。虽然同为哺乳动物，但它们有着巨大的差异：鼩鼱体重仅约3克，而蓝鲸的体重可达160吨。

**哺乳动物的特征** 14
**体温调节是关键** 16
**预备，跑！** 18
**四肢** 20
**这不是跑，这是飞** 22
**发达的感官** 24
**柔软的触感** 26

**最广为人知的脊椎动物**
　　哺乳动物最早出现在2亿年前，并且独具特色，有单孔类动物、有袋类动物、灵长类动物、有蹄类动物（比如图中的牛羚，又名角马）、食肉动物（比如图中威武的母狮）等。

# 哺乳动物的特征

**哺乳动物具有以下特征**：身上覆有毛发、胎生、新生儿以母亲的乳汁为食。哺乳动物都用肺呼吸，有封闭的双循环系统以及动物界中最为发达的神经系统。哺乳动物能够保持恒定体温，这一能力让它们得以在世界任何角落生存，从高山到海洋，从寒冷的极地到炎热的沙漠，处处都可以看到它们的身影。

## 可适应任何环境的身体

哺乳动物的皮肤上有毛发和汗腺，这有助于其维持恒定的体温。有些哺乳动物的眼睛位于头部两侧，因此拥有单眼视觉（灵长类动物例外——它们拥有双眼视觉），这为它们提供了广阔的视野。根据行走时脚着地部位的细微差别，哺乳动物可分为跖行动物、趾行动物和蹄行动物。水栖哺乳动物的四肢进化为鳍，蝙蝠的前肢则进化成为翼。肉食动物的四肢长有锋利的爪子，蹄行动物（比如马）则有强健的蹄，能够在奔跑时支撑整个身体。

宽吻海豚
*Tursiops truncatus*

### 毛发

毛发是只有哺乳动物才具备的体征。海牛目动物和鲸目动物是例外，为了适应水生环境，它们的毛发极少。

### 牙齿

大部分哺乳动物会在成长的过程中换牙。牙齿的功能各不相同：臼齿用于咀嚼，犬齿用于撕扯，门齿则用于啃咬。啮齿动物的牙齿会一直生长，比如花栗鼠。

花栗鼠
*Tamias striatus*

地球上现存的哺乳动物约有 **5 416** 种。

## 近亲

我们人类属于灵长类动物。人科动物（包括猩猩属、大猩猩属、黑猩猩属和人属）是最大的灵长类动物，体重在 48~270 千克。雄性通常比雌性体型大，且身体更为强壮，臂膀更为发达。人科动物因为直立行走，所以骨架与其他灵长类动物不同。大猩猩只分布在西非和东非赤道附近的热带丛林中。它们行走时用前肢支撑身体。大猩猩的身高一般在 1.2~1.8 米，如果它们直起身子，举起前臂，高度可超过 2 米。

**颅骨**
相较于体型来说，颅骨比较大。大脑比其他所有动物都更为发达和复杂。

**骨骼构成的耳朵**
耳部的微小骨骼组成了感知和传声系统。

**下颌**
由名为齿骨的单块骨骼和具有不同功能的牙齿构成。整个颌骨的骨骼结构十分简单。

**乳腺**
雌性的乳腺可以分泌乳汁，在胎儿出生后的最初一段时间喂养胎儿。哺乳动物的名称由此而来。

**厚厚的皮肤**
由外层（表皮层）、深层（真皮层）以及帮助身体保持恒温的脂肪层构成。

**大猩猩**
*Gorilla gorilla*

## 恒温能力

恒温能力是指即使环境温度变化，也能够保持自身体温相对稳定的能力。冬眠的动物是个例外，它们必须降低体温才能减少新陈代谢。与人们的普遍认知不同，熊并不会真正地冬眠，只是会在冬季进入一段深度睡眠的时间。

**永远 37℃**
恒温不是哺乳动物独有的特征，鸟类也能做到这一点。

**棕熊**
*Ursus arctos*

## 四肢

绝大多数的哺乳动物进化出了适宜在陆地上生活的四肢。除了行走，它们的前肢还具有其他功能（比如游泳、使用工具、攻击、防御等）。鲸目动物和海豹（海豹科）是例外。为了适应水中生活，它们只长出了两个没有手指的前肢。

**海豹科**
*Family Phocidae*

## 生活环境

每种哺乳动物都与其生活的环境之间有着紧密的联系，这种联系通过它们的身体特征表现出来。就像海象使用鳍肢来游泳和捕鱼，拟态和奔跑对鹿类来说极为重要。生理机能是动物适应环境的特别手段，骆驼就是一个极好的例子。

| 水生环境 | 温带森林 | 沙漠 | 草地或牧场 |
| --- | --- | --- | --- |
| 热带稀树草原 | 热带雨林 | 针叶林 | 苔原 |

### 与众不同的灵长类动物

人类可以改变生存环境中的一些特定因素，使其有利于自身，这种能力使其几乎可以在所有环境中生存。人类常常发明工具来帮助自己适应环境，这样就不用完全依靠自然进化。人类几乎已经适应了所有环境。

# 体温调节是关键

哺乳动物是恒温动物——无论外部环境如何变化，它们身体的温度都能够保持稳定。哺乳动物也因此几乎能在地球上的任何地区生存。维持体温稳定需要一系列过程，其中包括保持体内含水量、血液内矿物质以及葡萄糖浓度平衡，除此之外，还要避免体内废物过度累积。

北极熊
*Ursus maritimus*

## 出色的适应能力

北极熊（白熊）是适应恶劣生存环境的绝佳典范。它们的毛看上去是白色、淡黄色或乳白色的，但实际上是半透明并且是无色的。北极熊的毛分为两层，里层密而短，外层较长。在北极生活，保暖是必不可少的。北极熊依靠浓密的毛发和厚厚的皮下脂肪层来保暖，它们可以在冰水中潜水或游泳，还能顶住暴风雪的袭击。

## 游泳健将

在开阔水域中，北极熊的游泳速度可以轻松达到每小时10千米。它们会用巨大的前脚掌划水，用后脚掌控制方向。北极熊的毛是中空的，里面充满空气，这有助于增加身体的浮力。北极熊在潜水时也可以睁开眼睛。

### 受保护的熊宝宝
北极熊宝宝在冬季出生，母亲会用身体帮熊宝宝保温，使其避免被冻坏。

### 新陈代谢
北极熊的脂肪层厚度为 10~15 厘米，不仅可以隔绝严寒，还能储存能量。当气温极低时（极地最低气温可达 −50℃ ~−60℃），北极熊的新陈代谢会加快，身体开始快速消耗从脂肪以及食物中获得的能量。它们通过这一方式保持体温。

**毛**
- 不透水的半透明表层
- 充满空气的空腔

**呼吸道**
北极熊的口鼻部有一层黏膜，可以让吸入的空气先变得温暖潮湿，再进入肺部。

### 皮肤层次
- 针毛外层
- 下层绒毛里层
- 脂肪 10~15 厘米厚

**主要脂肪储备区**
大腿、臀胯部和腹部。

# 迁徙
春天到来的时候，为了逃离破裂的北极冰层，北极熊开始向南方迁徙。

### 冰层之下
母熊会在春季挖出一条隧道，以便它们怀孕后可以在隧道中冬眠。冬眠期间，它们不吃不喝，体重会减少 45%。

- 第二入口隧道
- 洞穴
- 主入口隧道
- 入口

### 蜷成一团
很多在寒冷地区生活的哺乳动物都会蜷起身体，缩起四肢，将尾巴盖在身上。这样可以最大程度减少热量流失。热带地区的动物则会伸展身体来散热。

北极熊的平均游泳速度超过

## 10 千米/时。

### 缓慢而匀速地游泳
**后腿** 起到舵的作用。
**前腿** 起到发动机的作用。

符合流体力学的身体

### 最终仰面漂浮在水面上
北极熊游累了，就会漂在水面上休息。它们可以保持这个姿势漂过 60 千米以上。

### 离开水面：防滑的脚掌
北极熊的脚掌上有很多小凸起，能加强与冰面的摩擦力，避免滑倒。

# 预备，跑！

马，一种奇蹄有蹄类哺乳动物，经常被视为优雅和自由的象征。马的精力充沛，奔跑起来十分轻盈，这是因为它们的脊椎弯曲弧度很小，能避免躯干起伏时产生不必要的能量消耗。马的骨骼强壮，而且重量轻、韧性强。它们的肌肉对称分布，通过肌肉收缩使身体运动。

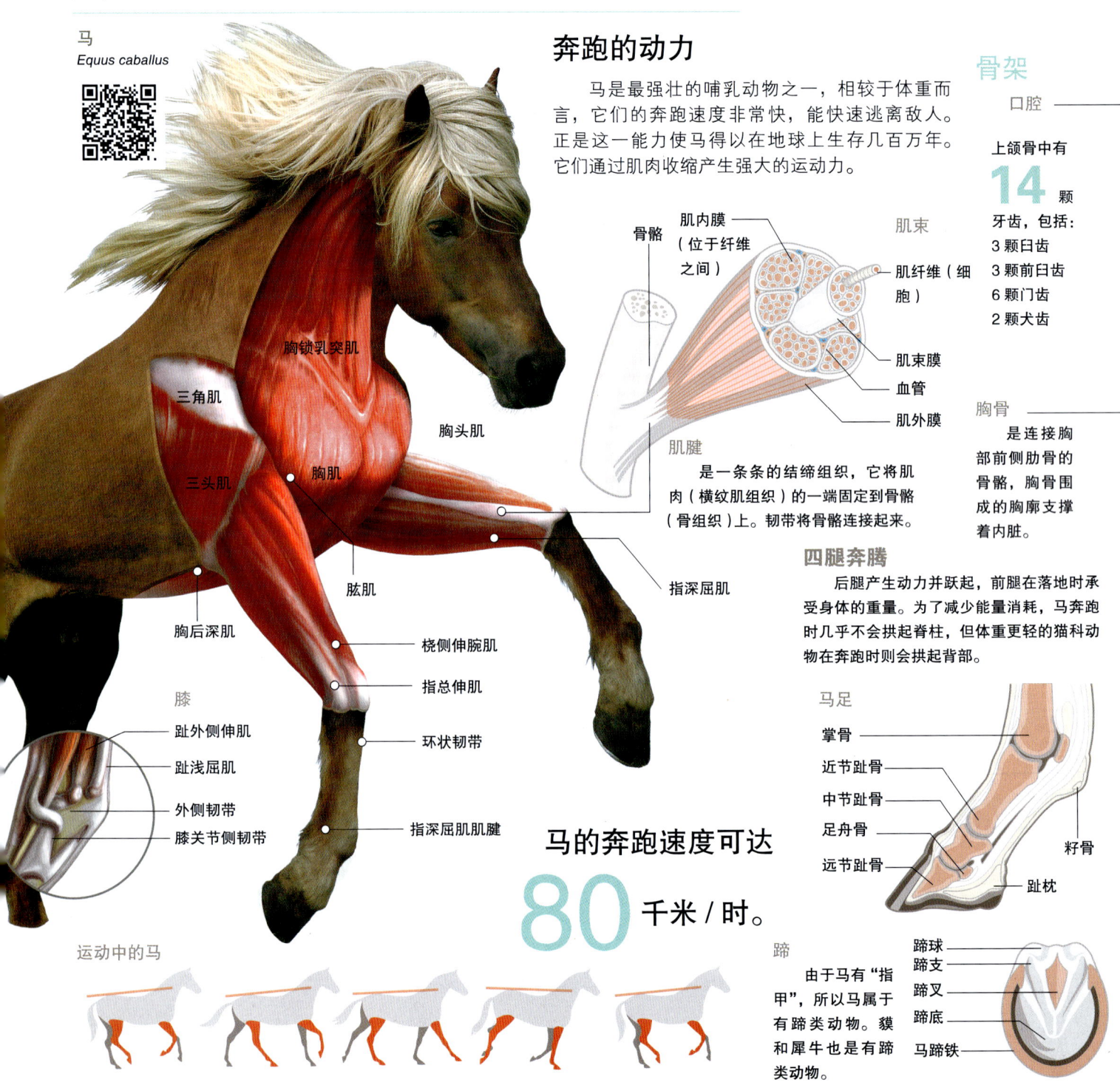

马
*Equus caballus*

## 奔跑的动力

马是最强壮的哺乳动物之一，相较于体重而言，它们的奔跑速度非常快，能快速逃离敌人。正是这一能力使马得以在地球上生存几百万年。它们通过肌肉收缩产生强大的运动力。

骨骼

肌内膜（位于纤维之间）

肌束

肌纤维（细胞）

肌束膜

血管

肌外膜

肌腱

是一条条的结缔组织，它将肌肉（横纹肌组织）的一端固定到骨骼（骨组织）上。韧带将骨骼连接起来。

## 四腿奔腾

后腿产生动力并跃起，前腿在落地时承受身体的重量。为了减少能量消耗，马奔跑时几乎不会拱起脊柱，但体重更轻的猫科动物在奔跑时则会拱起背部。

### 骨架

口腔

上颌骨中有

**14** 颗

牙齿，包括：
3 颗臼齿
3 颗前臼齿
6 颗门齿
2 颗犬齿

胸骨

是连接胸部前侧肋骨的骨骼，胸骨围成的胸廓支撑着内脏。

### 马足

掌骨
近节趾骨
中节趾骨
足舟骨
远节趾骨
籽骨
趾枕

**马的奔跑速度可达 80 千米/时。**

肌肉标注：
- 胸锁乳突肌
- 三角肌
- 胸头肌
- 三头肌
- 胸肌
- 胸后深肌
- 肱肌
- 桡侧伸腕肌
- 指总伸肌
- 环状韧带
- 指深屈肌
- 指深屈肌肌腱

膝：
- 趾外侧伸肌
- 趾浅屈肌
- 外侧韧带
- 膝关节侧韧带

### 蹄

由于马有"指甲"，所以马属于有蹄类动物。貘和犀牛也是有蹄类动物。

- 蹄球
- 蹄支
- 蹄叉
- 蹄底
- 马蹄铁

运动中的马

# 19

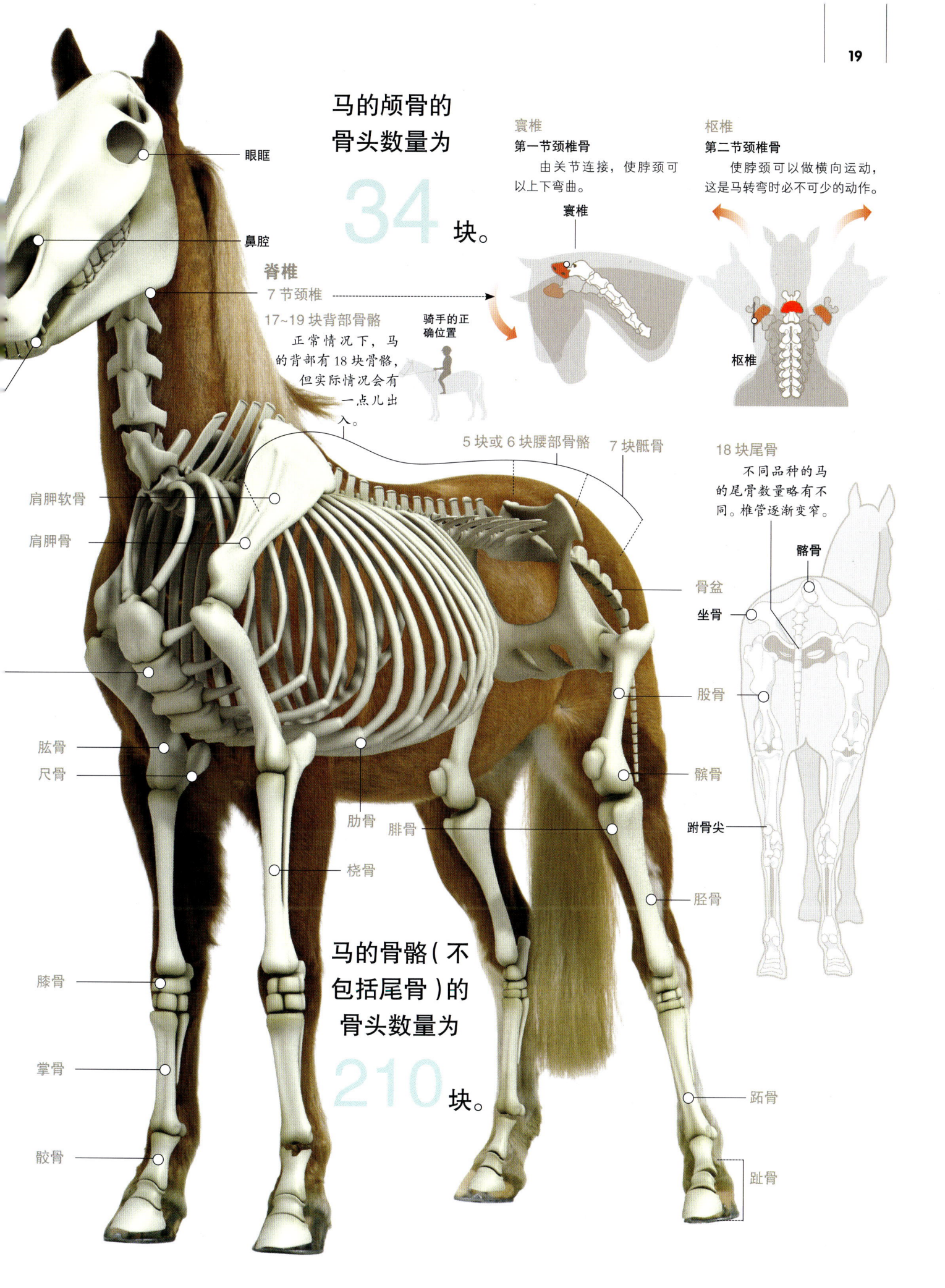

马的颅骨的
骨头数量为

## 34 块。

**寰椎**
第一节颈椎骨
由关节连接，使脖颈可以上下弯曲。

寰椎

**枢椎**
第二节颈椎骨
使脖颈可以做横向运动，这是马转弯时必不可少的动作。

枢椎

- 眼眶
- 鼻腔

**脊椎**
7 节颈椎

17~19 块背部骨骼
正常情况下，马的背部有 18 块骨骼，但实际情况会有一点儿出入。

骑手的正确位置

5 块或 6 块腰部骨骼　7 块骶骨

**18 块尾骨**
不同品种的马的尾骨数量略有不同。椎管逐渐变窄。

- 肩胛软骨
- 肩胛骨
- 肱骨
- 尺骨
- 肋骨
- 桡骨
- 膝骨
- 掌骨
- 骸骨

- 骨盆
- 股骨
- 髌骨
- 腓骨
- 胫骨
- 跗骨
- 趾骨

- 髂骨
- 坐骨
- 跗骨尖

马的骨骼（不包括尾骨）的骨头数量为

## 210 块。

# 四肢

哺乳动物行走时或脚掌着地，或脚尖着地，但是每个物种的行走方式都有所不同。例如，水栖哺乳动物的四肢进化成鳍以便游泳，蝙蝠的四肢进化成翼以便飞行。对于陆栖哺乳动物来说，四肢的进化取决于它们行走时支撑身体的方式：使用整个足部支撑身体的叫作跖行动物，用脚趾支撑身体的叫作趾行动物，只用趾骨尖接触地面的叫作蹄行动物。

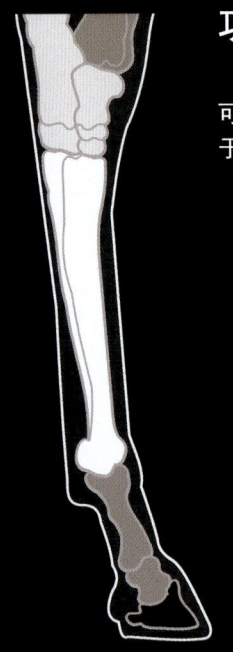

## 功能性适应

哺乳动物除了可以按照四肢的形态分类，还可以按照四肢的功能分类。猫、狗和马的四肢用于行走，还有一些动物的四肢则用于游泳或飞行。

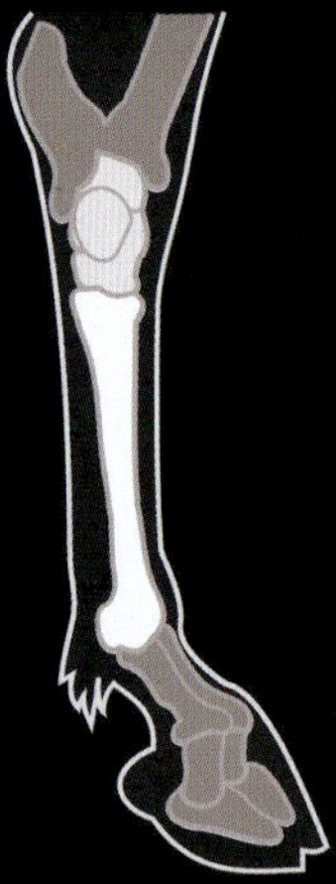

## 灵长目动物

灵长目动物的前肢各不相同，它们有时也用后肢来捕猎或拿取食物。

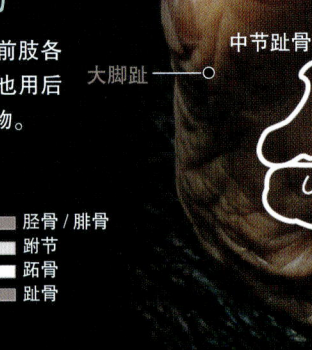

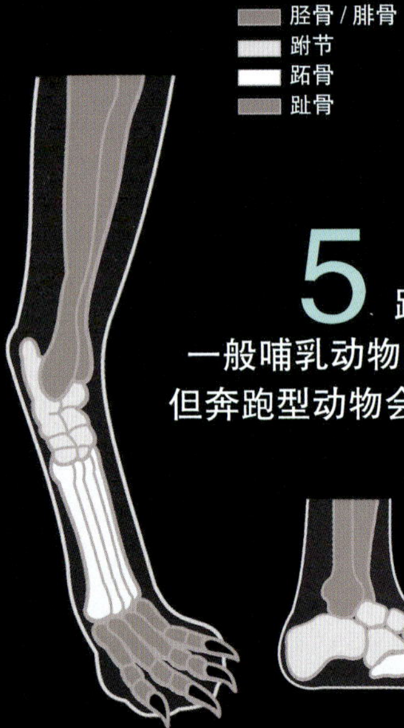

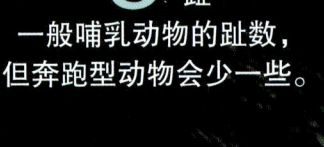

胫骨/腓骨
跗节
跖骨
趾骨

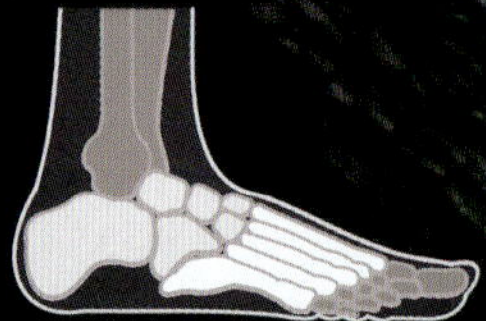

**黑猩猩的左脚**
大小与实际一致

第二趾
趾甲
远节趾骨
大脚趾 — 中节趾骨
趾骨
跖骨

### 蹄行动物 I
**马**

如果你仔细观察马的脚印，就会发现只有马蹄会留下印记。马蹄上只有一个脚趾。这种动物被称为奇蹄动物。

### 蹄行动物 II
**山羊**

包括山羊在内的大部分有蹄类动物的脚趾都是偶数。它们被称为偶蹄动物。

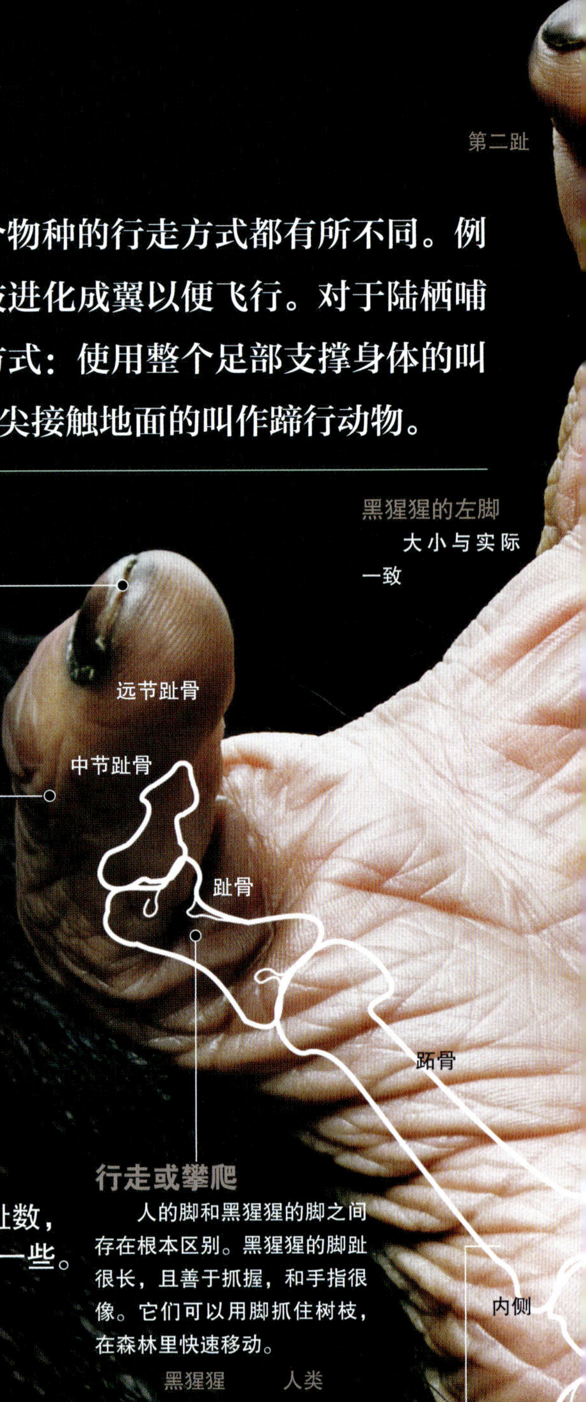

### 说谎的脚印

一些蹄行动物的脚趾可能更多，但是它们最多只会用两个脚趾支撑身体。

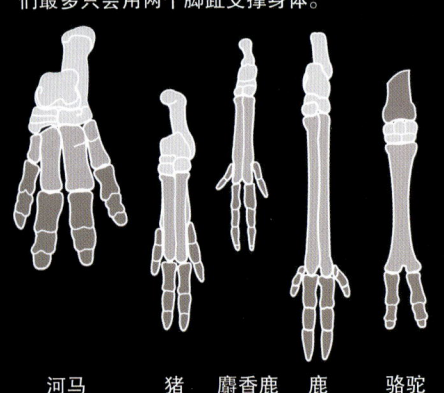

河马　猪　麝香鹿　鹿　骆驼

**5** 趾
一般哺乳动物的趾数，但奔跑型动物会少一些。

### 趾行动物
**狗**

趾行动物行走时，脚趾（或部分脚趾）接触地面。它们的脚印通常由前趾和一小部分前部脚掌的痕迹组成。猫和狗是最常见的例子。

### 跖行动物
**人**

灵长目动物（包括人类），行走时用脚趾和大部分脚掌，尤其是跖骨来支撑身体。老鼠、黄鼠狼、熊、兔子、臭鼬、浣熊和刺猬都是跖行动物。

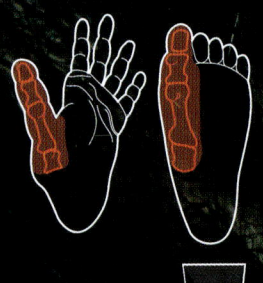

### 行走或攀爬

人的脚和黑猩猩的脚之间存在根本区别。黑猩猩的脚趾很长，且善于抓握，和手指很像。它们可以用脚抓住树枝，在森林里快速移动。

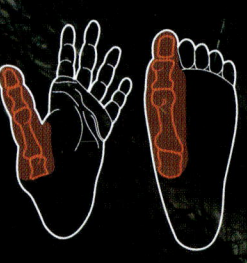

黑猩猩　人类

内侧

跗骨

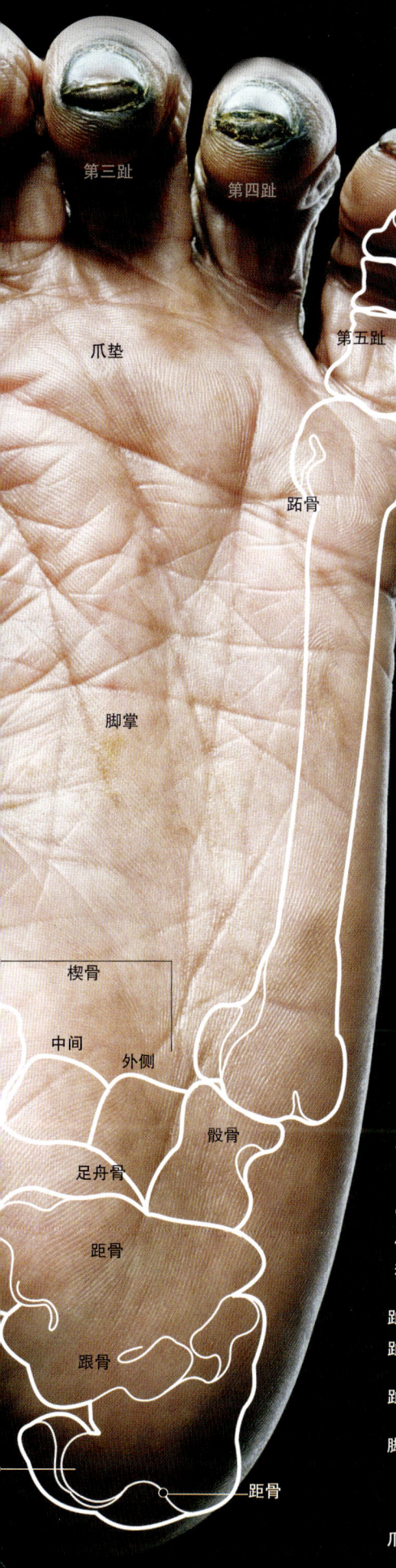

## 翼手目动物

"翼手"一词源于希腊语，意为"像翅膀一样的手"。蝙蝠的前肢上长有细长的手指，能够支撑起类似于翅膀的薄膜。蝙蝠的后肢与前肢形态不同，长有爪子。

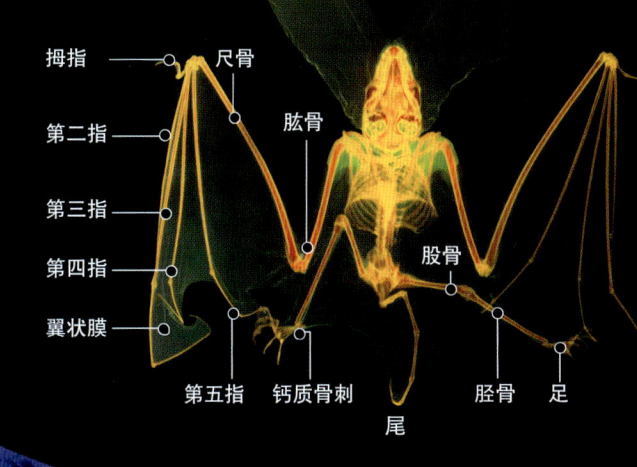

拇指 — 尺骨
第二指 — 肱骨
第三指
第四指 — 股骨
翼状膜
第五指 — 钙质骨刺 — 尾 — 胫骨 — 足

第三趾
第四趾
第五趾
爪垫
跖骨
脚掌
楔骨
中间
外侧
骰骨
足舟骨
距骨
跟骨
距骨

## 鲸目动物

鲸已经完全适应了海洋生活，这让它们看起来似乎与鱼类无异。但鲸的鳍（即演化后的前肢）的内部骨骼结构和长有手指的手十分类似。鲸没有后肢，取而代之的是它们的尾巴。它们的尾巴是水平的，并且与后肢毫不相干，它们靠尾巴在水中行动。

肩胛骨
肱骨
尺骨
桡骨
腕骨
掌骨
指骨

## 尾巴

水栖哺乳动物和鱼类不同，它们的尾巴是水平的，而鱼类的尾巴是竖直的。

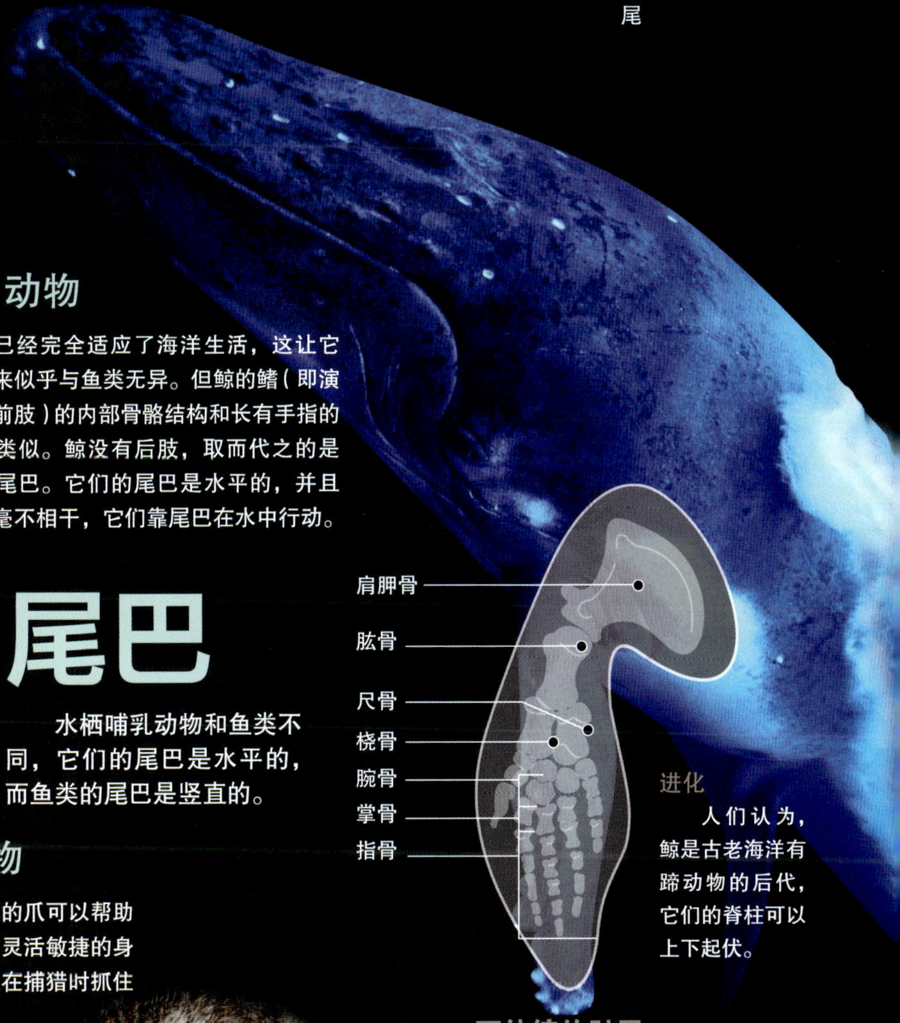

### 进化

人们认为，鲸是古老海洋有蹄动物的后代，它们的脊柱可以上下起伏。

## 猫科动物

猫科动物的爪可以帮助它们支撑自己灵活敏捷的身体。前爪可以在捕猎时抓住猎物。

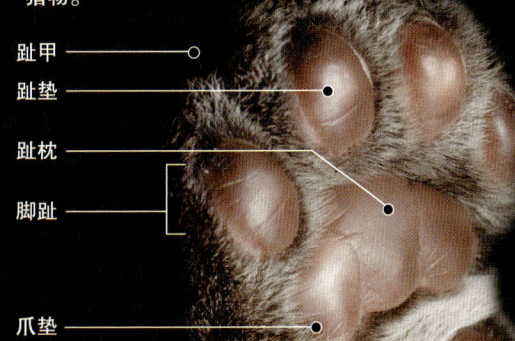

趾甲
趾垫
趾枕
脚趾
爪垫

### 可伸缩的趾甲

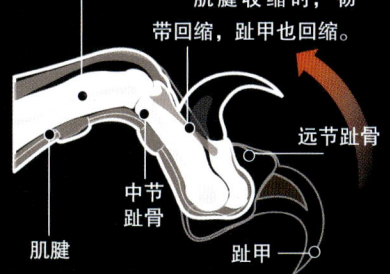

趾骨  弹性韧带

肌腱收缩时，韧带回缩，趾甲也回缩。

远节趾骨
中节趾骨
肌腱
趾甲

# 这不是跑，这是飞

猎豹是流淌着热血的流星！它们是陆地上跑得最快的动物，也是猫科动物中独特的一员。它们依靠敏锐的视觉和快如闪电的速度捕捉猎物。猎豹的短跑速度可以达到 115 千米／时，平均只需 2 秒就能加速到 72 千米／时的速度，不过这个速度只能维持几秒钟。猎豹和金钱豹长得很像，不过它们的身体特征有所不同：猎豹的身体更长更瘦，头更小更圆。

**起跳**
飞鼠正在从一棵树的树梢跳向另一棵较矮的树。

## 猎豹

老虎在捕猎时喜欢先埋伏起来等待时机，然后猛扑上去。而猎豹则依靠时速超过 100 千米的超强爆发力来捕捉猎物。

**❶ 起跑**
猎豹起跑时会加大步幅、伸展四肢。

**❷ 收缩颈椎**
然后四肢在腹下交叉，最大程度收缩颈椎。

**鼻孔**
猎豹的鼻孔很大，奔跑时能吸入更多氧气。

| 目 | 食肉目 |
|---|---|
| 科 | 猫科 |
| 种 | 猎豹（非洲）种 |

**首次触地**
猎豹在奔跑时，同一时刻只有一只脚会接触地面。在收缩颈椎时，猎豹的整个身体都会腾空。

**再次触地**
猎豹再次伸展四肢，这次动力更强，只用一条后腿支撑身体。

## 两足动物 VS 四足动物

**29 千米／时**
鞭尾蜥

**37 千米／时**
人类
最高纪录：尤塞恩·博尔特（牙买加），100 米用时 9.58 秒。

**67 千米／时**
灵缇
犬科动物，骨骼轻巧，奔跑时受到的空气阻力较小。

**80 千米／时**
马
为奔跑而生，肌肉十分有力。

**115 千米／时**
猎豹
只需 2 秒便能加速到 72 千米／时的速度。

## 小飞鼠

飞鼠和普通松鼠同属啮齿动物，它们的外形和生活习性非常相似。它们的生活区域从北欧到西伯利亚，再向南一直到东亚的混生林中。

**空中**
飞鼠不是真的会飞，它们只是在滑翔。飞鼠的前肢和后肢中间有一层皮肤膜，这层膜就像三角翼一样，在飞鼠起跳并张开四肢的瞬间展开。正是因为这层膜，飞鼠才能从一棵树的树梢滑翔到另一棵树的树干上。

**尾巴起到舵的作用**

**翼膜**

**降落**
飞鼠可以在滑翔过程中改变降落角度。它会在降落前放低尾巴，抬高前腿，把这层膜当作空气制动器来减速，最后用4个爪子轻盈降落。

**脚趾**
飞鼠降落时用脚趾紧紧抓住地面或树干。

| 目 | 啮齿目 |
| --- | --- |
| 科 | 松鼠科 |
| 种 | 小飞鼠种 |

**尾**
相较于体型，猎豹的尾巴非常大，在它急转弯时起到枢轴的作用。

**3 伸展脊柱**
在收缩颈椎的过程中，猎豹的身体形成反推力，使猎豹在伸展脊柱的同时获得向前的推力。猎豹一步可以跃出8米。

## 115 千米/时

这是猎豹的最快速度，但它只能维持这个速度奔跑500米。

**肩**
猎豹肩部的弯曲幅度很大，所以一步可以跃出很远。

**头**
猎豹的头部很小，呈流线型，奔跑时受到的空气阻力也很小。

**四肢**
猎豹的四肢灵活修长，骨架强健柔韧，肌肉发达结实。

## 三趾树懒

树懒的动作是出了名的慢。它们半分钟才能移动一条手臂！树懒还有点儿近视，听力也非常一般，嗅觉也不灵敏，它们只能分辨出哪些植物可以吃。在速度方面，树懒和猎豹处于两个极端。不过树懒主要生活在树上，所以无须快速移动，也不需要看得太清或听得太清。它们的生活方式与生活环境完美地融合在了一起。

**高速行进中急转弯**

1. 猎豹可以在高速奔跑时急转弯。
2. 猎豹的趾甲虽不能伸缩，但可以牢牢地抓住地面。

**爪**
**足趾**
前爪有5个足趾，后爪有4个足趾。

**趾甲**
和其他猫科动物不同，猎豹的趾甲不能收缩，这样可以更好地抓住地面。

| 目 | 披毛目 |
| --- | --- |
| 科 | 树懒科 |
| 种 | 褐喉树懒种 |

# 发达的感官

狗从狼身上继承了出色的嗅觉和敏锐的听觉，这对狗的社交活动以及它对周围环境的探知都极其重要。人类通常以图像的形式记忆他人，而狗则靠自己最重要的感觉——嗅觉来记忆。狗的嗅细胞数量是人类的 45 倍，它们一般能够闻到 500 米远处的气味，能从一百万个分子中找出不同的那一个，还能听见人类听不到的微弱的声音。

## 听觉

狗的听觉器官非常发达，听力是人类的 5 倍。耳朵的形状和朝向对它们的听力也有影响。无论是尖锐还是细微的声音都逃不过它们的耳朵，它们还能直接判断声源的大致位置。狗能听到频率高达 40 千赫的声音，而人类最高只能听到 20 千赫的声音。

**耳蜗内部**
- 耳蜗管
- 前庭膜
- 前庭阶
- 柯蒂氏器
- 鼓阶

- 耳郭软骨
- 外耳道
- 耳蜗
- 中耳

- 迷路
- 半规管
- 听觉神经
- 耳蜗神经

**听小骨**
- 砧骨（砧状）
- 锤骨（锤状）
- 镫骨（镫状）

- 外耳道
- 鼓膜
- 鼓室
- 卵圆窗
- 耳咽管
- 耳蜗

**听泡内部**
鼓室将声音导向听泡和其他器官，这些器官向大脑传送电信号。
- 听脊
- 纤毛细胞

### 听觉水平

| | 0 赫兹 | 1 | 10 | 100 | 1 000 | 10 000 | 20 000 | 40 000 |
|---|---|---|---|---|---|---|---|---|
| 人 | | | | | | | | |
| 狐狸 | | | | | | | | |
| 老鼠 | | | | | | | | |
| 蝙蝠 | | | | | | | | |
| 青蛙 | | | | | | | | |
| 大象 | | | | | | | | |
| 鸟类 | | | | | | | | |

## 嗅觉

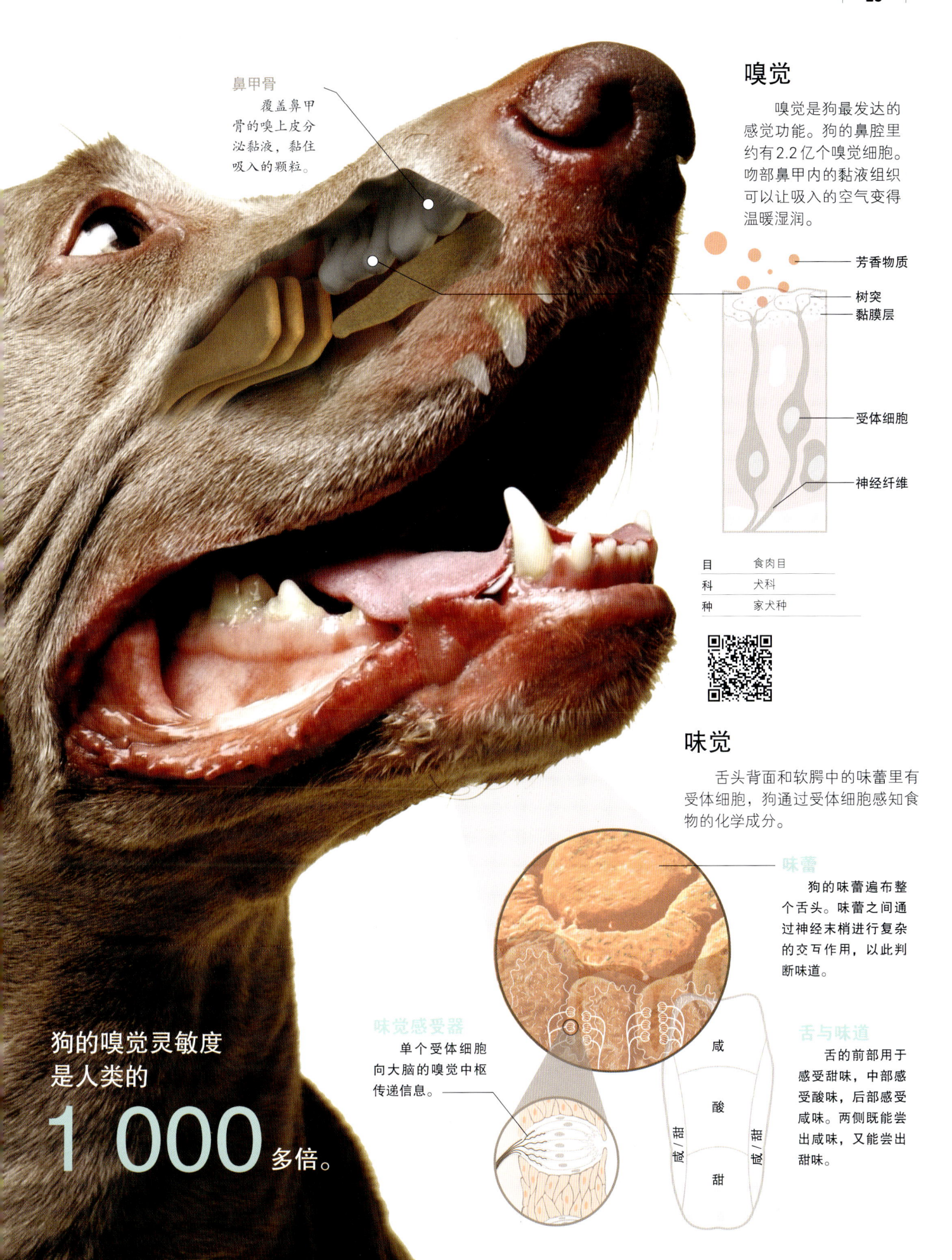

嗅觉是狗最发达的感觉功能。狗的鼻腔里约有2.2亿个嗅觉细胞。吻部鼻甲内的黏液组织可以让吸入的空气变得温暖湿润。

**鼻甲骨**
覆盖鼻甲骨的嗅上皮分泌黏液，黏住吸入的颗粒。

- 芳香物质
- 树突
- 黏膜层
- 受体细胞
- 神经纤维

| 目 | 食肉目 |
|---|---|
| 科 | 犬科 |
| 种 | 家犬种 |

## 味觉

舌头背面和软腭中的味蕾里有受体细胞，狗通过受体细胞感知食物的化学成分。

**味蕾**
狗的味蕾遍布整个舌头。味蕾之间通过神经末梢进行复杂的交互作用，以此判断味道。

**味觉感受器**
单个受体细胞向大脑的嗅觉中枢传递信息。

**舌与味道**
舌的前部用于感受甜味，中部感受酸味，后部感受咸味。两侧既能尝出咸味，又能尝出甜味。

咸 / 酸 / 甜
咸 / 甜

狗的嗅觉灵敏度是人类的 **1 000** 多倍。

# 柔软的触感

很多人喜爱、羡慕并且渴望得到一些哺乳动物的皮毛。皮毛可不仅仅是表层皮肤覆盖物，它还是动物的保护层，能帮助它们抵御外部伤害，避免细菌入侵，并调节身体的温度和湿度。很多动物（比如北极狐）的皮毛会随季节变化而改变颜色和质地，为动物披上伪装。

## 皮毛与拟态

生活在高寒地区的哺乳动物的皮毛大多是白色的，这有利于它们在雪地里隐藏自己。还有一些动物（比如北极狐和雪兔）则会随季节改变皮毛的颜色，这是因为夏季的棕色皮毛在积雪覆盖的冬天十分显眼，这会使它们极易被其他动物捕获。狮子的皮毛呈浅褐色，这有利于它们在追踪猎物时隐藏自己。

### 冬季
在下雪的地方，很多哺乳动物都用白色的皮毛伪装自己。还有一些动物（比如北极狐）则会随季节改变皮毛的颜色。北极狐冬天的白色皮毛有利于其捕猎。

### 夏季
北极狐夏季皮毛的厚度只有冬季的一半，下层绒毛的厚度甚至不及冬季的一半。到了夏天，"白色型"动物的皮毛会变成灰棕色或灰色，"蓝色型"动物的皮毛则颜色会加深或变成棕色。

| 目 | 食肉目 |
|---|---|
| 科 | 犬科 |
| 种 | 北极狐种 |

## 皮肤

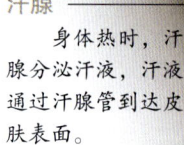

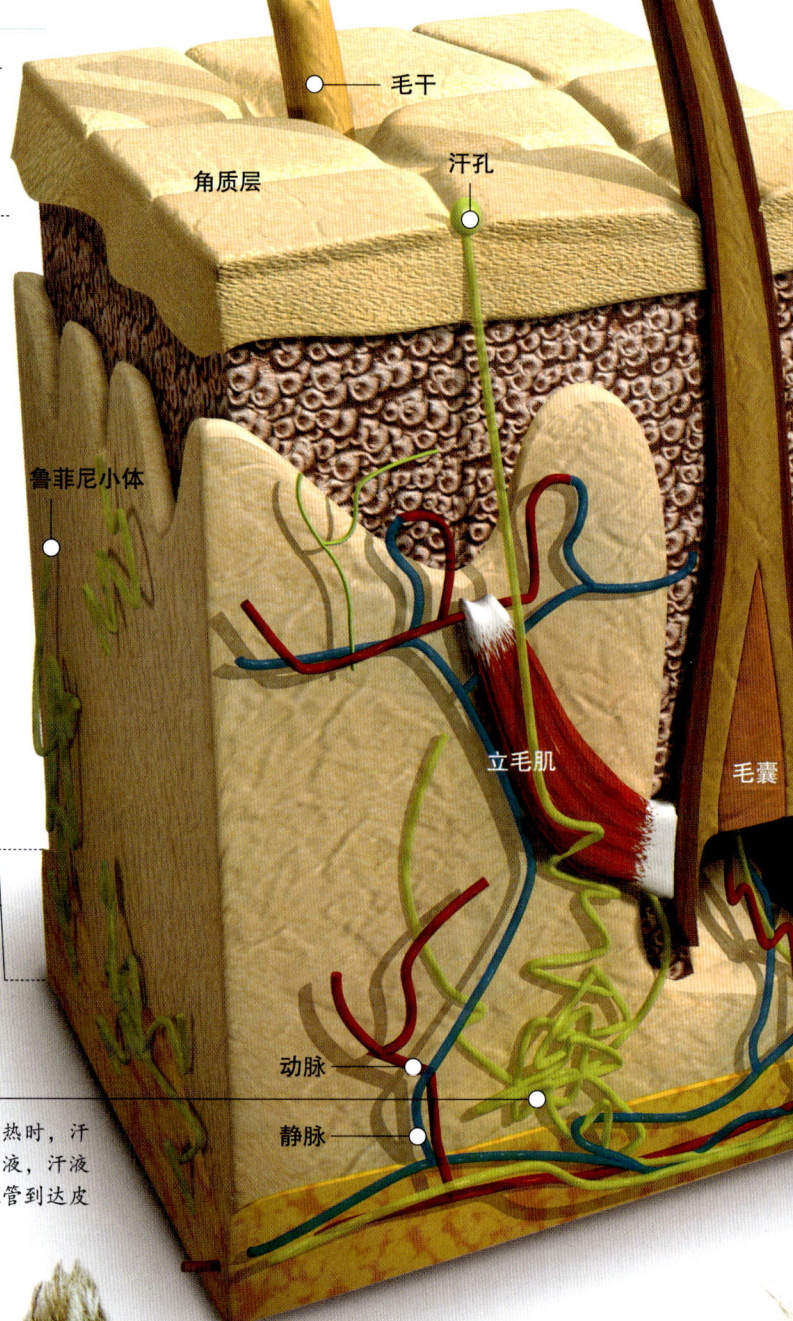

**表皮层** — 由强韧扁平的细胞构成的外层。

**真皮层** — 有血管、腺体和神经末梢。皮脂腺在皮肤表面分泌油性物质——皮脂。

**脂肪组织** — 一种特别的结缔组织，主要由名为脂肪细胞的结缔组织细胞构成，以甘油三酯的形式储存能量。

**汗腺** — 身体热时，汗腺分泌汗液，汗液通过汗腺管到达皮肤表面。

- 毛干
- 角质层
- 汗孔
- 鲁菲尼小体
- 立毛肌
- 毛囊
- 动脉
- 静脉

灰狼　　野兔　　南美栗鼠　猕猴

## 毛发结构

- 微纤维
- 大纤丝
- 皮层
- 发髓
- 毛鳞片

## 多种毛

被称为黑色素的蛋白质会让大部分哺乳动物的毛呈现出不同颜色。皮毛通常有分层。第一层是针毛，起保护作用。针毛下面是纤细的下层绒毛，由不断生长代谢的短毛构成。

**蝙蝠毛**
重叠鳞片构成的角质层包裹每一股毛。

## 羊毛纤维

- 初原纤维
- 微原纤维
- 粗原纤维
- 皮层 90%
- 角质层 10%

### 放大的羊毛
羊毛是现存最复杂的天然纺织纤维，吸湿却不透水。

**北极熊的毛**
北极熊的每根毛都是中空的，里面充满了空气，这能让内层毛更加保暖。

## 豪猪的刚毛

被称为护毛，在皮毛外层。豪猪的针毛变成了刚毛。

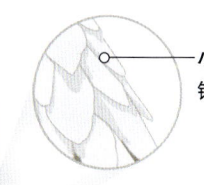

## 保暖的皮肤

保暖是动物皮肤和皮毛的主要功能之一。皮肤和皮毛不仅能让身体保持温暖，还能隔绝外部过高的温度，骆驼的皮肤就有这个功能。皮肤和皮毛的颜色通常和周围环境相似，这是动物的伪装色。

### 一头豪猪的刚毛数量约为

# 3 万 根。

小刚毛锋利的鳞片

- 真皮乳突
  连接真皮层和表皮层。
- 梅克尔触盘
  皮肤表面下的感受器，对连续的轻微触摸和压力作出反应。
- 皮脂腺
  分泌一种蜡状物质（即皮脂）能滋润皮肤并防水。
- 帕西尼安小球
  真皮层下方的感受器，位于深层脂肪层的下方，可以感知振动和压力。

**外层皮毛**
**下层绒毛**
**脂肪层**

## 竖立机制

- 刚毛根部
- 表皮层
- 结缔组织
- 根
- 韧带

[1] 刚毛碰到陌生表面时，会向表皮层施加轻微向下的压力。

[2] 覆盖刚毛根部的纤细组织随之断裂。

[3] 立毛肌接收到收缩信号后立刻收缩。

## 紫外线

皮毛可以保护皮肤免受过量紫外线的伤害。

南美浣熊

海狮（未成年）

豪猪

27

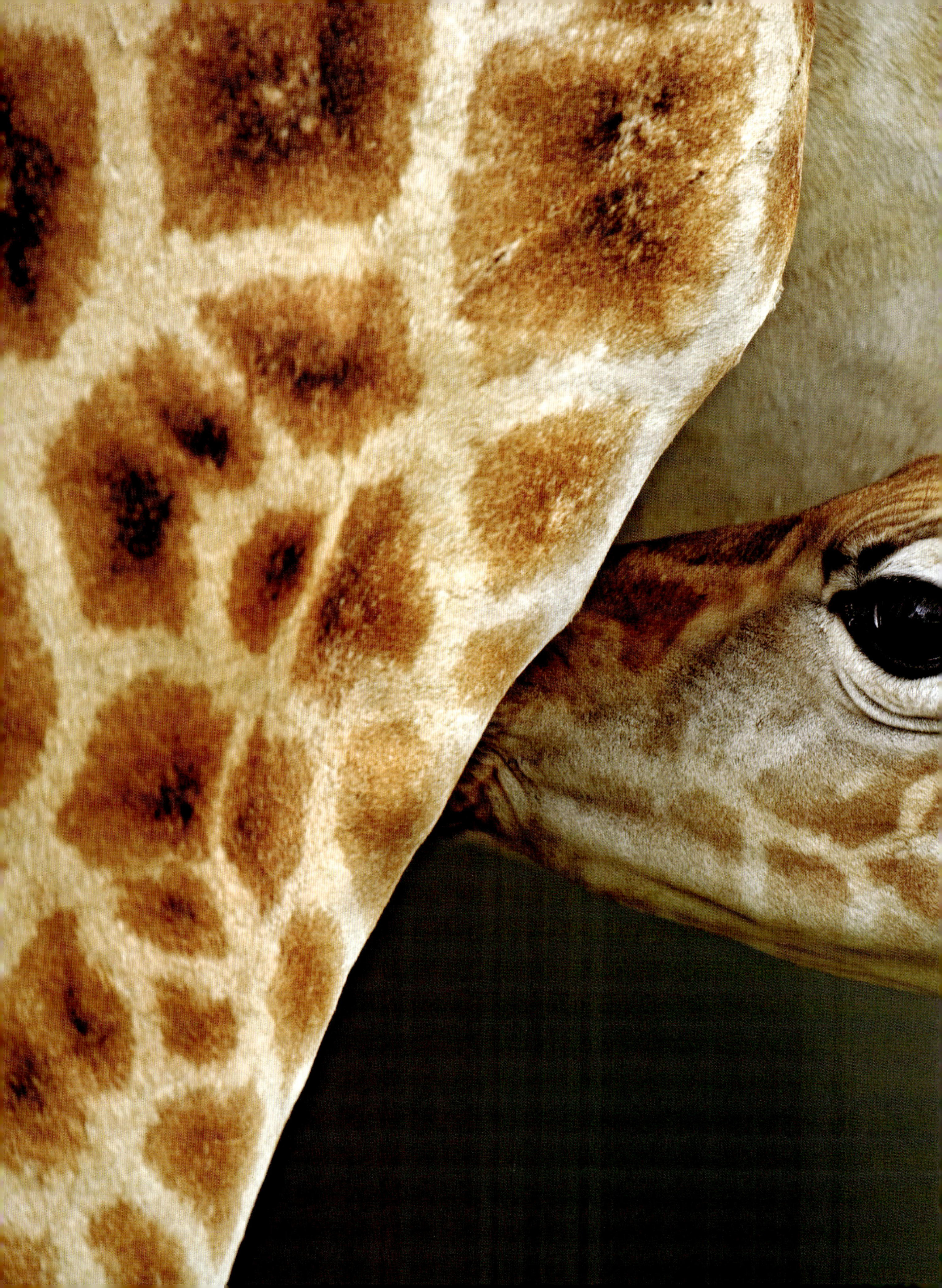

# 生活习性与生命周期

哺乳动物是有性生殖，要体内受精。哺乳动物的幼崽往往需要依赖父母生活。不过也有卵生的哺乳动物，比如单孔目动物就通过产卵繁殖。哺乳动物的有些行为是先天遗传的，有些行为是后天习得的。幼崽通过玩耍来习得跳跃、撕咬、捕猎及其他生存技巧。

生命周期 30
奇特的求偶方式 32
卵生哺乳动物 34
袋中岁月 36
神奇的胎盘 38
生命之初 40
生长发育 42
食肉动物 44
食草动物 46
了不起的食物链 48
群居生活 50

**为了生存而进食**

刚出生的长颈鹿身高约2.5米。它们在出生后1小时，就会站起来寻找母亲的乳头。

# 生命周期

从出生、长大、生子到死亡，不同哺乳动物的生命周期各具特色。一般来说，哺乳动物体型越大，寿命越长，每一窝产下的幼崽数量越少。大部分哺乳动物都是胎生哺乳动物，后代的生命机能在其母体内发育完全。

鲸的寿命堪称世界之最，平均为 **90** 岁。

## 胎生哺乳动物

在所有哺乳动物中，胎生哺乳动物的数量最多，不过它们的妊娠和哺乳方式影响雌性的生育能力，所以并不多产。（最具竞争力的）少数雄性会和多个雌性交配。只有3%的哺乳动物实行一夫一妻制，雄性与雌性会共同抚养幼崽，在食物匮乏的时候也是如此。如果食物充足，有些雌性则独自照顾幼崽，而雄性则会和其他雌性交配。

### 哺乳期
**25~30 天**
小兔出生20天就能消化固体食物，但它们仍然以母乳为食。35~40天后，小兔会离开洞穴，但仍留在它们出生的地方，这种现象被称为归家冲动。

### 妊娠期
**28~33 天**
兔子的巢穴由几个相互连通的地下洞穴组成，洞穴里铺有柔软的植物和毛。母兔在哺乳结束后，便会舍弃自己的巢穴。

### 幼崽数量
一般情况下，一窝幼崽的数量与动物的体型成反比。

- 奶牛　1头
- 山羊　2~3只
- 狗　　5~7只
- 老鼠　6~12只

它们会寻找天然洞穴，或是自己挖洞。

它们有4~5对乳房。

### 断奶期
**35~40 天**
为了寻求保护，以及学习种族特有的技能，小兔断奶后依然会和母兔生活一段时间。

### 性成熟期
**5~7 个月**
小兔吃得越好，成熟得越快。兔子8、9个月大时就算成年，这时它们的体重约为900克。

雌兔一年四季都可繁殖。

### 寿命
**4~10 年**

小兔出生时体表无毛，皮肤呈半透明的状态。

约10厘米

### 出生
小兔刚出生时重40~50克，等到第10天才会睁眼。

一窝 **3~9** 只
一年 **5~7** 窝

东部棉尾兔
*Sylvilagus floridanus*

# 有袋目哺乳动物

有袋目哺乳动物的妊娠期非常短。妊娠期结束后，幼崽会在母亲腹部的育儿袋中长大。已知的有袋目动物约有300种，其中大部分独居生活，交配季节时除外。大多数有袋目动物配偶不固定，仅有个别除外，比如雄性沙袋鼠（一种小型袋鼠）配偶一生都是唯一的。

幼崽会紧紧抱住母亲，由母亲随时背在身上。

**被放逐的后代**
处于支配地位的雄性会将后代和其他年轻雄性隔绝开来。

所有雌性都是处于支配地位的雄性的配偶。

一些雌性会离开群体寻找强壮的雄性。

## 离开育儿袋
**1 年**
一年后，幼崽已经能够照顾自己了，也习惯了吃植物。这时母亲也可以选择再次怀孕，但会一直把孩子带在身边。

## 性成熟期
**3~4 年**
考拉发育成熟需要两年（雌性早于雄性），但它们要在此之后1~2年才开始繁殖。

## 哺乳期
**22 周**
育儿袋中的肌肉能防止幼崽掉出。幼崽通常会在22周时睁开双眼，这时母亲会开始喂给它一种软食，为之后吃植物做准备。

哺乳期结束后，它们的毛已经覆满全身。

## 妊娠期
**35 天**
刚出生时，幼崽的四肢和功能器官还未发育完全，它必须自己从泄殖腔爬到育儿袋里继续发育。

约 2 厘米

1 年生产 1 次
**1 次 1 只**

寿命 15~20 年

考拉
*Phascolarctos cinereus*

### 寿命
| | |
|---|---|
| 人 | 约 70 年 |
| 大象 | 约 70 年 |
| 马 | 约 40 年 |
| 长颈鹿 | 约 20 年 |
| 猫 | 约 15 年 |
| 狗 | 约 15 年 |
| 仓鼠 | 约 3 年 |

### 妊娠期
| 动物 | 月 |
|---|---|
| 大象 | 23 |
| 长颈鹿 | 17 |
| 长臂猿 | 9 |
| 狮子 | 7 |
| 狗 | 4 |

### 卵的大小对比
外壳很软，利于幼崽出生。和鸟类不同，针鼹鼠没有喙。

鸡蛋　针鼹蛋

# 单孔目哺乳动物

单孔目哺乳动物是指那些卵生的哺乳动物。单孔目哺乳动物一年中的大部分时间都独自生活。鸭嘴兽只在繁殖时成对出现。虽然它们的求偶期长达1~3个月，但随后雄性便和雌性以及后代断绝关系。一只雌性短吻针鼹则会在不同季节和多只雄性配对。

## 孵化期
**12 天**
卵要孕育一个月才会孵化，卵被放在育儿袋中，保持适宜的温度孵化10天左右，幼崽会出生。

新生儿
壳
四肢未发育完全

约 15 毫米
一次产卵 **1~3 枚**

## 育儿袋中
**2~3 个月**
幼崽破壳后会在母亲的育儿袋中吃奶。

地下洞穴或岩石洞穴。
已经带刺的皮毛。

## 断奶期
**4~6 个月**
3个月后，幼崽可以离开洞穴，也可以在洞穴里独自待上最多一天半，之后离开母亲。

## 寿命
**50 年**

短吻针鼹
*Tachyglossus aculeatus*

# 奇特的求偶方式

寻找雌性做配偶，既是雄性生命中一件十分重要的事，也是和种群中其他雄性的一场竞争。动物的求偶方式各有特点。雄鹿靠鹿角赢得心仪雌鹿的芳心。谁的鹿角最美、最长、最尖，谁就是赢家。只有赢家才能保护自己的领地，并与雌鹿生下后代。

**鹿角的结构**

- 表皮层
- 真皮层
- 骨外膜
- 保护骨骼的纤维组织

## 马鹿

马鹿身材匀称、体格健壮、姿态高贵，可实际上它们非常胆小。据说这个物种已经存在 40 多万年了。马鹿在黎明和傍晚时分较为活跃。雄马鹿通常独自生活。雌马鹿则会和未成年的马鹿生活在一起。

| 目 | 偶蹄目 |
|---|---|
| 科 | 鹿科 |
| 种 | 马鹿种 |
| 食物 | 草食 |
| 体重（雄性） | 约 180 千克 |

### 争斗

两头雄鹿为争夺配偶打斗时，都会用鹿角来威慑对方。鹿角还能用来对抗野兽。

雄性 约 60 厘米 约 110 厘米

雌性 约 80 厘米

## 1 生长

春天，新的鹿角开始生长，上面会包裹着一层名为鹿茸的细膜。直到鹿角完全长成时，鹿茸才会脱落。

## 2 发育

在发情期开始以前的一段时间里，雄鹿会在树木或灌木上摩擦鹿角，让覆盖鹿角的薄膜脱落。

## 脱落

马鹿的鹿角每年都会脱落。6~10岁时，它们的鹿角处于最佳状态。

## 3 长成

发情期即将开始时，新的鹿角已经长成，上面已没有鹿茸。这时的鹿角主要由骨骼构成，十分锐利，这是在为交配期做准备。新的鹿角也会比往年的更重、更大。

## 4 脱落

发情期结束一段时间后，雄鹿的鹿角脱落，第二年又会长出新的鹿角。

## 鹿角

眉杈　对门杈　尖端　角干　角冠　角柄

## 牛角与鹿角

牛角长在颅骨上。牛科动物无论雌雄都有角，且不会脱落。鹿角也长在颅骨上，但鹿科动物只有雄性有角，且鹿角每年都会脱落，第二年再重新长出。

## 鹿鸣

春天，马鹿会发出响亮而刺耳的叫声，宣布发情期或交配期开始。这种叫声不仅能驱逐竞争者，还能吸引单身雌性。

# 卵生哺乳动物

哺乳动物产卵似乎是不可思议的事，但单孔目哺乳动物确实是卵生。单孔目哺乳动物是恒温动物，身上覆毛。它们虽然没有乳头，但也能通过乳腺分泌乳汁喂养幼崽。鸭嘴兽似乎是不同动物的大杂烩，它们身体的很多部位分别像不同的动物。另一种单孔目动物针鼹鼠浑身覆盖着尖刺，幼崽在母亲的育儿袋中长大。

## 鸭嘴兽

鸭嘴兽长着鼹鼠的皮肤、河狸的尾巴、青蛙的脚和鸭子的喙，是半水栖哺乳动物，为澳大利亚东部和塔斯马尼亚岛所特有。它们在河岸挖带有长长通道的洞穴。

| 科 | 鸭嘴兽科 |
|---|---|
| 种 | 鸭嘴兽种 |
| 食物 | 草食 |
| 体重 | 约2.5千克 |

40~60厘米

**喙**
喙上有灵敏的电感受器，可以感知到猎物肌肉形成的电场。

**鸭嘴兽的洞穴长达 30 米。**

## 针鼹鼠

针鼹鼠生活在澳大利亚、新几内亚以及塔斯马尼亚。它们吻部细长，形状和喙相似，没有牙齿，舌头很长，可以伸缩。针鼹鼠擅长挖洞，并且在地下冬眠。它们的寿命长达50年。不同种的针鼹鼠的毛也有所不同。

| 科 | 针鼹科 |
|---|---|
| 种 | 针鼹鼠种 |
| 成年体型 | |

30~90厘米

**可伸缩的舌头**
针鼹鼠细长的舌头上有黏性物质，方便捕捉白蚁。

## 繁殖周期

鸭嘴兽每年有3个繁殖周期，它们一年中的大部分时间都独自生活，求偶成功后会成对出现。它们一次只产1~3枚卵，繁殖率不高。雌性鸭嘴兽会在产卵前挖好洞穴。同属单孔目哺乳动物的针鼹鼠则是在育儿袋中孵卵。和身体其他部位的毛不同，针鼹鼠育儿袋中的毛十分柔软。

**1 怀孕**
为了繁殖，雌性会挖一个供自己藏身的深洞，并在其中产卵。

**2 孵化**
卵壳较软。孵化时间为两周。

**3 出生**
幼崽破壳后，母亲会躺平身体，方便幼崽找到乳腺。

**4 哺乳**
母亲没有乳头，乳汁从腹部的毛孔中流出，供幼崽吮吸。

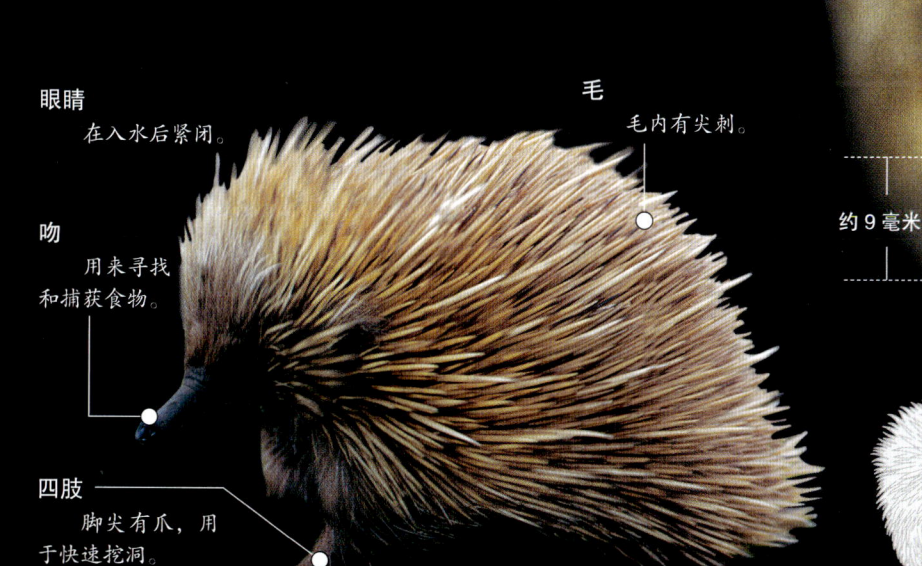

**5 断奶**
16周后，幼崽开始以蚂蚁和其他小昆虫为食。

## 周期

**眼睛**
在入水后紧闭。

**吻**
用来寻找和捕获食物。

**毛**
毛内有尖刺。

**四肢**
脚尖有爪，用于快速挖洞。

**A** 卵的大小和葡萄差不多，被放在育儿袋的底部。孵化需要11天。

约9毫米

**B** 刚出生的幼崽身长1.5厘米左右。幼崽会用前爪抓住育儿袋，并爬进去寻找食物。

**C** 幼崽在70天后离开育儿袋。这时母亲会让幼崽待在洞穴里，并继续喂养它们3个月。

# 袋中岁月

雌性有袋目动物的新生儿待在紧贴母亲腹部的育儿袋里。雌性在怀孕 2~5 周后产下幼崽，但这时的幼崽还未发育完全，它必须立刻用前爪爬进育儿袋，才能存活下来。只要进了育儿袋，幼崽就得到了保护。它们吮吸母亲的 4 个乳头获得乳汁，发育完全后才离开育儿袋，去到外面的世界。

## 红袋鼠

袋鼠有很多种，包括沙袋鼠和树袋鼠。它们是典型的有袋目动物，生活在澳大利亚和巴布亚新几内亚。袋鼠会始终待在距水源 15 千米的范围内。它们的后腿强健有力，可以连续跳跃，速度可达每小时 24~32 千米。袋鼠可以只用后腿保持平衡，它们的跟骨很长，能起到杠杆的作用。

### 繁殖周期

- 0 天 生产
- 2 天 发情并再次怀孕
- 236 天 幼崽可以独立生活
- 237 天 第二只幼崽出生
- 239 天 发情并再次怀孕

| 科 | 袋鼠科 |
|---|---|
| 种 | 红袋鼠种 |

约 1.4 米
约 1.6 米　约 1.3 米

雌性的体型是上述数据的一半。

**乳头**
会随着幼崽的成长而变大，最大可达 10 厘米，会在幼崽断奶后变小。

**两个子宫**
雌性有袋目动物有两个子宫。

雌性袋鼠能够在育儿袋中有一只幼崽的同时，再生一只幼崽。

### 1 铺平道路
袋鼠生产前，会在毛上舔出一条 14 厘米长的痕迹，刚出生的幼崽会沿着痕迹爬进位于母亲腹部上方的育儿袋中。

### 2 漫长的旅途
雌性袋鼠在怀孕几个星期后产下幼崽，这时的幼崽处于早期发育阶段，体重不到 5 克。它们既看不见也听不见，只能靠前爪拖动身体，靠嗅着母亲留下的唾液的气味，爬进育儿袋中。

小袋鼠必须在 3 分钟内进入育儿袋，否则就会夭折。

### 离开育儿袋
幼崽 8 个月时便能离开育儿袋开始吃草，但它们直到 18 个月才会断奶。

### 3 哺乳
小袋鼠进入育儿袋后，会紧紧咬住 4 个乳头中的一个。它们这时的身体呈红色，非常脆弱。不过它们会在接下来的 4 个月里不断成长，这期间它们会一直待在育儿袋里。

### 进入育儿袋

**A** 小袋鼠可以在约8个月后离开育儿袋,但它们偶尔还会回到袋中吃奶并寻求保护。

**B** 育儿袋只能勉强装下小袋鼠,所以它们通常先靠前爪把头钻到袋里,完全进入育儿袋后立刻掉转方向。

**C** 当小袋鼠不再吃奶而要吃草时,便会把头从育儿袋中伸出来,这样不用离开育儿袋也能吃到草。

刚进入育儿袋的幼崽身长约 **20** 毫米。

# 神奇的胎盘

有胎盘哺乳动物是最大的动物繁殖类群，胎儿会在母亲的子宫中发育。母亲在怀孕期间通过胎盘将食物和氧气输送给胎儿。有了胎盘，母亲和胎儿之间就能通过血液进行物质交换。刚出生的幼崽通常没有毛发，既听不见也看不见，以母亲分泌的乳汁为食。

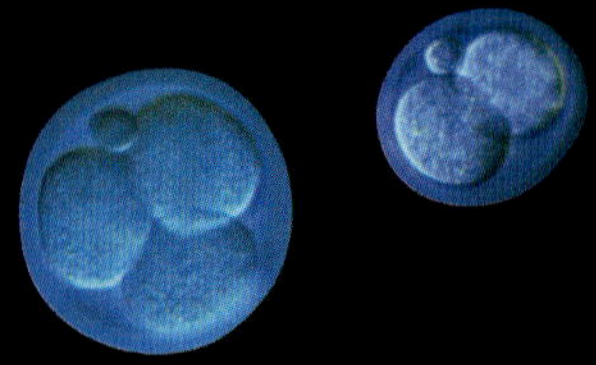

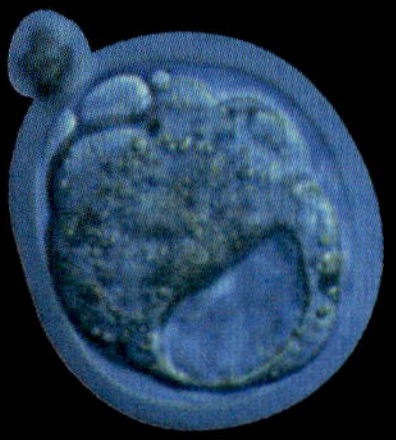

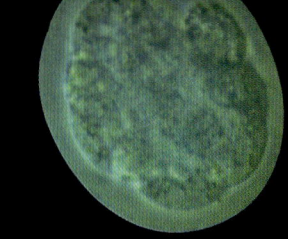

## 老鼠的怀孕过程

老鼠的孕期为 22~24 天。它们的胎盘是平圆形的血绒膜胎盘。卵巢对于维持妊娠必不可少。如果在怀孕期间对老鼠实行卵巢切除术，一定会造成流产或是胎儿的再吸收，这是因为胎盘无法产生足够多的黄体酮来维持妊娠。

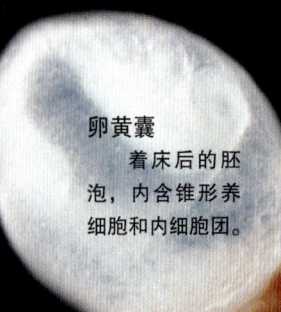

**1 — 1~2 天**
老鼠胚胎处在双细胞阶段。第 2 天，胚胎分裂成 4 个细胞。第 3 天，胚胎进入子宫。

**2 — 4~5 天**
这时的胚胎有 4 个细胞，外面包裹着一层薄薄的糖蛋白。胚胎将自己植入子宫。

**3 — 6~8 天**
子宫中已经植入并形成胚泡。胎儿开始成形，胚泡变成卵黄囊。

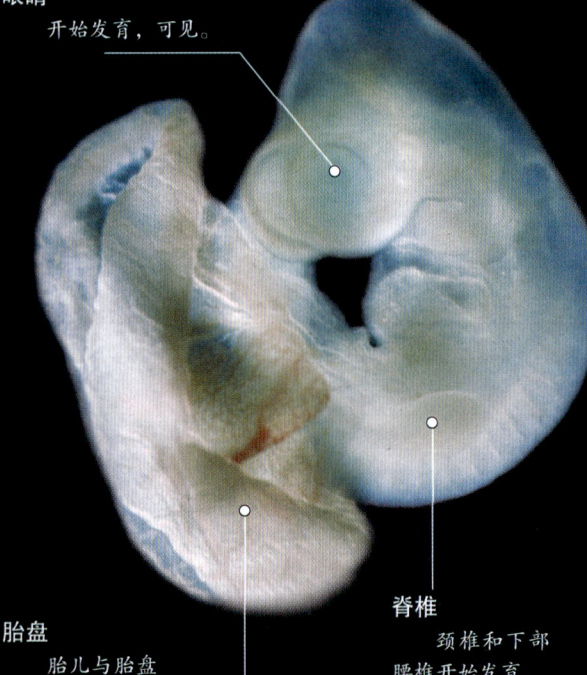

**卵黄囊**
着床后的胚泡，内含锥形养细胞和内细胞团。

**4 — 11.5 天**
胚胎紧紧附着在胚囊（一种像气球一样包裹胎儿的东西）和胎盘上。大脑、眼睛和四肢开始形成。

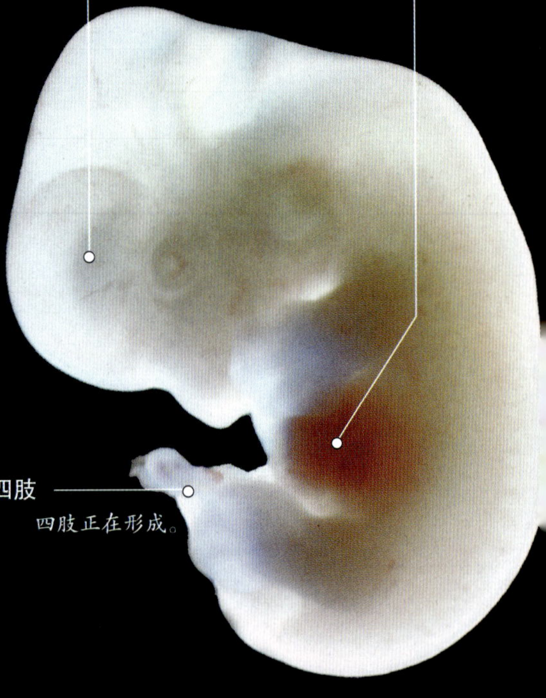

**眼睛** — 开始发育，可见。

**胎盘** — 胎儿与胎盘相连。

**脊椎** — 颈椎和下部腰椎开始发育。

**5 — 14.5 天**
眼睛和四肢可见，内脏器官开始发育。由软骨构成的上颌以及外耳开始形成。

**大脑** — 这时的大脑正在形成，呈透明状。

**器官** — 内脏器官开始成形，可见。

**四肢** — 四肢正在形成。

## 胎盘

无论是鲸还是鼩鼱，有胎盘哺乳动物都有一个共同特征：母亲会在体内孕育胎儿，并且胎儿在出生时已发育完全。为了实现这一点，它们需要一个特殊的器官——胎盘，这是一种完全包着胚胎的海绵状组织。有了胎盘，胚胎就可以通过血液与母亲进行物质交换。母亲将营养物质和氧气输送给胎儿，同时吸收胎儿代谢产生的废物。胎儿出生之后，母亲会用牙齿帮助胎儿与胎盘分离，然后立刻将胎盘吃掉。

## 子宫

子宫呈新月状且有两个子宫颈。

**脊柱**
脊柱可见，并且已经能够支撑起小老鼠的身体。

**眼皮**
眼皮生长迅速，第18天时便能覆盖眼睛。

**脚趾**
前肢的脚趾已长成。

**器官**
此时器官已几乎发育完全，为胎儿出生做好了准备。

### 6
**17.5 天**
它们的眼皮长得非常快，只要几个小时便能完全覆盖住眼睛。颌区已发育完成，脐带回缩。

### 7
**19.5 天**
还有几天母鼠就能生出一窝小鼠了。刚出生的小鼠虽然器官已经发育完全，但依然非常脆弱。

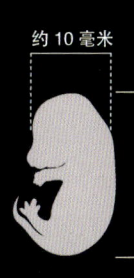

约 10 毫米

16~20 毫米

# 生命之初

在子宫中孕育后代的哺乳动物，和其他种类的动物相比，它们会在幼崽身上花费更多心血。刚出生的幼崽无法独立生活，父母需要给它们喂食、保暖和清洁。狗的生长发育分为以下几个阶段：新生儿阶段（从睁开双眼到可以听到声音）、社会化阶段（出生后的第21~70天）和少年阶段（出生后70天至成年）。

## 哺乳期

哺乳期是哺乳动物繁殖过程中一个非常重要的阶段。大部分胎生哺乳动物的幼崽在生长的第一个阶段完全依靠母亲的乳汁生活。

年

| 大猩猩 | 海豚 | 亚洲象 | 狮子 | 狗 |
|---|---|---|---|---|
| 3~4年 | 18个月 | 18个月 | 7~10个月 | 7周 |

## 出生

和人类相同，狗在出生后还会继续发育，这是因为它们出生时还没有发育完全，无法独立生存。它们需要一个结构化的环境，在这样的环境中它们可以受到父母和族群内其他成员的照顾。

**出生**
第一只小狗在宫缩开始后的1~2个小时内出生。

**湿漉漉的毛**
毛变干后，小狗会寻找乳头吮吸初乳，初乳中有免疫物质和其他多种物质。

**膜**
胎盘，包裹在小狗身上。

一窝 **3~8** 只
狗妈妈认识每一只狗宝宝，如果狗宝宝被拿走，狗妈妈会发现。

乳腺

**刺激反射**
约20天时，小狗开始听到声音并对其作出反应。

## 最多 20 天

从出生开始，小狗完全依靠母亲生活，需要一直吃奶，一旦落单就会呜咽，这一时期持续 15~20 天。它们几乎没有保暖的能力，甚至需要母亲的刺激才能顺利排泄。

**看不见**
双眼紧闭。

**皮肤**
覆盖着短而软的毛。

### 小狗
刚出生的小狗认不出自己的同类，似乎也不知道自己是狗，母亲和其他小狗可以让它们逐渐认识到这一点。

**母亲的姿势**
为了方便给小狗哺乳，狗妈妈会侧卧。

**运送**
为了移动还不会走路的小狗，狗妈妈会咬住小狗脖颈处的皮肤，把它们叼起来放进窝中。出生 15 天后，狗妈妈会与狗宝宝建立起亲子关系——开始意识到小狗的存在，并将它们视为一个群体，并且会注意有没有小狗走丢。

**眼睛**
小狗出生后 2~3 周才会睁眼。

走丢的小狗

窝

母亲移动小狗时不会弄伤它们。

**亲子关系**
小狗和母亲以及兄弟姐妹之间的关系对小狗之后的成长极其重要。虽然狗的社会结构和社会关系很大程度上是与生俱来的，但这种关系只有经过塑造、学习维系才能在之后的生活中发挥作用。

**触觉反射**
小狗用口鼻探路，直到把自己藏起来。

**伸肌反射**
约 12 天时，小狗在被拎起时会伸展后腿。

**站立**
母亲不再总是侧卧，可以自由活动。

## 21~70 天

自然断奶期间，需要喂给小狗预先消化过的食物来代替母乳。母亲进食完回来后，小狗受到母亲嘴里气味的刺激，会凑过来嗅母亲的气味，舔母亲的嘴，轻咬母亲的脸和爪子，刺激母亲食物反流。这个时候的小狗长出了乳牙，可以吃反哺的食物。

**力量**
这时候的小狗已经可以独立进食了。

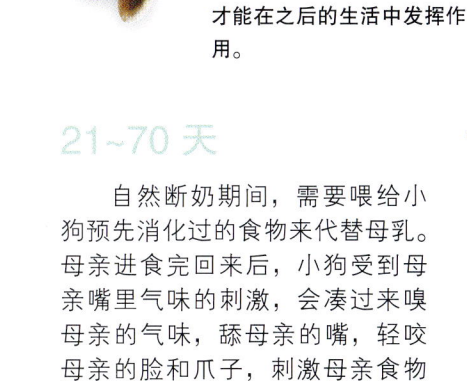

# 生长发育

对于哺乳动物的幼崽来说，玩耍不仅仅是一种娱乐。玩耍看起来似乎没有具体目的，却是幼崽在生命早期形成种群归属感、学习基本生存技能的手段。在玩耍时，年幼的黑猩猩会实践并不断完善基础的本能活动，包括在树上保持平衡、使用工具、交流等。年幼的黑猩猩从成年黑猩猩那里学会了用声音、表情以及肢体动作来表达自己。玩耍还能让动物的肌肉更有力量，动作更加协调。

## 交流

一些哺乳动物，特别是黑猩猩，会通过表情进行交流。灵长类动物的幼崽对此格外擅长，它们可以表达恐惧、服从、担忧以及其他情绪。

这个表情代表恐惧。

这个表情代表服从。

这个动作表示担忧。

**黑猩猩能够发出的叫声超过**

## 15 种。

它们的鸣叫声可以传到 2 千米以外的地方。每一只黑猩猩的鸣叫声都不一样，它们可以此分辨种群中的不同成员。

## 游戏

我们人类称为玩耍的行为似乎仅限于哺乳动物，因为哺乳动物有发达的感官、智力和学习能力。哺乳动物正是通过玩耍来学习的。

## 社会关系

玩耍还能帮助猿类分辨自己的种群。猿类可以通过声音和肢体动作传递信息，如服从和支配等，玩耍为它们学习这一能力提供了基础。

## 认同

每天和同伴玩耍 15 分钟，就可以减轻社交孤独感产生的影响。

## 生存

玩耍还是一种学习野外生存的方法。玩耍可以培养食肉动物的捕猎技能,提高食草动物发现和逃离危险的能力。

## 四肢

黑猩猩长长的手臂强壮有力,长有对生手指,手指和脚趾都很长,爬起树来十分轻松。它们能用脚抓住树枝的同时用手摘下果实。

对生手指

长长的手指和脚趾

四肢着地行走时,用脚掌和指关节支撑身体重量。

**黑猩猩**
*Pan troglodytes*

## 使用工具

使用工具在哺乳动物中并不常见。然而,黑猩猩可以把一些东西当作工具使用。幼年黑猩猩通过观察成年黑猩猩的行为习得这一技能。它们用棍子吃白蚁,或者用叶子当勺子喝水。

## 词语

黑猩猩可以通过肢体语言学习和表达词语。

### 知觉

黑猩猩的感知能力和人类非常类似,嗅觉比人类灵敏。因为它们的脑容量很大,所以它们非常聪明,可以通过肢体语言与人交流。

一只黑猩猩正在用树枝捅树桩,寻找白蚁,树枝就是它的工具。

### 悬挂着的生活

猿类动物的一大娱乐方式是挂在树上。这项运动可以提高它们的协调能力和手臂的力量。

# 食肉动物

食肉动物是以其他动物为食的动物。它们的牙齿可以迅速把捕捉住的猎物的皮肉切割撕扯下来。狮子是社会性最强的猫科动物。它们视觉出色，听觉敏锐；它们群居生活，也成群捕猎。

## 狮子

身体强壮、肌肉发达。雄狮每天要吃掉 7 千克肉，雌狮也要吃 5 千克。狮子的消化道很短，可以快速地从吃进的肉中吸收营养。

狮子
*Panthera leo*

### 牙齿

上前臼齿　上犬齿

上门齿

下门齿

下前臼齿　下犬齿

**成对裂齿**
非常大，牙冠像两条啮合的长刀片，能有效地撕扯咬碎食物。

### 捕猎

**① 卧倒埋伏**
母狮藏在草丛中，悄悄靠近猎物。其他母狮藏起来等待时机。

| 科 | 猫科 |
|---|---|
| 种 | 狮子种 |
| 体重 | 120~185 千克 |

**体型（雌狮）**
约 2.7 米
约 1 米

### 视力
狮子的视力比人类的视力敏锐 6 倍。它们拥有双眼视觉，可以准确确定猎物位置。

### 皮毛
毛短，几乎全部为棕色。唯有下巴上有一簇米黄色毛。

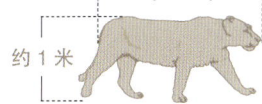

## 主要猎物

狮子主要以大型哺乳动物为食，有机会的话也会捕食小型哺乳动物、鸟类和爬行动物。狮子不吃腐肉，只吃刚被自己捕杀或是从其他捕食者那里抢来的新鲜猎物。

水牛　斑马　长颈鹿
角马　瞪羚　羚羊

### 尾巴
尾巴长约 90 厘米，在奔跑时可以帮助它们保持平衡，也用于驱赶苍蝇。

一头狮子一顿吃掉的肉可达

**18** 千克。

### ② 加速
离斑马只有几米远时，母狮开始奔跑，速度超过 50 千米/时。其他母狮配合捕猎。

### ③ 跳跃
母狮用尽全力扑向斑马的脖子，试图将斑马扑倒；如果斑马倒下，捕猎就成功了。

### ④ 致命一咬
斑马摔倒，母狮的尖牙紧紧咬住斑马的脖子，直到它窒息。其他母狮会一拥而上。

# 食草动物

反刍动物（比如奶牛、绵羊和鹿）的胃有4个腔室，消化过程十分独特。因为进食时间太久容易成为捕食者的猎物，所以它们要在短时间内吃下大量的草，先把吞下的食物贮存起来，之后再将食物返回嘴里慢慢咀嚼。这一行为叫作反刍。

**图示**

- 摄入和发酵
- 酸分解
- 反刍
- 消化与吸收
- 营养再吸收
- 发酵与消化

## 牙齿

马和牛等食草动物用门齿把草咬断，用大而平的臼齿表面把食物研磨成糊状。

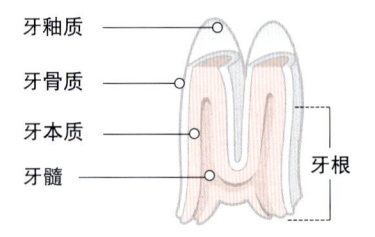

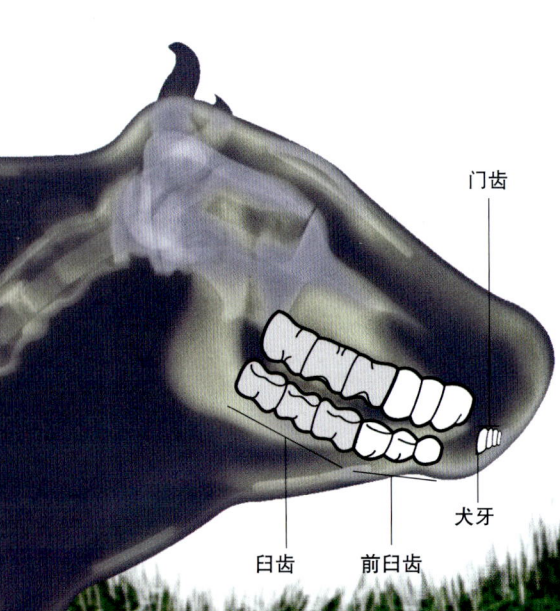

牙釉质
牙骨质
牙本质
牙髓
牙根

门齿
犬牙
臼齿　前臼齿

奶牛用舌头卷起食物。

然后横向咀嚼食物。

**网胃**

**1**
奶牛简单咀嚼后，草进入前两个胃（瘤胃和网胃）里。食物不断地从瘤胃进入网胃（差不多一分钟一次），网胃中的细菌使食物发酵。

**2**
奶牛吃饱后，从瘤胃中逆呕出球状食物，放在嘴里再次咀嚼。这一过程称为反刍。反刍可以刺激唾液分泌。因为消化过程十分缓慢，奶牛利用反刍过程中细菌、原生生物和真菌等厌氧微生物的介入来促进消化。

在这一过程中，奶牛一天分泌的唾液有

## 150 升。

### 反刍过程

将摄入的食物重新咀嚼成细小颗粒。奶牛从植物的细胞壁（即纤维）中获得能量，反刍是获取能量过程的一部分。

- A 逆呕
- B 再咀嚼
- C 混入唾液
- D 二次吞咽

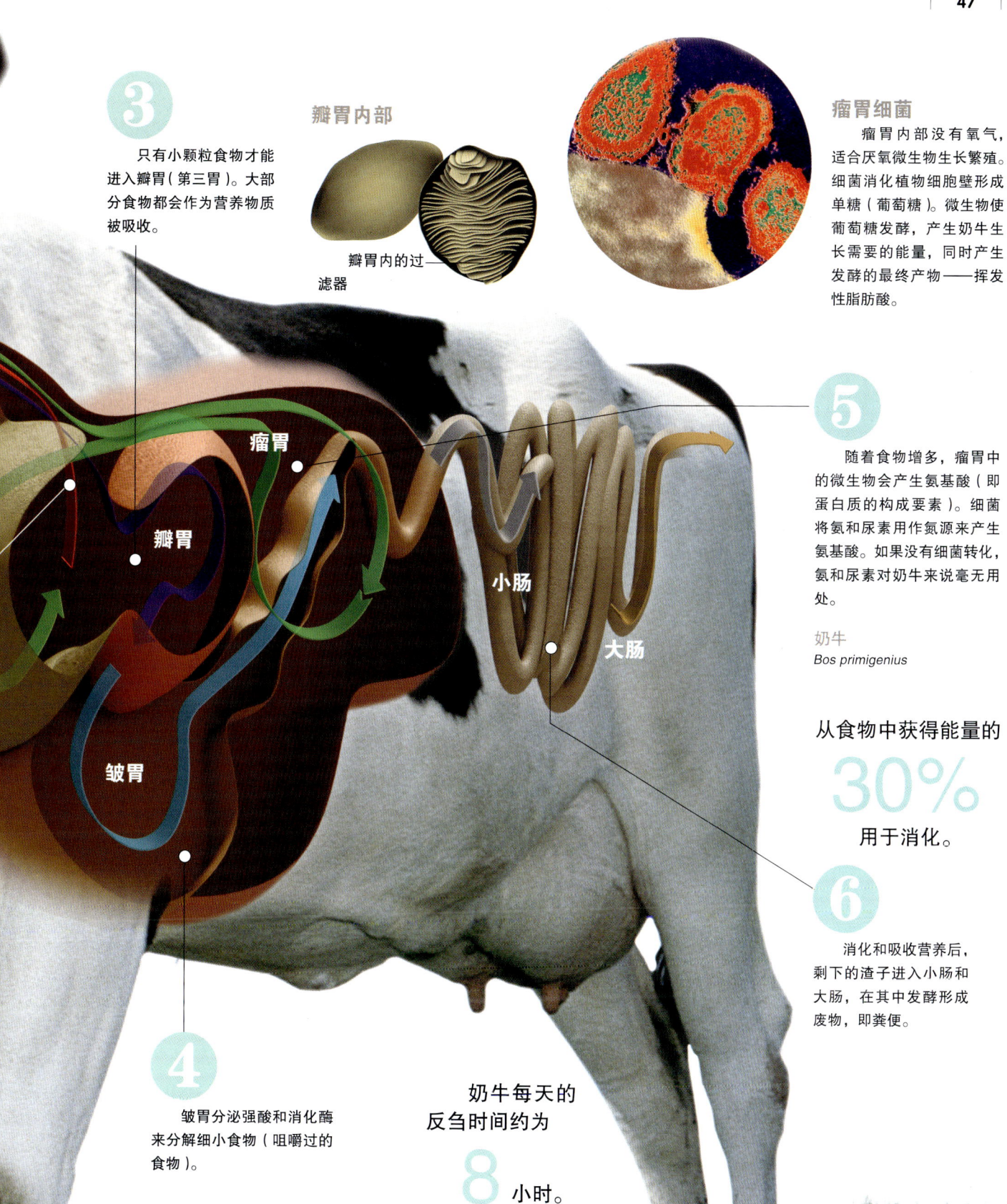

**3**

只有小颗粒食物才能进入瓣胃（第三胃）。大部分食物都会作为营养物质被吸收。

瓣胃内部

瓣胃内的过滤器

瘤胃细菌

瘤胃内部没有氧气，适合厌氧微生物生长繁殖。细菌消化植物细胞壁形成单糖（葡萄糖）。微生物使葡萄糖发酵，产生奶牛生长需要的能量，同时产生发酵的最终产物——挥发性脂肪酸。

瘤胃

瓣胃

皱胃

小肠

大肠

**5**

随着食物增多，瘤胃中的微生物会产生氨基酸（即蛋白质的构成要素）。细菌将氨和尿素用作氮源来产生氨基酸。如果没有细菌转化，氨和尿素对奶牛来说毫无用处。

奶牛
*Bos primigenius*

从食物中获得能量的

# 30%

用于消化。

**6**

消化和吸收营养后，剩下的渣子进入小肠和大肠，在其中发酵形成废物，即粪便。

**4**

皱胃分泌强酸和消化酶来分解细小食物（咀嚼过的食物）。

奶牛每天的反刍时间约为

# 8 小时。

# 了不起的食物链

要维持生态平衡，猎物和捕食者都必不可少。有了捕食者，作为猎物的动物的数量稳定减少。如果没有捕食者，猎物会大量繁殖，直到生态系统无法为所有动物提供食物，生态系统崩溃。人类的捕猎能力超过了其他所有物种，因为没有动物捕食人类，所以人类在一些地区破坏了生态平衡。和其他动物种群一样，哺乳动物自己无法构成食物链，而是始终需要依赖植物和其他动物。

**小灵猫**
和很多捕食性物种（比如大型猫科动物和犬科动物）一样，小灵猫也由于人类的活动而濒临灭绝。

## 生态系统平衡

陆地生态系统的食物链保持着非常高效的自然平衡，其中哺乳动物扮演了多种角色。为了保持这一平衡，陆地生态系统中食草动物的数量不能多到足以消耗掉所有可食用的植物，食肉动物的数量也不能多到足以捕杀所有食草动物。如果食草动物太多，它们就会吃掉所有植物，自己种群的数量也会随之大幅下降。如果食肉动物太多，超过了食草动物的承载量，它们也会落得同样的下场。

## 营养金字塔

在生态系统中，能量从一个层级传递到另一个层级。每次传递都会损耗小部分能量。一个层级留存的能量可能会被下一层级消耗。

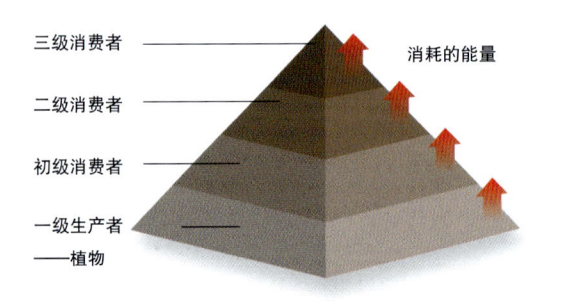

三级消费者
二级消费者
初级消费者
一级生产者
——植物
消耗的能量

在这个金字塔中，越往下，种群越大，种群数量越多。

## 第三层级

小型食肉动物以小型食草哺乳动物、鸟类、鱼类或者无脊椎动物为食。同时，它们必须时刻警惕其他更大的食肉动物。

**竞争**
同一级中的不同食草动物（比如啮齿动物老鼠和草原犬鼠）会互相争抢食物。

## 第二层级

初级消费者以食用自养生物（植物和藻类）为生。其他哺乳动物以初级消费者为食。

## 第一层级

只有植物和藻类能通过光合作用将无机物转化为有机物。它们构成了食物链的起点。

## 第四层级

大型食肉动物位于食物链顶端——几乎没有其他食肉动物可以控制它们的数量。

### 狼
狼捕捉猎物的同时，也会与吃腐肉的鸟类争抢食物。

### 乔氏虎猫
喜欢捕猎较大型动物（比如鹿）。

### 小型杂食动物
雪貂以鸟类和两栖动物为食，也吃其他哺乳动物，比如老鼠和鼹鼠。它们还吃水果。

### 是捕食者，也是猎物
雪貂对于控制啮齿动物的数量非常重要，但是它们必须警惕自身成为猛禽的猎物。

### 丛林之王
狮子是体型最大的食肉动物之一，身体强壮，几乎没有动物可以与狮子相抗衡。即使是猎豹，遇上狮子抢夺食物时也会快速逃开。只有落单的狮子才可能会被一群鬣狗偷袭。

### 超强的适应能力
由于这些啮齿动物以多种植物为食，生存对它们来说不是问题。

**食物链可以达到 7 个层级。**

### 多样的食物
有些物种仅以另一个物种为食，但更常见的是以多个物种为食。

猎豹 ← 瞪羚

狮子 ← 非洲水牛

鬣狗 ← 斑马

### 食腐动物
以腐肉为食。有些食肉动物在食物匮乏时也会吃腐肉。

# 群居生活

狐獴是一种群居在地下的小型哺乳动物。母亲照顾幼崽时,其他狐獴会轮流放哨。它们白天在地面寻找食物,晚上则会进入洞穴中躲避寒冷。狐獴的大家庭里有几十名成员,每一个成员都有自己的义务。危险来临时,它们会采取各种措施来保护自己。哪怕只有一丝风吹草动,负责瞭望的狐獴也会发出警报。

**狐獴**
*Suricata suricatta*

| 科 | 獴科 |
| --- | --- |
| 栖息地 | 非洲 |
| 后代 | 2~7只 |

约30厘米
体重约1千克

一个狐獴族群约有 **30** 只。

## 社会结构

狐獴的社会结构十分清晰,每一名成员都有自己的义务。哨兵(雌性和雄性均可)负责轮流放哨,有陌生动物进入领地时会发出警报;已经进食完毕的狐獴会和需要进食的换班。狐獴是食肉动物,以小型哺乳动物为食,也吃昆虫和蜘蛛。

**雌性**
一门心思扑在繁殖和抚养后代上。

**后代**
当瞭望的狐獴发出警报时,所有小狐獴都会躲入洞穴。

**黑背胡狼**
它是狐獴最大的敌人。对于狐獴来说,在黑背胡狼发现自己之前先发现它,是保护族群的关键。

**猛雕**
它是狐獴最危险的敌人。被猛雕杀死的狐獴数量最多。

## 哨兵

哨兵会在发现敌人时发出警报，这样所有的狐獴都能躲进附近的洞穴。族群中的成员轮流负责瞭望，它们用各种各样的声音表达危险，每一种都有不同的含义。

狐獴也用声音交流。

## 防御

**1 包围敌人**
狐獴先是会大声尖叫，然后身体前后摇摆，试图让自己看起来体形更大，更凶猛。

**2 仰卧**
如果上一计策不奏效，它们会为了保护脖子而仰卧，并露出尖牙和利爪。

**视力**
狐獴拥有双眼视觉，能看见颜色，这有助于它们发现最危险的捕食者——猛雕。

**头**
它们会一直抬着头，以便观察洞穴周围的情况。

**在高地放哨**
狐獴经常站在领地内的最高处，比如岩石或是树枝上。

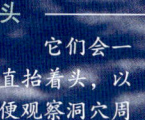

**3 保护**
如果敌人来自空中，它们则会马上躲起来。如果敌人突然发动袭击，成年的狐獴会保护小狐獴。

**前爪**
狐獴的前爪很强壮，可以用来挖洞和防御。

**雄性**
负责保护领地和瞭望。居于优势地位的雄性可以和雌性交配。

## 领地

狐獴的领地可以提供生存所需的食物。雄性会倾其所能保护自己的领地，食物匮乏的时候会举家搬迁。

**洞穴**
狐獴用锋利的爪子挖洞，它们只在白天出洞活动。

**后腿**
狐獴站立时，会用后腿支撑身体，观察四周。

**三脚架一样的尾巴**
狐獴身体直立时，会用尾巴支撑身体，保持平衡。

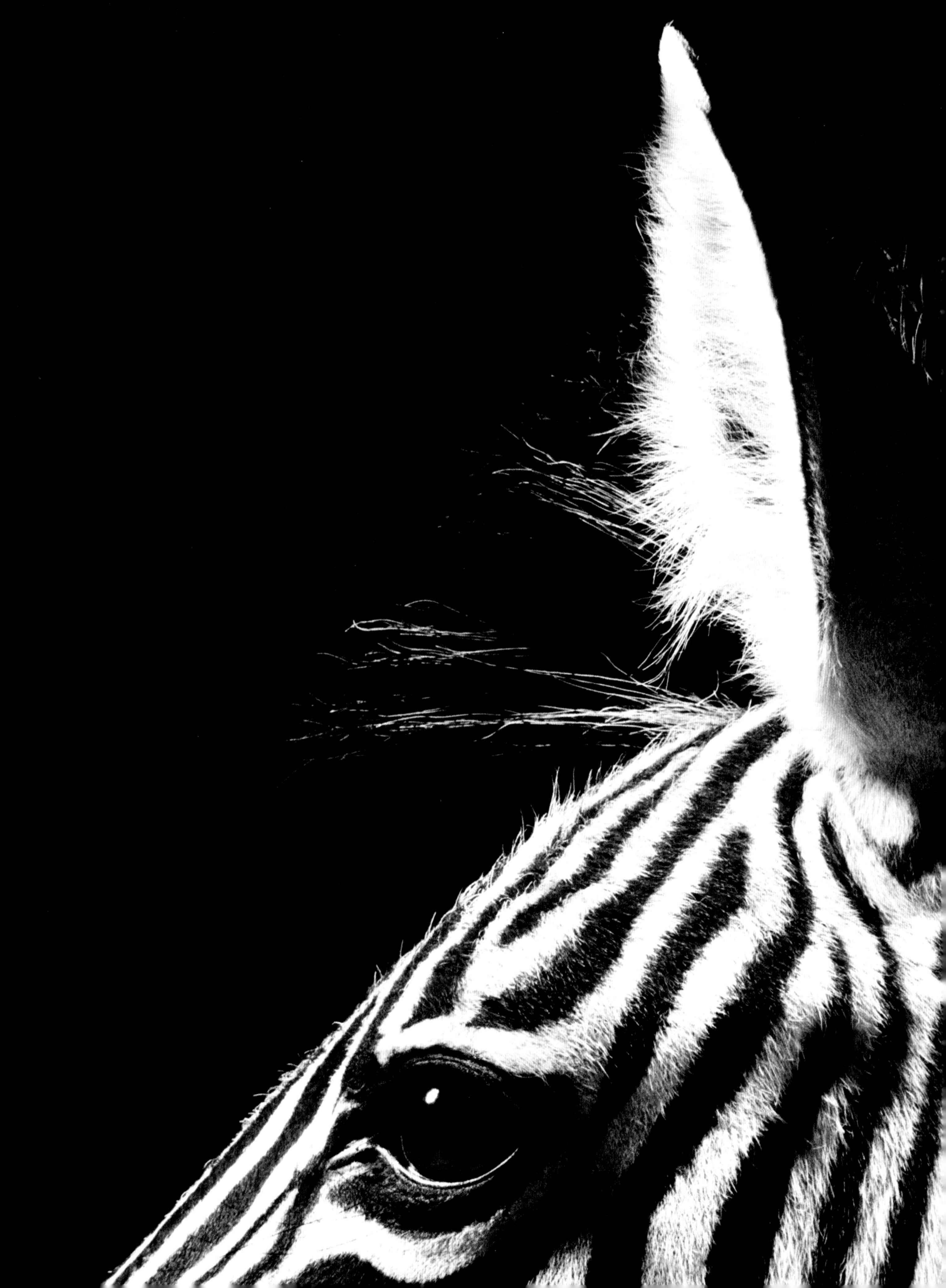

# 多样性

哺乳动物种类繁多，你可以在本单元中了解它们之间最具代表性的差异。它们有些是飞行专家（如蝙蝠），有些会在缺少食物的时候为保存能量而进入深度睡眠（如睡鼠）。除此之外，你还可以了解某些哺乳动物（如鲸和海豚）是如何适应水中生活的。还有一些具备极强的适应干燥炎热的沙漠生活的哺乳动物（如骆驼），它们在储存并充分利用水分方面具有特别的技能。

**呼呼大睡 54**
**憋气冠军 56**
**杂技高手 58**
**活到老，建到老 60**
**夜间飞行 62**
**实用的伪装 64**
**在水下交流 66**

**特别的条纹**

斑马的条纹一直延伸到腹部，用以迷惑敌人。

# 呼呼大睡

你知道英语中"死得透透的"怎么说吗？对了，就是"死得像睡鼠一样"。所以你就明白了睡鼠冬眠的时候睡得有多"死"！在寒冷的季节，一些哺乳动物会因为低温和食物匮乏进入昏睡状态。这时它们体温下降，心跳和呼吸放缓，并且失去意识。

**榛睡鼠**
*Muscardinus avellanarius*

| 栖息地 | 几乎整个欧洲 |
| --- | --- |
| 习性 | 每年冬眠约为4个月 |
| 孕期 | 22~28天 |

体重约 51 克
10~17 厘米
睡鼠的尾巴很长，最长可达 13.5 厘米。

榛睡鼠的正常体温是 **35°C**。

## 活跃时

睡鼠冬眠时消耗的能量来自秋天积累的皮下脂肪层。它们从树叶、树皮、坚果和其他食物（主要是植物）中获取营养。睡鼠会在冬季来临前囤积干果供自己获取能量，这样它们便有足够体力爬上树或墙。冬眠前，睡鼠整日都在进食，为顺利度过漫长的冬天做准备。

**1 原材料**
睡鼠收集树枝、树叶、苔藓、羽毛等来搭窝。

**2 球**
睡鼠会把原材料团成球状。

睡鼠在冬眠前囤积脂肪后的体重约为 **300** 克。

**橡树叶**
睡鼠非常喜欢橡树。

它们醒着的时间约为 **8** 个月。

4月

3月

**坚果**
睡鼠虽然也吃蜗牛和昆虫，但在冬眠前它们主要吃坚果。

**栗子**
栗子的热量增加了睡鼠的能量储备。

**橡子**
橡树的果实是睡鼠的最爱。

## 搭窝

睡鼠通常用树枝、苔藓和树叶搭窝，不过它们也会用皮毛、羽毛做材料。它们的窝大多在树上、石墙上或者老建筑里。如果它们找不到天然的窝，也会明目张胆地侵占鸟巢。

**3 空心球**
睡鼠的窝是空心的，以便待在里面。

**4 完工**
最后在空心球的前面掏一个入口，窝就完工了。

11月

在消耗掉所有的脂肪储备后，睡鼠的体重会减少

**50%**。

## 冬眠

冬眠时，睡鼠会进入深度睡眠状态，体温会降到1℃，心率也明显下降。它们的呼吸间隔可以达到50分钟。在这几个月中，脂肪储备被慢慢消耗掉，体重最多会减少50%。它们的内分泌系统几乎完全停止工作。

睡鼠冬眠期间的体温是 **1℃**。

### 身体姿势

**尾巴** 盖住一部分身体。

**头** 藏在长长的尾巴下。

**脚** 在冬眠期间一直弯曲。

它们冬眠的时间长达

**4** 个月

12月

**呼吸**
呼吸间隔可长达50分钟。

**能量**
睡鼠可以从秋季囤积的皮下脂肪中获得能量。

**心脏**
心率会明显下降。

### 睡鼠冬眠期间的生物节律

体温
体重
呼吸

冬眠前进食 | 深度冬眠 | 短暂活动 | 深度冬眠 | 冬眠之后

### 其他冬眠的地方

**鸟巢**
睡鼠如果找不到地方做窝，就会占据鸟巢。

**树洞**
树洞也可当作它们冬眠的地方。

# 憋气冠军

抹香鲸是一种神奇的动物。它们最深可以潜入3 000米深的海底，最长可以憋气两小时。这是因为抹香鲸有一套复杂的生理机制，可以使它们降低心率，利用肌肉存储空气，氧气优先供给重要器官（比如肺和心脏）。抹香鲸是最大的有牙齿的鲸，虽然它们只在下颌骨长有牙齿。

**抹香鲸**
*Physeter catodon*

| 栖息地 | 深水区 |
| --- | --- |
| 状态 | 易危物种 |
| 性成熟时间 | 18 年 |

可达 18 米

**体重**
20~90 吨

**约等于** 
11 头 8 吨重的大象

抹香鲸最长可以在水下憋气
**120** 分钟。

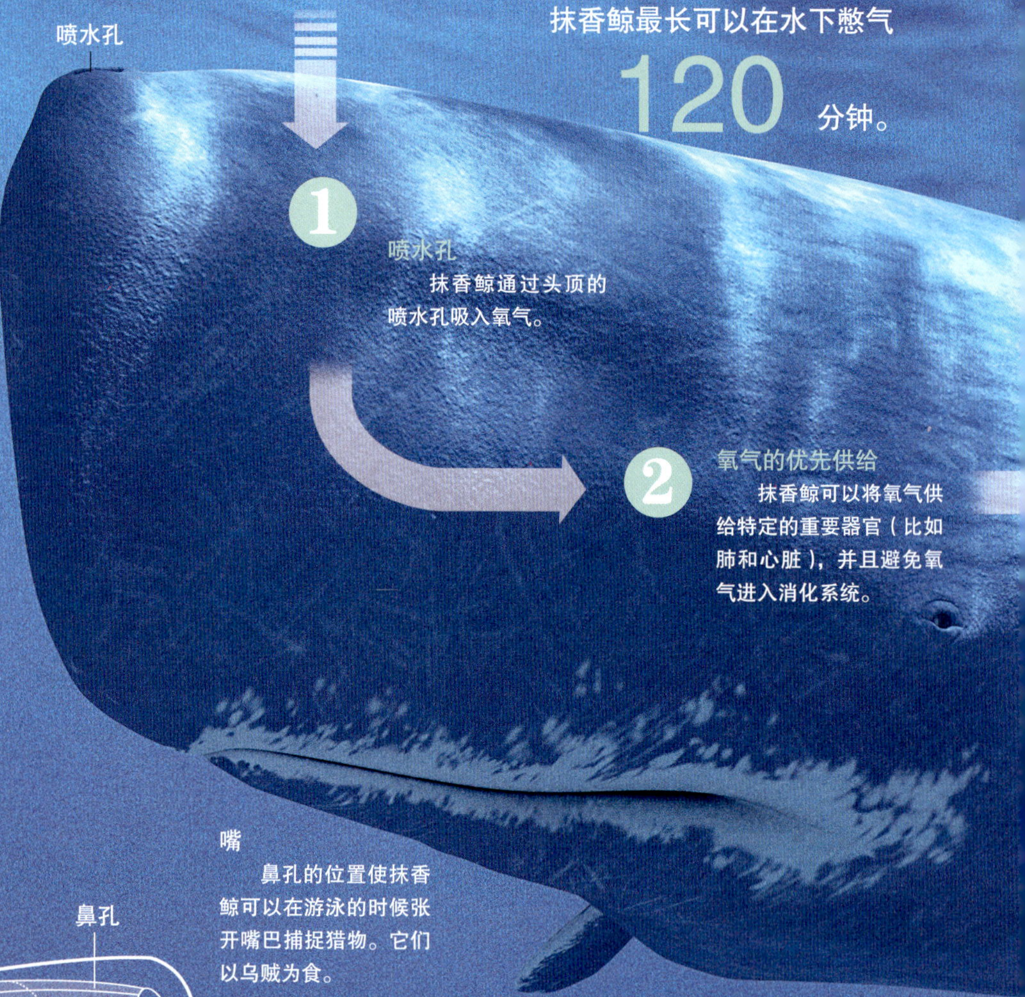

**1 喷水孔**
抹香鲸通过头顶的喷水孔吸入氧气。

**2 氧气的优先供给**
抹香鲸可以将氧气供给特定的重要器官（比如肺和心脏），并且避免氧气进入消化系统。

**嘴**
鼻孔的位置使抹香鲸可以在游泳的时候张开嘴巴捕捉猎物。它们以乌贼为食。

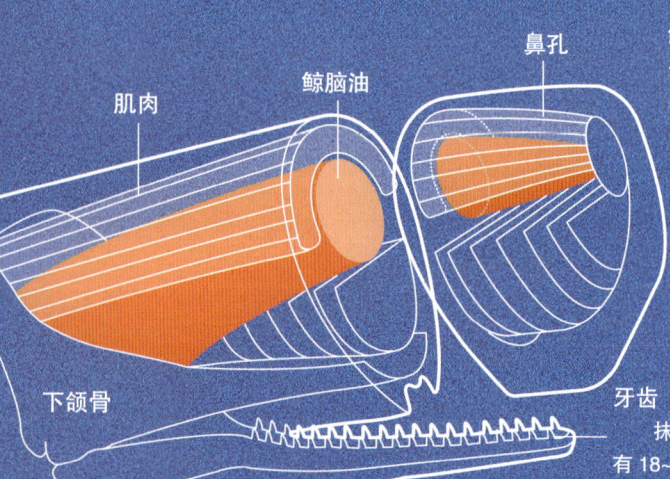

肌肉　鲸脑油　鼻孔
下颌骨　牙齿

抹香鲸的下颌骨上有18~20颗锥齿，每颗重达1千克。

**鲸脑油器官**
抹香鲸之所以能够下潜到很深的地方，一部分原因是它们的头部有鲸脑油器官。鲸脑油器官中有大量蜡质油，蜡质油的密度会随温度和压力变化，帮助抹香鲸漂浮在海面或是下潜到深海中。抹香鲸在黑暗的地方视力受限，不过它可以用鲸脑油器官（类似海豚的额隆）发出超声波并接收回音。

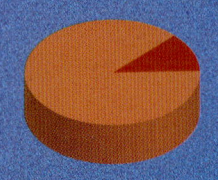

**构成**
90%为蜡质油
蜡质油经冷却、压榨可得固体蜡，即鲸蜡。

## 呼吸

当下潜到比较深的地方时，抹香鲸的整个生理机制会被激活，开始最大限度地利用体内储存的氧气。胸廓和肺会收缩，迫使空气从肺部进入气管，减少吸收有毒的氮。在结束潜水时，氮会从血液快速进入肺，减少肌肉的血液循环。抹香鲸的肌肉中含有大量肌红蛋白，这是一种能储存氧气的蛋白质，可以延长抹香鲸待在水下的时间。

**海面之上**
抹香鲸会在潜水前张开鼻孔，以便尽可能多地吸入氧气。

**潜水时**
它们有力的肌肉会将鼻孔紧紧闭合，避免海水进入。

**喷水孔**
潜入水中后，抹香鲸的喷水孔会充满水，用于冷却鲸脑油并增大其密度。

**心脏**
潜水时，抹香鲸的心率放缓，氧气消耗减少。

**血液**
富含血红蛋白的血液会充分流动，将更多氧气送入身体各部位和大脑。

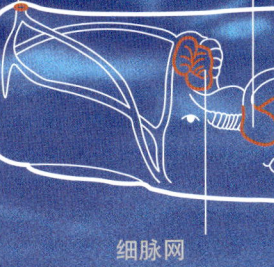

**细脉网**
过滤进入大脑的血液的血管网络。

**肺**
有效吸收氧气。

**尾巴**
又大又平，抹香鲸主要靠尾巴推动身体前进。

**③ 心搏徐缓**
抹香鲸在潜水时心率会下降（这个现象称为心搏徐缓），以减少氧气消耗。

## 潜水

抹香鲸是真正的潜水冠军，它们的下潜深度可以达到3 000米，在捕捉乌贼时，下潜速度可以达到3米/秒。抹香鲸一次潜水时长通常为50分钟，不过它们可以在水里最多待两小时。抹香鲸会在潜入深海之前将尾鳍完全抬离水面。虽然它们没有背鳍，但是它们的背部有一些三角形的凸起。

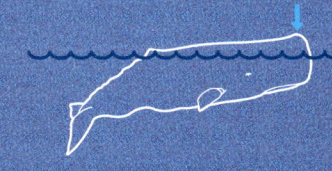

**0米 海面之上**
通过头顶的喷水孔吸入氧气。

**1 000米以下 90分钟**
90%的氧气储存在肌肉中，所以能长时间待在水下。

**0米 海面之上**
抹香鲸排出肺里所有空气，也就是我们熟悉的喷水。

## 氧气利用

抹香鲸能比其他哺乳动物潜得更深、待得更久，因为它们有很多办法节约氧气：在肌肉中储存氧气、在缺氧条件下进行新陈代谢，以及在潜水过程中减缓心率。

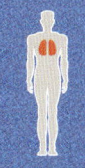

一次呼吸置换的空气量为 **15%**。

一次呼吸置换的空气量为 **85%**。

# 杂技高手

猫有个神奇的技能：在落地时四脚着地。这是因为猫的骨骼比其他哺乳动物更加灵活，并且骨骼数量更多。猫可以通过本能扭转身体，这一反应符合角动量守恒定律。这一定律最早由艾萨克·牛顿提出，即所有做圆周运动的物体都趋向于能量恒定。因此，动物的腿伸得离其旋转轴越远，其旋转速度就越慢，并在落地的过程中重新分配身体系统的总能量。如果动物在落地的过程中把腿收起来，旋转的速度就会变快。

| | |
|---|---|
| 名称 | 家猫 |
| 科 | 猫科 |
| 种 | 家猫种 |
| 成年体重 | 2~7千克 |
| 寿命 | 约15年 |
| 体型 | 约10厘米 约30厘米 约25厘米 |

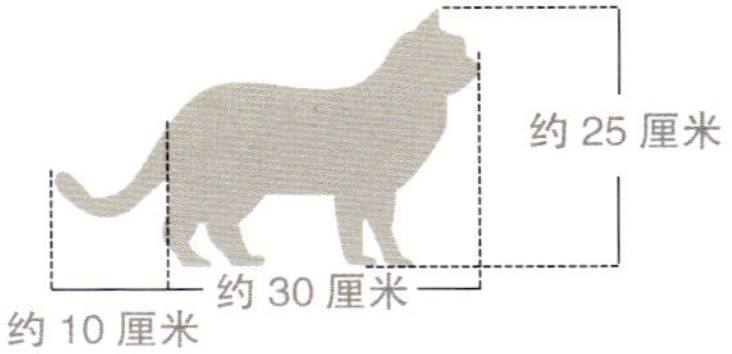

## 1 开始时仰面朝天
猫刚坠落时仰面朝天，然后它会沿轴线旋转180°（分两个阶段），落地时腿朝下。

## 2 第一次扭转
在这个过程中，猫的前半身沿轴线旋转180°，后半身仅轻微旋转。

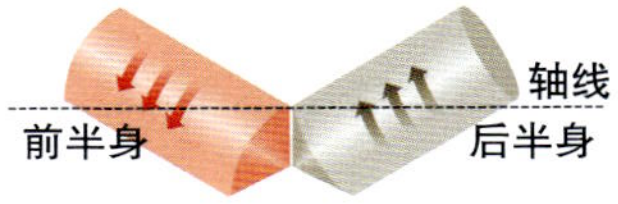

**猛烈地旋转** — 前半身
**轻微地旋转** — 后半身
**轴线**

## 3 独立的运动
花样滑冰运动员伸出或收回手臂控制旋转的速度，猫则靠移动后腿来控制速度——不过靠单独移动每条腿都可以单独移动。

**"加速器"** 猫收起前腿，靠近轴线，以提高转速度。它可身的旋转180°。

**"刹车"** 猫伸出后腿，让其垂直于轴线，以放缓后半身的旋转速度。

伸出前腿，使其与轴线形成适当角度。

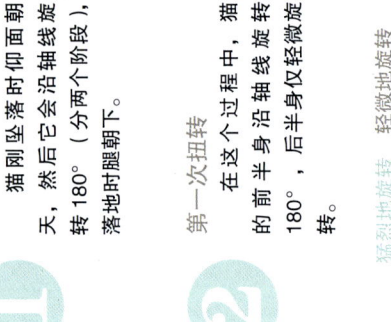

然后收起身体轴线，靠近身体轴线。

## 像花样滑冰运动员一样

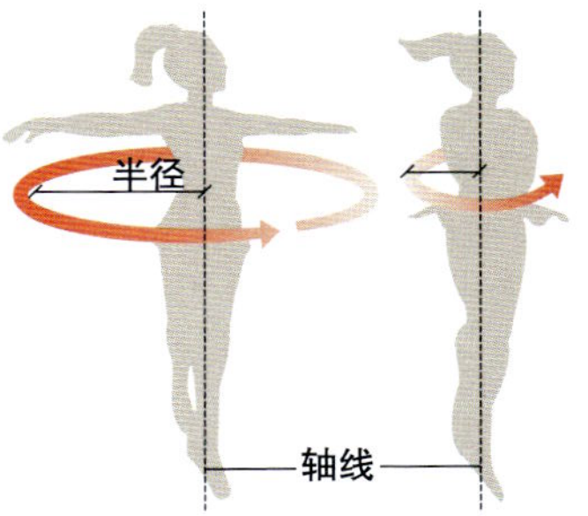

降低旋转速度 张开双臂，增加旋转半径。

提高旋转速度 收起双臂，小旋转半径。

**轴线** **半径**

重力
轴线

## 技巧

虽然很不可思议，但是猫摔落的高度越低，受的伤反而越重。因为猫在感知到掉落时会收缩身体，伸出四肢，以减小落地带来的冲击。如果坠落的高度不到一层楼，猫就没有时间做出这个姿势。

### 4 第二次扭转

猫放低后腿，然后再旋转两次，身体一次比一次收得紧。

猛烈地旋转
轴线
前半身　后半身

轻微地旋转

**前半身**
伸出的前腿减缓了前半身的旋转速度。它可以旋转180°。

**后半身**
收起的后腿，加快了后半身的旋转速度。

### 5 四肢收拢

猫将四肢收拢在身下，脊柱弯曲，像降落伞一样。它会保持这个姿势基本不变，直到落地。

在下落过程中用尾巴保持身体平衡。

将后腿抬到和前腿一样的高度。

**11% 脊椎伸展量**
猫没有锁骨，并且它们的脊椎连接处比大部分哺乳动物更加灵活。

**极度灵活**

### 6 落地

首先前腿着地，接着后腿着地，最后放松尾巴。

猫旋转身体只需

**1/8 秒**，

然后在1/2秒后四脚落地。

在落地的瞬间，猫会稍微弯曲腿部，以减少冲击。

## 平衡

颞骨中的内耳包括耳蜗、前庭器官和3个半规管。内耳中有一个纤毛（感受器）和一个黏性物质（内淋巴液），两者接触产生平衡感。

**半规管横截面**
即平衡受器，内有纤毛。

**耳泡**
内有纤毛。
在旋转过程中，内淋巴液将纤毛朝相反的方向移动。

耳蜗
内耳

**快速精准地摇头**
在旋转过程中，内淋巴液溅入半规管。为了让内淋巴液回到原处，猫会快速地甩动头部。

# 活到老，建到老

河狸是半水栖啮齿动物，它们不需要砖块和水泥就能搭建出富有建筑美感的小屋。河狸是群居动物，所有成员通力合作，共同建设家园。它们的家通常建在河边或湖边，四周树木环绕，只能通过水下通道进入。建造工程十分浩大，河狸一生都在扩建和修缮它们的家园。

**美洲河狸**
*Castor canadensis*

| 栖息地 | 美国和加拿大的温带森林 |
|---|---|
| 科 | 河狸科 |
| 食物 | 食草 |

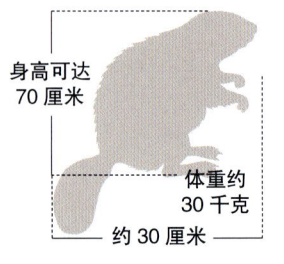

身高可达 70 厘米
体重约 30 千克
约 30 厘米

## 对环境的影响

河狸对环境既有正面影响，也有负面影响。它们为其他动物创造了湿地生活环境，有时还能避免土地侵蚀。不过，它们修建的大坝也可能引发洪水或阻断河流，损毁其他生物的栖息地。

## 河狸的小屋

河狸的巢穴结构独特，不同环境中的巢穴类型也不同。巢穴由树枝、草和苔藓交织搭建而成，有一个可以从水下进入的中心居住区，有两个入口。中心居住区的地面高于水面，宽 2 米以上，高超过 1 米。

**后代**
和父母一起生活，3 年后独立生活。

**改变**
河狸到了新环境后，可能会破坏当地的生态平衡，这时河狸就变成了有害动物。

**水下通道**
河狸可以从水下通道潜行出入，通常情况下它们可以在水下待 5 分钟。

**眼窝**
**门齿**

**牙齿**
河狸的门齿强壮有力，并且会一直生长，不过它们会用牙齿啃断树，使牙齿保持在适当的长度。

**水下入口**

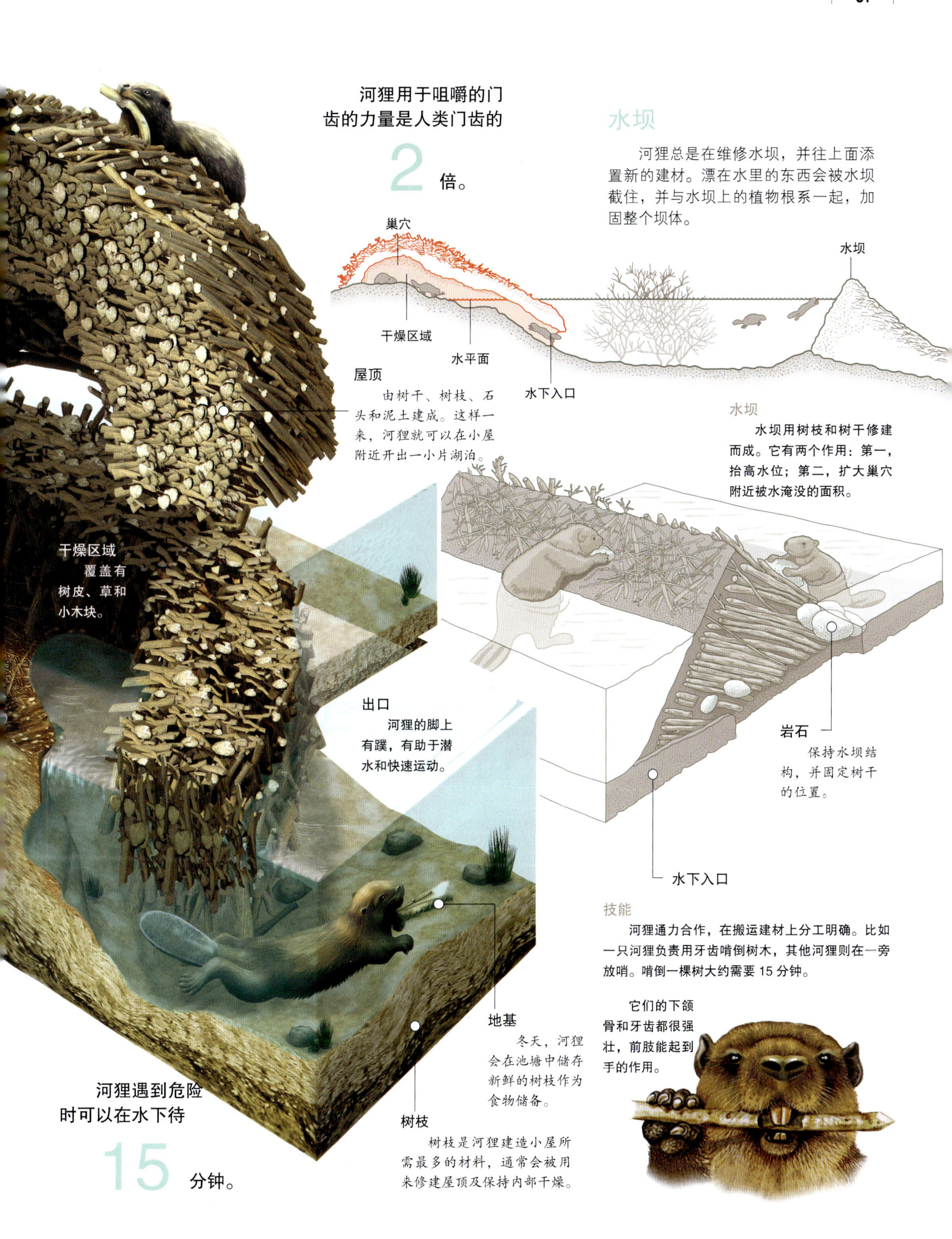

河狸用于咀嚼的门齿的力量是人类门齿的 **2** 倍。

## 水坝

河狸总是在维修水坝，并往上面添置新的建材。漂在水里的东西会被水坝截住，并与水坝上的植物根系一起，加固整个坝体。

**巢穴**

**干燥区域**

**水平面**

**水下入口**

**水坝**

**屋顶**
由树干、树枝、石头和泥土建成。这样一来，河狸就可以在小屋附近开出一小片湖泊。

**水坝**
水坝用树枝和树干修建而成。它有两个作用：第一，抬高水位；第二，扩大巢穴附近被水淹没的面积。

**干燥区域**
覆盖有树皮、草和小木块。

**出口**
河狸的脚上有蹼，有助于潜水和快速运动。

**岩石**
保持水坝结构，并固定树干的位置。

**水下入口**

**技能**
河狸通力合作，在搬运建材上分工明确。比如一只河狸负责用牙齿啃倒树木，其他河狸则在一旁放哨。啃倒一棵树大约需要 15 分钟。

**地基**
冬天，河狸会在池塘中储存新鲜的树枝作为食物储备。

它们的下颌骨和牙齿都很强壮，前肢能起到手的作用。

河狸遇到危险时可以在水下待 **15** 分钟。

**树枝**
树枝是河狸建造小屋所需最多的材料，通常会被用来修建屋顶及保持内部干燥。

# 夜间飞行

蝙蝠是唯一一种会飞的哺乳动物。科学家把它们称为翼手目动物，"翼手"来源于希腊语，意思是"像翅膀一样的手"。蝙蝠的前肢进化成了手，它的手指很长，并由翼状膜连接成翅膀。蝙蝠的感官极其灵敏，能在黑暗中快速准确地飞行、捕猎。

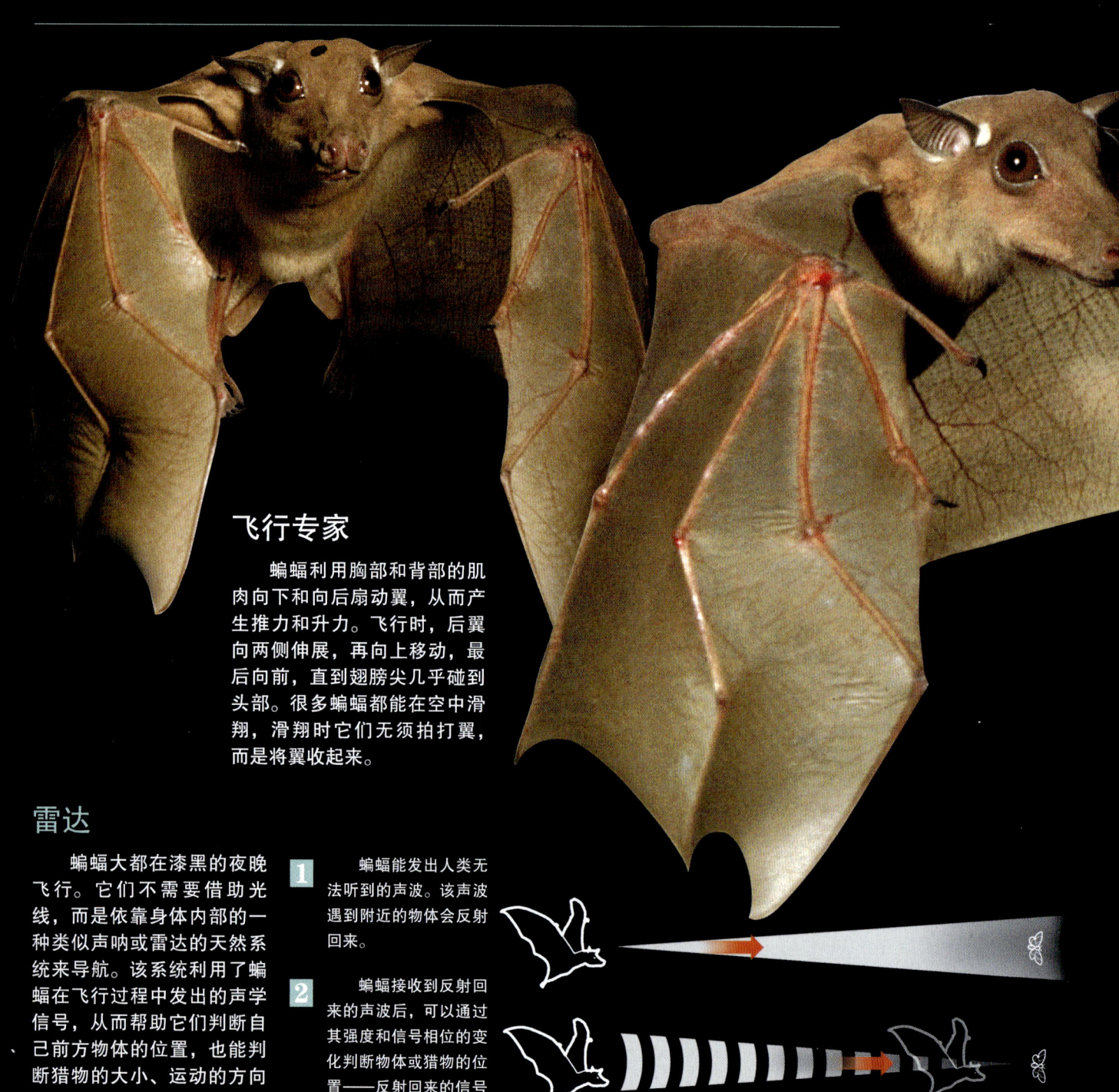

## 飞行专家

蝙蝠利用胸部和背部的肌肉向下和向后扇动翼，从而产生推力和升力。飞行时，后翼向两侧伸展，再向上移动，最后向前，直到翅膀尖几乎碰到头部。很多蝙蝠都能在空中滑翔，滑翔时它们无须拍打翼，而是将翼收起来。

## 雷达

蝙蝠大都在漆黑的夜晚飞行。它们不需要借助光线，而是依靠身体内部的一种类似声呐或雷达的天然系统来导航。该系统利用了蝙蝠在飞行过程中发出的声学信号，从而帮助它们判断自己前方物体的位置，也能判断猎物的大小、运动的方向和速度。哪怕伸手不见五指，蝙蝠仍能来去自如。

**1** 蝙蝠能发出人类无法听到的声波。该声波遇到附近的物体会反射回来。

**2** 蝙蝠接收到反射回来的声波后，可以通过其强度和信号相位的变化判断物体或猎物的位置——反射回来的信号越快越强，物体或猎物离得越近。

一些蝙蝠的飞行速度能达到

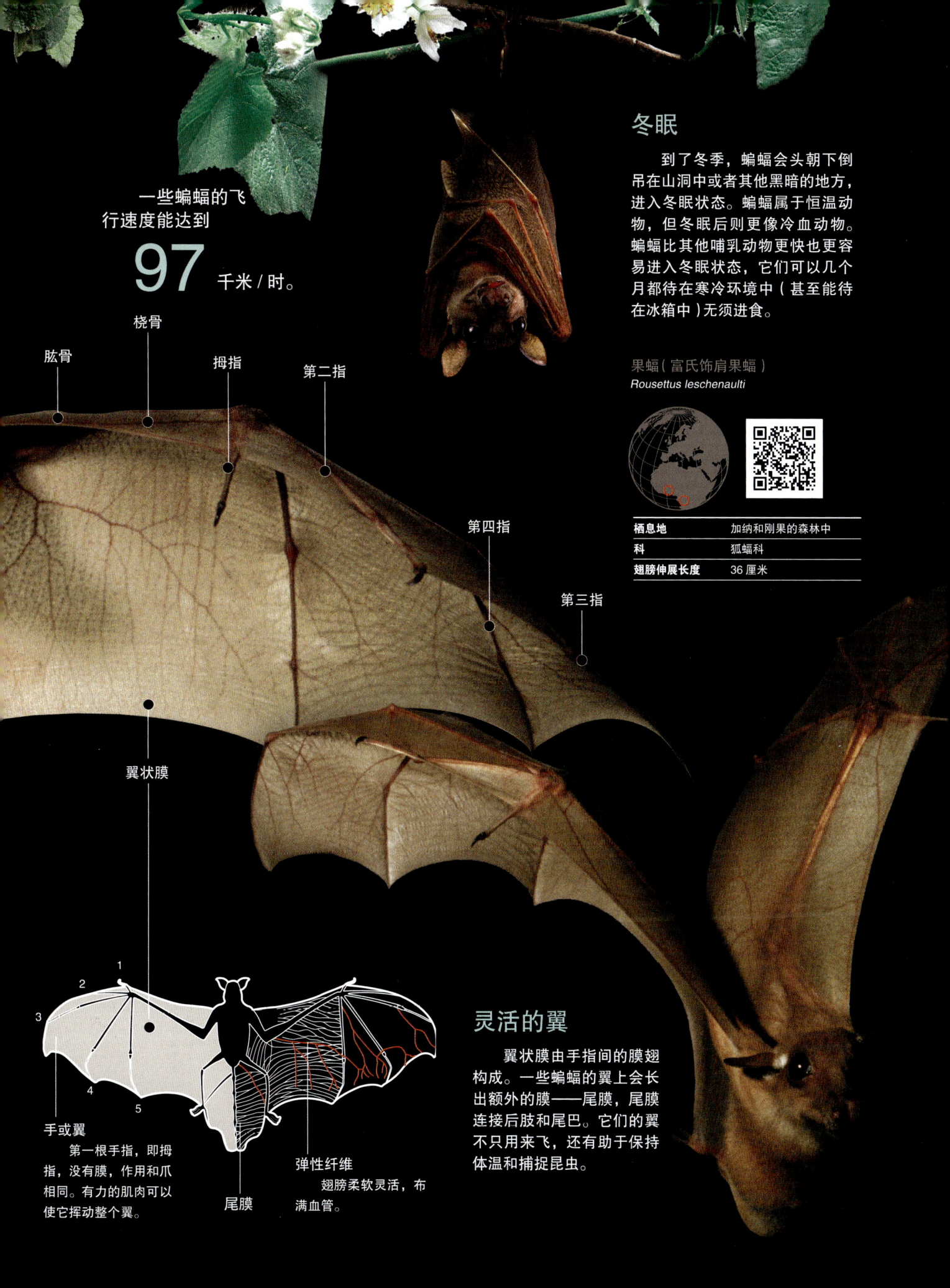

**97** 千米/时。

- 肱骨
- 桡骨
- 拇指
- 第二指
- 第四指
- 第三指
- 翼状膜

## 冬眠

到了冬季，蝙蝠会头朝下倒吊在山洞中或者其他黑暗的地方，进入冬眠状态。蝙蝠属于恒温动物，但冬眠后则更像冷血动物。蝙蝠比其他哺乳动物更快也更容易进入冬眠状态，它们可以几个月都待在寒冷环境中（甚至能待在冰箱中）无须进食。

果蝠（富氏饰肩果蝠）
*Rousettus leschenaulti*

| | |
|---|---|
| 栖息地 | 加纳和刚果的森林中 |
| 科 | 狐蝠科 |
| 翅膀伸展长度 | 36厘米 |

## 灵活的翼

翼状膜由手指间的膜翅构成。一些蝙蝠的翼上会长出额外的膜——尾膜，尾膜连接后肢和尾巴。它们的翼不只用来飞，还有助于保持体温和捕捉昆虫。

**手或翼**
第一根手指，即拇指，没有膜，作用和爪相同。有力的肌肉可以使它挥动整个翼。

**尾膜**

**弹性纤维**
翅膀柔软灵活，布满血管。

# 实用的伪装

有些野生的哺乳动物会利用身体的颜色和外形隐藏自己。一些会模仿周围环境中的物体，还有一些则会模仿其他动物的外形。单匹斑马的条纹似乎很显眼，但当它们成群地生活时，条纹就变成了伪装。拟态和保护色是天然的隐藏能力，无须任何动作配合便能完成伪装。但一些形态或颜色的伪装必须和特定的行为相配合，否则就毫无用处。

## 进化与适应

拟态是指生物模仿环境中其他生物或无生命物体的外观的能力。没有其他方法保护自己的动物会用保护性拟态来伪装自己。有些动物还能用攻击性拟态来惊吓并攻击猎物。野生猫科动物（美洲狮、豹猫、猞猁）就会利用皮毛的颜色和花纹在自然环境中隐藏踪迹。斑马总是成群活动，这也是一种天然的自我保护方式。斑马的皮毛是混隐色，即便是速度快、感官敏锐的捕食者也很难从一群斑马中分辨出一匹单独的斑马。斑马群通过踢咬来共同抵御猫科动物的攻击。猫科动物也会利用伪装策略来一对一地攻击猎物。很多动物都会利用周围环境甚至是其他生物来伪装自己。比如说树懒，作为动作最慢的哺乳动物，它们别无选择，只能身披藻类植物来隐藏自己，避免被捕食者发现。

**条纹**
皮毛的颜色会随阳光的强度和照射角度的变化而变化。

**斑点**
长颈鹿伸长脖子吃树叶，身上的斑点与斑驳的树荫融为一体。

**花纹**
条纹之间的不规则图形有利于老虎躲在灌木丛中伏击猎物。

## 不同的花纹

斑马的条纹并不是对周围环境中物体的形状和颜色的完全复制。但只要配合一些特定行为和动作，条纹就有助于斑马在栖息地的环境中隐藏自己。对于生活在北极的动物来说，冬天白雪皑皑的环境决定了它们的伪装方式。

### 动作与伪装

虎的花纹有利于它们隐藏身形,特别是当它们在平原的灌木和草丛中捕猎的时候。而麋鹿的角只有一动不动时才可以完美地隐藏在形状类似的植物丛中。

虎
Panthera tigris

# 混隐色

如果斑点的颜色比底色更深或更浅,动物的轮廓就会变得模糊。

### 与藏身之处融为一体

花栗鼠住在针叶林或阔叶林中,以坚果、昆虫、鸟蛋、种子等为食。虽然花栗鼠擅长在高高的树枝间穿梭,但它们体型小,腿也短,在地面上容易被攻击,所以毛的颜色对它们十分重要。

**保护性环境**
很多动物毛的颜色可以随周围环境而变化。

**皮毛**
皮毛颜色深浅不同与周围的树干和枯叶相似。

# 在水下交流

除了人类以外，鲸目的交流方式最为复杂。比如海豚，它们遇到麻烦时会用下颌骨发出咔嗒声，害怕或兴奋时会反复发出口哨声，在求偶时则会触碰并爱抚彼此。它们还能通过视觉信号（比如跳跃）来告诉同伴附近有食物。海豚传递重要信息的方法多种多样。

**玩耍**
和其他哺乳动物一样，玩耍对海豚社会层级的形成起着极为重要的作用。

| 通用名 | 宽吻海豚 |
|---|---|
| 科 | 海豚科 |
| 种 | 宽吻海豚种 |
| 成年体重 | 150~650 千克 |
| 寿命 | 30~40 年 |

2~4 米
速度可达 35 千米/时

**额隆**
额隆可以集中并引导发出的脉冲，并将其送向前方。为了更好地聚拢声音，额隆的形状会呈多种样式。

呼吸孔

鼻腔气囊

**背鳍**
帮助海豚在水中保持平衡。

**尾鳍**
有一个水平的枢椎（和鱼不同），用于推动海豚向前游动。

**胸鳍**

喉

## 发出声音 ①

空气经过呼吸腔发出声音，在额隆中产生共振并增强音量。这就提升了声音的频率与强度。

### 如何发声

**1 吸气**
呼吸孔打开让氧气进入。

呼吸孔
空气进入肺部

**2 鼻腔气囊鼓起**
海豚可以憋气12分钟。

**3 呼气**
空气在气囊中产生共振，产生的声音通过额隆后发出。

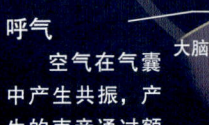

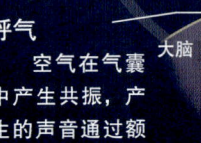

声音
肺部的空气
大脑

**4 鼻腔气囊收缩**

额隆

## 下颌骨
下颌骨在向内耳传送声音的过程中起着重要作用。

## 3 接收和解读
中耳向大脑发出信号。海豚可以听见100赫兹到150千赫的声音。低频信号（口哨声、鼾声、呼噜声、咔嗒声）是海豚和鲸目动物社交生活中的关键，因为它们无法独自生活。

**约 1.4 千克** 人类大脑

**约 1.7 千克** 海豚大脑

### 更多神经元
海豚的大脑可以处理信号，它们的大脑褶积至少是人类的两倍，神经元比人类多出近50%。

中耳

## 2 信号
低频率的信号用于和其他海豚交流，高频率的信号则起着声呐的作用。

声波在水中传播的速度是在空气中的4.5倍，达到

**1.5 千米/秒。**

## 回声定位

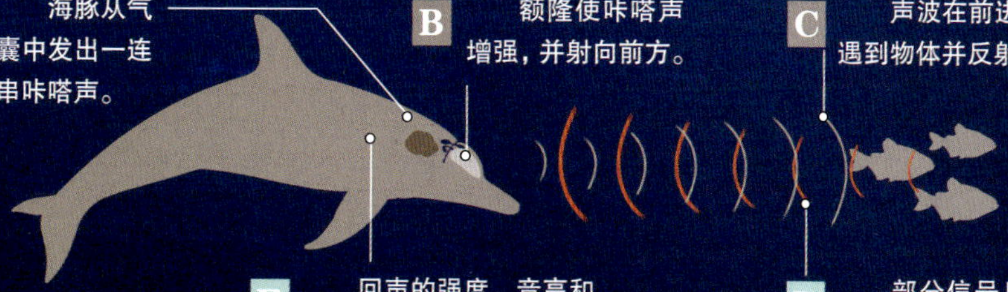

**A** 海豚从气囊中发出一连串咔嗒声。

**B** 额隆使咔嗒声增强，并射向前方。

**C** 声波在前进过程中遇到物体并反射回来。

**D** 部分信号反射回来，以回声形式反馈给海豚。

**E** 回声的强度、音高和返回的时长表明了障碍物的大小、位置和方向。

### 回声信号

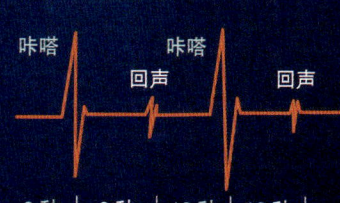

咔嗒　咔嗒
回声　　回声

0秒 | 6秒 | 12秒 | 18秒

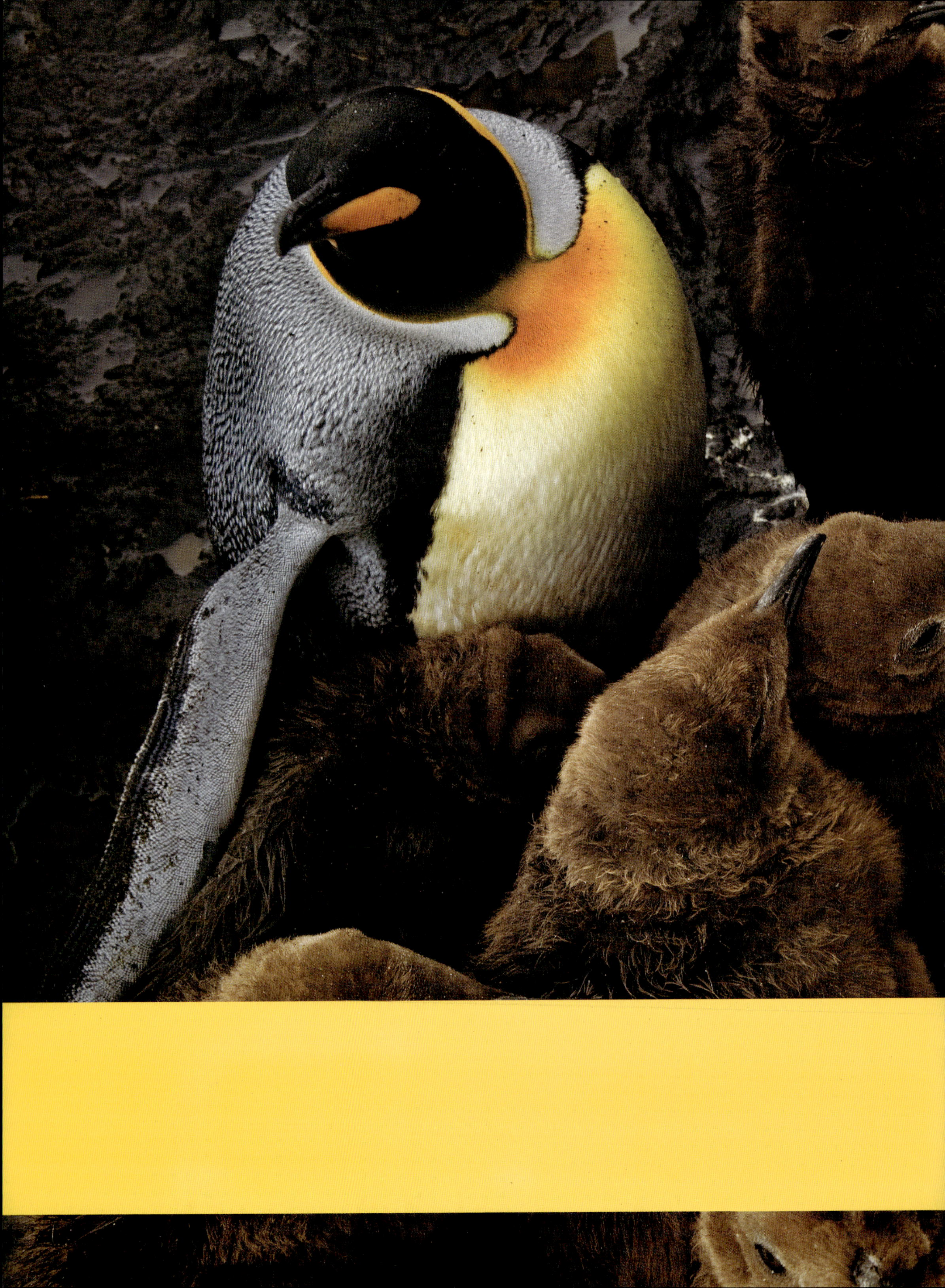

第二节 / 鸟类

鸟类的天性 71
鸟类的生活 89
多样性与分布 103

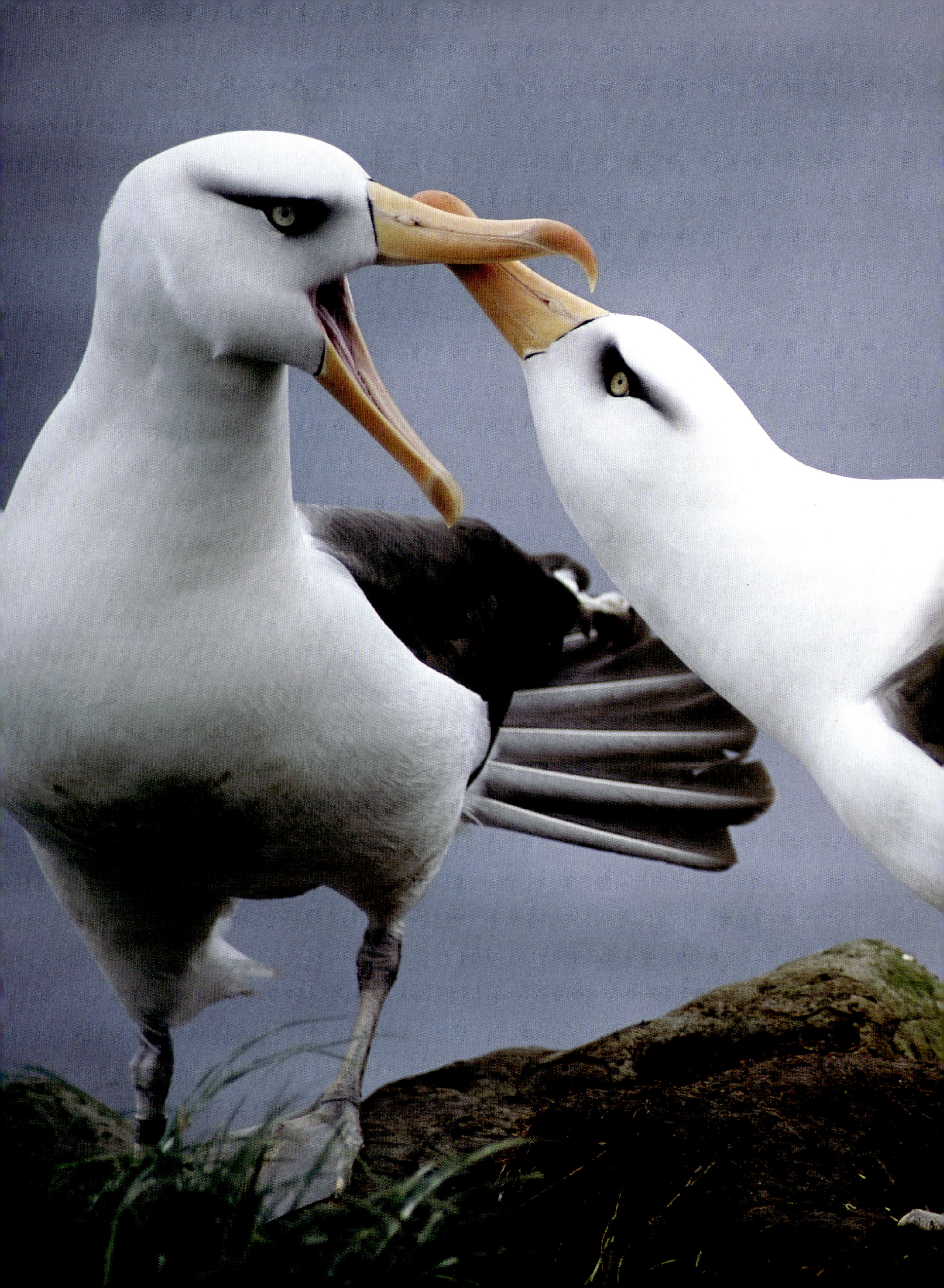

# 鸟类的天性

很多科学家认为鸟类是恐龙的后代,因为他们从化石上发现有些恐龙长有羽毛。鸟类的视力极佳,从与身体之间的比例来看,它们的眼睛是所有动物中最大的。鸟类的骨骼很轻,非常适合飞行。鸟类的脚和喙因功能和需求的不同而各有不同。陆禽的脚趾数量较少,例如非洲鸵鸟就只有两个脚趾。一些猛禽(比如老鹰)的爪子呈钩状。

**骨骼与肌肉 72**
**内脏器官 74**
**感官 76**
**羽毛 78**
**飞行的羽翼 80**
**尾巴 82**
**滑翔 84**
**扑翼飞行 86**

**信天翁的爱情**

一些鸟类一生只有一个配偶。这对信天翁每年都会在一个岩石嶙峋的孤岛上相见,它们用泥土和草筑巢,然后产下一颗卵并将它孵化出来,并陪伴小信天翁成长。

# 骨骼与肌肉

为了适应飞行，鸟类的骨骼经历了巨大演变，变得既轻巧又强健。为了减轻重量，头骨、翅膀等处的骨骼愈合为一体。鸟类的骨骼数量比其他脊椎动物多。由于骨骼是中空的，内部有气腔，所以骨骼的总重量比自身羽毛的重量还轻。鸟类的颈椎非常灵活，但胸腔附近的脊椎比较僵硬，胸腔前有一块较大的弯曲的骨，叫作龙骨突。龙骨突和船的龙骨类似，发达有力的胸肌附着在龙骨突上，用于拍动翅膀。与之相比，陆禽（比如非洲鸵鸟）则是腿部肌肉更加发达。

## 拍打翅膀

飞行是个力气活儿，需要大量的能量。所以，负责拍打翅膀的肌肉很发达，重量能占到鸟体重的15%。鸟类有一大一小两对胸肌，分别负责控制翅膀的起落。两对胸肌位置对称，功能相反：其中一对收缩时，另一对伸展。胸肌所在的胸腔位置大致与鸟的重心一致。拍打翅膀还需要有强健的肌腱。

**蜂鸟**
蜂鸟可以在空中悬停，胸肌重量约占体重的40%。

### 向下拍打翅膀

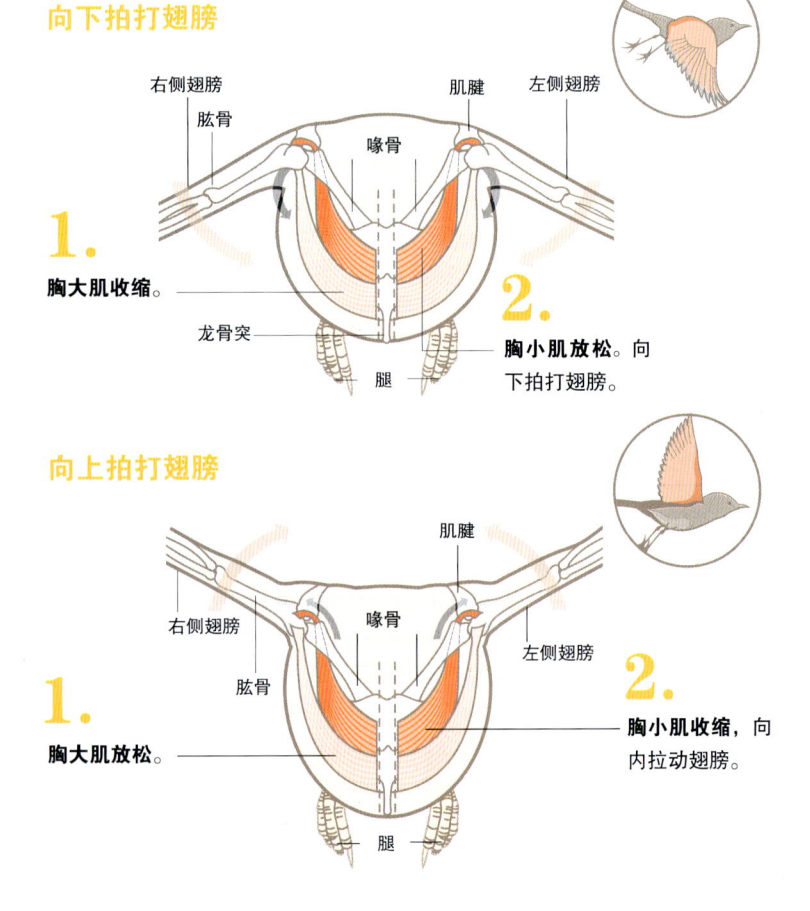

1. **胸大肌收缩。**
   右侧翅膀　肱骨　喙骨　肌腱　左侧翅膀　龙骨突　腿
2. **胸小肌放松。** 向下拍打翅膀。

### 向上拍打翅膀

1. **胸大肌放松。**
   右侧翅膀　肱骨　喙骨　肌腱　左侧翅膀　腿
2. **胸小肌收缩**，向内拉动翅膀。

**头骨**
因为骨骼愈合，所以颅骨很轻，没有牙齿、下颌骨和咀嚼肌。

**上喙**
有些鸟的上喙很灵活。

**下喙**
下喙灵活，可使鸟张大嘴巴。

**叉骨**
叉骨又名如愿骨，为鸟类独有，由锁骨愈合形成。

**胸骨**
飞禽的胸骨高度发达，胸骨上长长的龙骨突便于胸肌附着其上。

眼窝

## 翅膀

毫无疑问，翅膀是鸟类适应环境最显著的特征。有力的肌腱穿过翅膀与肢骨相连，羽毛附着在掌骨上。

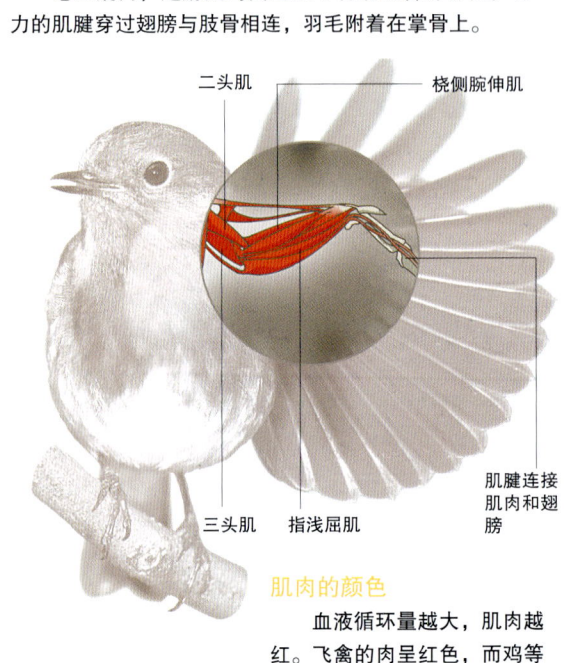

二头肌　桡侧腕伸肌
三头肌　指浅屈肌
肌腱连接肌肉和翅膀

## 肌肉的颜色

血液循环量越大，肌肉越红。飞禽的肉呈红色，而鸡等走禽的肉为白色。

## 颈椎骨
不同鸟类的颈椎骨数量不同。颈椎骨使鸟类的颈部更加灵活。

**喙骨**

**肱骨**

**桡骨**

**腕骨**

**尺骨**

**腕掌骨**
由上肢骨愈合形成。

**指骨**

**膝盖骨**

**股骨**

**胫骨**

**假膝**

**骨盆**

**尾综骨**
尾椎骨合在一起，尾羽长在尾巴上。

**跗跖骨**

**趾骨**

**脚**
与它们的祖先爬行动物一样，大多数鸟有四个趾。

### 腿部肌肉
髂胫外侧肌
半腱肌
腓骨长肌
腓肠肌
助衡姿势

### 抓握机制
鸟站在树枝上时会采取一种双腿弯曲的蜷缩姿势。这时腿部的肌腱收紧，进而拉动脚趾合拢，使双脚固定不动。这种肌腱锁定机制可以使鸟在熟睡时也能牢牢抓紧树枝。

紧锁的脚趾
肌腱

## 含气骨
很多鸟类都有含气骨，即骨骼里没有骨髓，而是充满空气。有些骨骼甚至延入气囊。这种骨头看上去似乎很脆弱，但是其实这种海绵一样的内部隔片网络就像金属桥梁的桁架一样，能使骨头更加强壮。

# 内脏器官

鸟飞行时氧气的消耗速度非常快，即便是训练有素的运动员也难以承受这样的消耗速度，哪怕只是几分钟也不行。鸟的内脏器官必须适应这种快速消耗。鸟类的肺虽然比体型相当的哺乳动物的小，但是工作效率更高。鸟类的肺有多个气囊，既能提高呼吸系统的效率，又能减轻重量。鸟类的消化系统的独特之处在于：食道中的嗉囊可以储存食物，以备之后消化或喂养幼鸟。鸟类的心脏占体重的比例比人类的大得多。

## 消化系统

鸟类没有牙齿，所以它们进食时不咀嚼，而是靠胃来分解食物。胃分为两部分：负责分泌胃酸的腺胃（前胃）和胃壁可以磨碎食物的肌胃（砂囊）。因为飞行需要消耗大量能量，所以鸟类的消化速度非常快，这样才能及时补充能量。消化系统的末端和泄殖腔连接，泄殖腔是消化系统和泌尿系统的共用排泄口。鸟类喝下的水几乎全部被吸收。

### 消化过程

**1 储存**
一些鸟类有嗉囊，可以将食物先储存起来，之后再消化。这样可以减小被捕食者发现的风险。

**2 分泌**
前胃分泌胃液，开始消化食物。

**3 分解**
砂囊是一个强壮的肌肉囊袋，内有鸟吞下的石子和砂粒，用来磨碎食物。石子和砂粒起到了牙齿的作用。

**4 吸收水分**
这一过程发生在小肠中。鸟类通常从食物中获取水分。

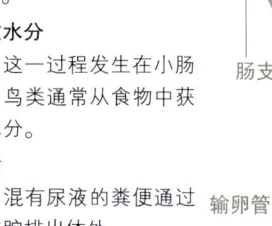

**5 排泄**
混有尿液的粪便通过泄殖腔排出体外。

### 砂囊的类型

**以种子为食的鸟**
厚实的肌肉壁和发达的黏膜内壁，可以磨碎种子。

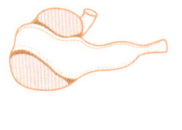

**食肉的鸟**
砂囊的肌肉壁较薄，因为消化在前胃进行。

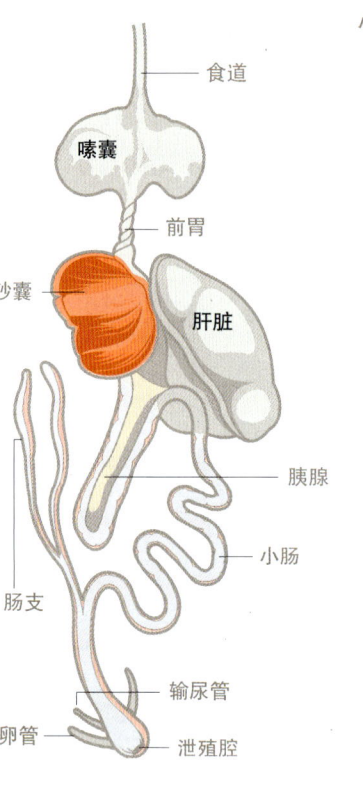

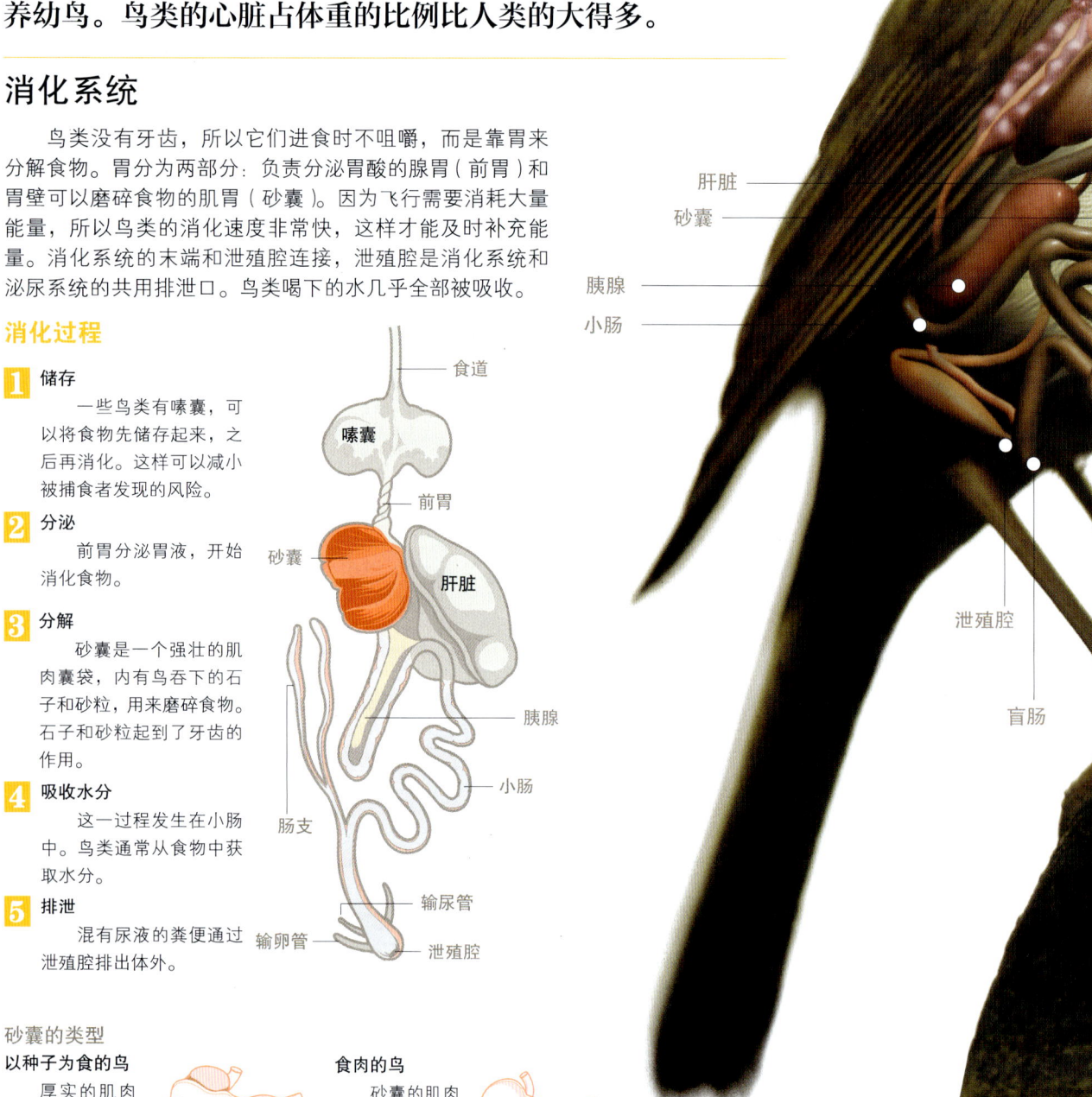

（图示标注：食道、嗉囊、前胃、砂囊、肝脏、胰腺、小肠、肠支、输尿管、输卵管、泄殖腔）

（右侧图示标注：肝脏、砂囊、胰腺、小肠、泄殖腔、盲肠）

## 呼吸系统

在所有脊椎动物中，鸟类拥有最高效的呼吸系统，这是因为飞行需要消耗大量氧气。鸟类有两个肺，肺的体积不大，但是十分坚硬，肺和9个分布在身体各处的气囊连接。气囊的作用类似于风箱，但是气囊不能进行气体交换。氧气从副支气管进入血液。副支气管就如同人类肺部的肺泡，是进行气体交换的组织。在副支气管中，血液和空气在狭窄的通道中擦肩而过。因为空气在肺部单向流动，且肺部毛细血管中的血液流向和空气流向相反，所以鸟类可以全部利用吸入的空气。用鳃呼吸的鱼类也与此类似，但哺乳动物无法做到。

**舌**
通常又短又窄，呈三角形，不太有力。

**食管**

**气管**

**肺**
由于肺部结构的原因，肺几乎是坚硬的。

**鸣管**
鸟类通过鸣管发出声音。

**嗉囊**

**胸骨**

**心脏**

**肺部切片**
由副支气管构成的网状结构有利于气体与血液交换。

**气囊**
- 颈气囊
- 锁骨间气囊
- 前胸气囊
- 腹气囊

肺脏和气囊占身体体积的 **20%**。

**1. 吸气** 气囊中充满空气
- 先吸入的空气进入前胸气囊
- 后吸入的空气进入后胸气囊

**2. 呼气** 肺部充满空气
- 前胸气囊变空
- 后胸气囊变空

蜂鸟的心跳频率为 **700** 次/分。

## 高度复杂的心脏

鸟类的循环系统和爬行动物类似，不过鸟类的心脏有4个腔室，爬行动物只有3个。循环系统会根据身体需求将营养物质和氧气送往全身。心脏的大小和心率取决于鸟类的体重和运动方式。一般情况下，体型越大，相对来说心脏越小，心率越慢。海鸥在地面时的心率是130次/分，飞行时则能达到625次/分。蜂鸟飞行时的心率能达到700次/分。

**右颈静脉**
**右颈动脉**
**右上腔静脉**
**左上腔静脉**
**右心房**
**右心室**
**左心房**
**左心室**
**主动脉**

### 不对称的心脏

心脏的左侧负责将血液送往全身，因此更加发达。而右侧只需把血液送到肺部。

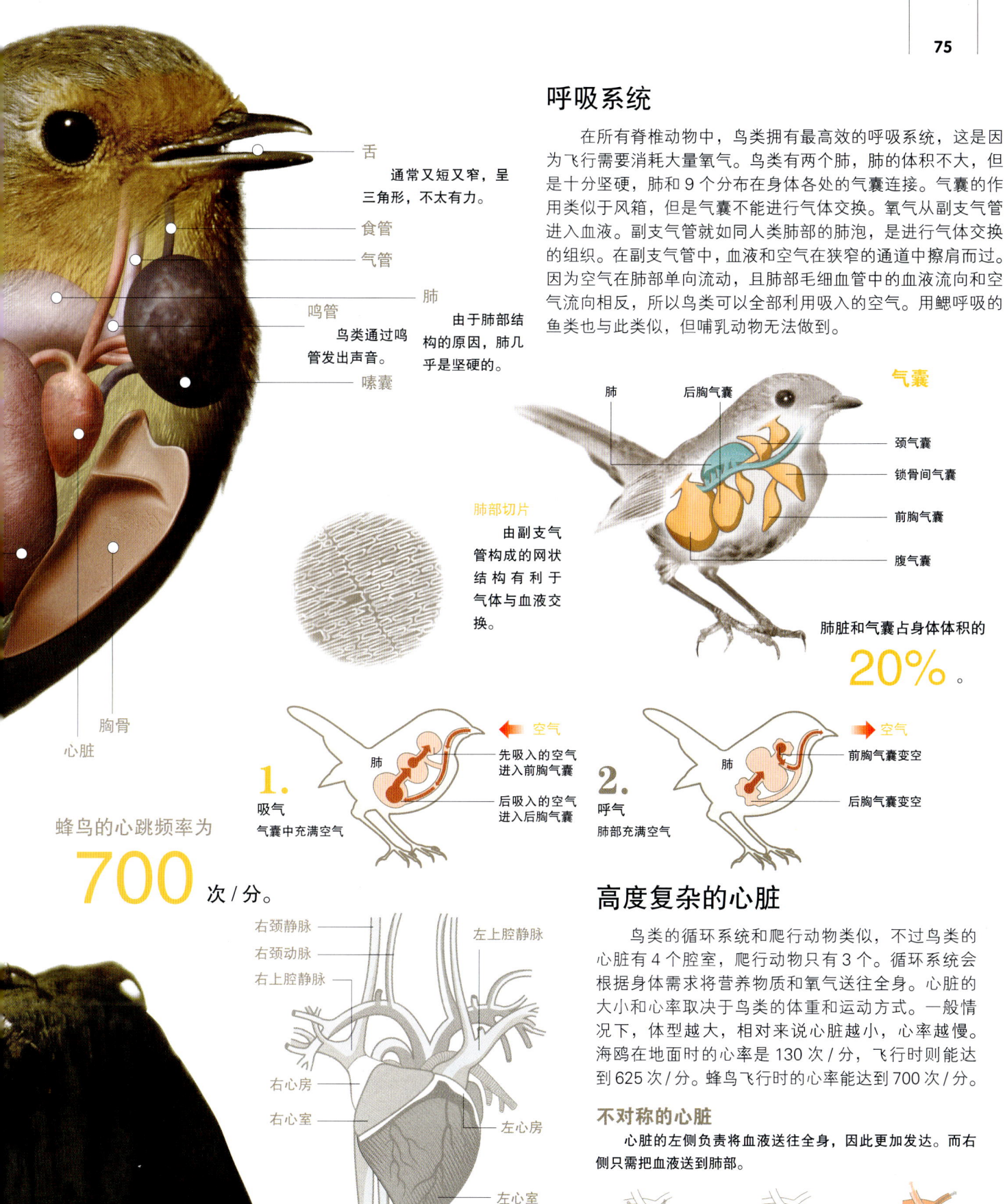

**1 血液** 通过左右静脉进入心脏。

**2 心室放松** 房室瓣打开。

**3 心室收缩** 血液流向全身。

# 感官

鸟类的感觉器官大都集中在头部，只有触觉遍布全身。鸟类的眼睛占身体的比例是所有动物中最大的，大大的眼睛有助于它们看清远处的物体。鸟类的视野非常广，超过300°，但它们通常都没有双眼视觉。鸟类的耳朵仅为两个小孔，不过夜行鸟类的耳朵结构比较复杂——能听见人类听不见的声音，这有助于它们在飞行时发现猎物。触觉和嗅觉仅对某些鸟类而言比较重要。鸟类几乎没有味觉。

## 耳朵

鸟类的耳朵比哺乳动物的耳朵简单得多：鸟类的耳朵没有外耳郭，有时还隐藏在羽毛之下。耳柱骨是耳朵的重要组成部分，鸟类和爬行动物都有耳柱骨。鸟类的听觉系统高度发达，十分灵敏；如果说人类只能听到单音调，那么鸟类能听到多种音调。平衡是飞行的关键，耳朵则是保持平衡的关键。人们认为一些鸟类的耳朵还有气压计的功能，可以判断高度。

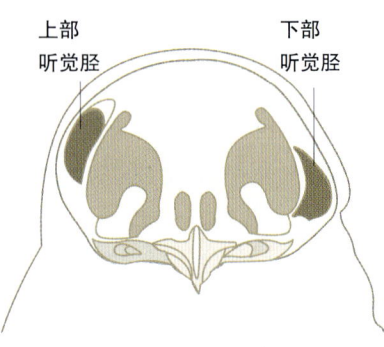

上部听觉胫　　下部听觉胫

**耳朵的位置**
两只耳朵高度不同，导致听到的声音有一些延迟。像猫头鹰这样的夜行鸟能利用这种不对称性对声音进行三角定位，最大限度降低追踪猎物的误差。

## 触觉、味觉和嗅觉

大部分鸟类的喙和舌头都有非常灵敏的触觉神经，特别是那些依靠喙和舌头觅食的鸟。鸟类的舌头通常较窄，上面几乎没有味蕾，但也足够分辨出咸、甜、苦和酸。鸟类的嗅觉不太灵敏：鼻腔虽然很大，但嗅上皮已经萎缩。也有一些鸟类的嗅上皮比较发达，比如几维鸟和食腐动物（例如秃鹫）。

白头海雕
*Haliaeetus leucocephalus*

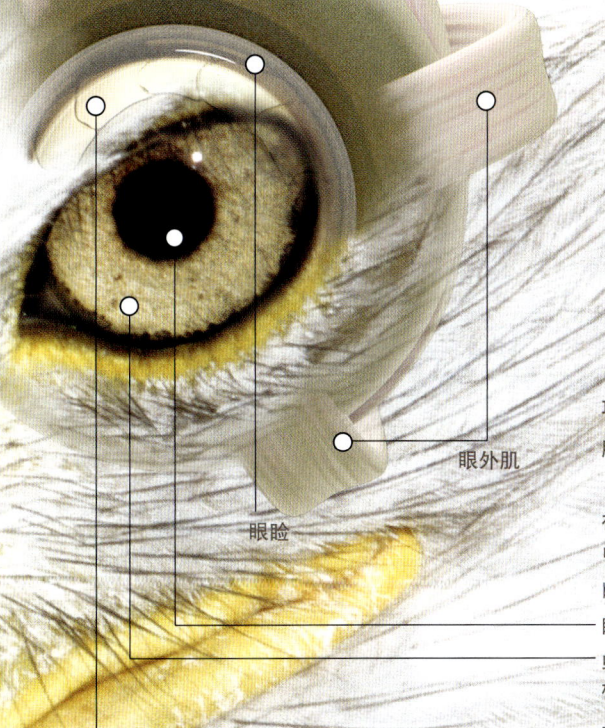

## 视觉

视觉是鸟类最发达的感官，飞行和发现远处的食物都要依赖视觉。鸟类的眼睛相对较大。多数情况下，鸟类的眼角膜和晶状体（由数个巩膜骨片支撑）凸出眼眶，因此眼睛的宽度大于深度。猛禽的眼睛几乎都是管状的，眼睛周围的肌肉可以改变形状并调整晶状体，让视觉更加敏锐，相当于把人类看到的东西放大20倍（有时，潜水鸟类则可以放大60倍）。鸟类对光线极其敏感，有些鸟类还能识别出人类无法识别的光谱。

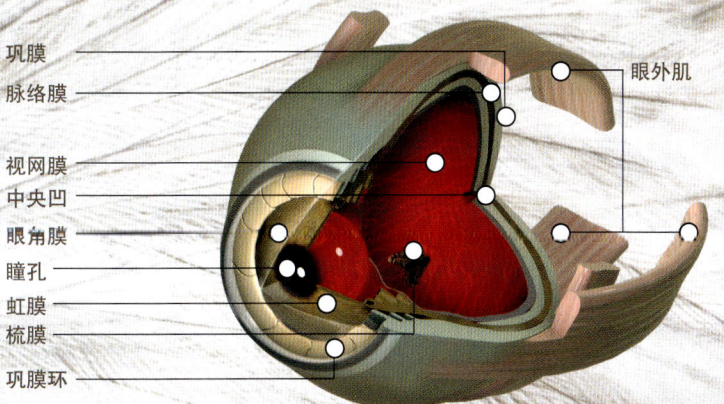

眼外肌
眼睑

巩膜
脉络膜
视网膜
中央凹
眼角膜
瞳孔
虹膜
栉膜
巩膜环
眼外肌

### 鸟类视野

大部分鸟类的眼睛在头部两侧，视野十分广阔，超过300°。两只眼睛看到的区域不同，只有在通过狭窄的双眼视野向前看时，才能聚焦到同一个物体上。

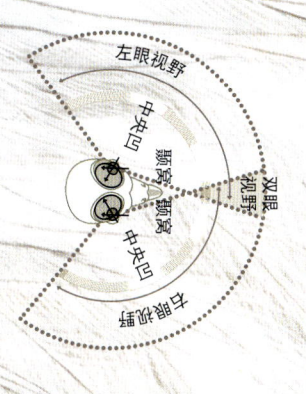

### 人类视野

人的两只眼睛都在头部前侧，两只眼睛一起运动，看到的是同样的区域。因为人的眼睛不能单独活动，所以只有双眼视觉。

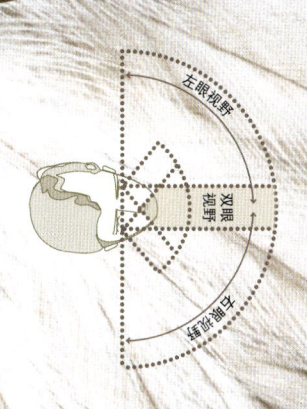

### 双眼视野对比

双眼视觉对于正确判断距离至关重要。大脑将两只眼睛分别生成的图像作为单一图像进行单独处理。两幅图像之间的细微区别让大脑生成第三幅深度图像或三维图像。对于猛禽来说，能否正确判断距离事关生死，所以它们的双眼往往倾向于朝前生长，这样双眼视野更加广阔。相比之下，眼睛在两侧的鸟类通过移动头部来计算距离，为了避免成为猎物，它们的整体视野范围更加广阔。在所有鸟中，猫头鹰的双眼视野范围最广——可以达到70°。

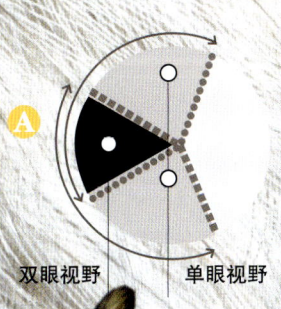

### 猛禽的视野

两眼在前，意味着总视野变窄，但双眼视野更宽。

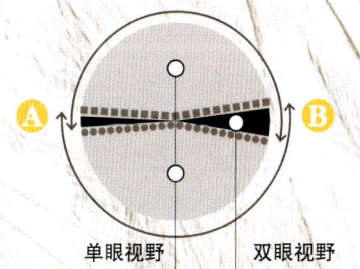

双眼视野　单眼视野

### 非猛禽的视野

眼睛在两侧，视野最多可达360°，但双眼视野更窄。

单眼视野　双眼视野

# 羽毛

羽毛是鸟类区别于其他所有动物的特征。鸟类的羽毛颜色鲜艳，可以使其免受寒冷和炎热的侵袭，能在空中和水里自由活动，还有助于躲避敌人。鸟类身上所有的羽毛加在一起称为羽衣，羽衣的颜色直接关乎鸟类的繁衍生息。

## 结构

羽毛包括两部分：羽轴和羽片。羽轴与皮肤相接的部分叫作羽根。羽毛的活动从羽轴开始。羽片由羽支构成。羽支的分支叫作羽小支，羽小支的端部有羽纤支，又叫羽小钩。羽小钩相互勾连形成网状结构，增加了羽毛的硬度和抗力，也赋予了羽毛特有的空气动力学外形，还能防水。鸟类会长出新的羽毛来替换磨损的羽毛。

**1** 鸟类的皮肤上有乳突。

**2** 特殊的皮肤细胞在乳突中形成毛囊。

**3** 毛囊根部伸出羽轴，逐渐长成羽毛。

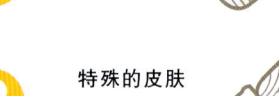

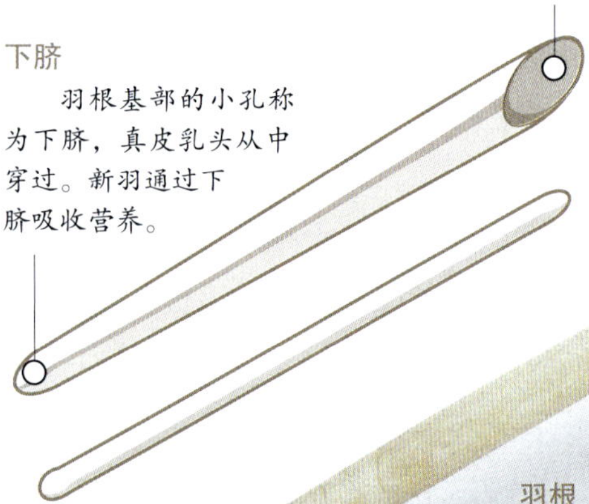

**下脐** 羽根基部的小孔称为下脐，真皮乳头从中穿过。新羽通过下脐吸收营养。

**内部中空**

**羽轴中的羽髓**

**羽毛边缘** 呈完美的空气动力学外形，利于飞行。

**羽轴** 羽毛的主轴，形似空心杆。

**羽根** 为羽毛提供生长所需的营养物质。羽根基部上有刺激羽毛活动的神经末梢，鸟类可以通过它们感知周围环境的变化。

**上脐** 包含一些松散的羽支。一些羽毛上有次级羽轴，即副羽。

**羽支** 从羽轴上垂直生长出的笔直细长的分支。

## 羽毛的类型

羽毛可根据其所在的位置分为三大类：最靠近身体的羽毛叫作绒羽；最外层的叫作正羽；翅膀和尾部上的羽毛叫作飞羽。飞羽又可再分为翼部的飞羽和尾部的尾羽。

**绒羽** 绒羽轻盈柔滑，为鸟类保暖。绒羽的羽轴要么很短，要么干脆没有。不过羽支很长，羽支上没有小钩。鸟出生后一般最先长出绒羽。

**正羽** 又名覆羽，这种羽毛短而圆，比绒羽硬。正羽包裹着身体、翅膀和尾巴，帮助鸟类在飞行时保持流线型的身形。

## 什么是角蛋白？

角蛋白是一种蛋白质，是鸟类最外层皮肤的组成成分之一，与其他脊椎动物种群的角蛋白一样。角蛋白是羽毛、毛发和鳞片的主要成分。角蛋白的独特韧性能使羽片中的羽小钩互相勾连。这样一来，即便在飞行过程中受到空气压力，羽毛也能保持它固有的形状，而不受空气压力的影响。

**羽片**
靠外的部分有大量羽纤支。

羽支
羽小支
羽小钩

**大型鸟类（比如天鹅）的羽毛数量可达 25 000 根。**

与之相比，小型鸟类（比如燕雀）的羽毛数量仅有 2 000~4 000 根。

**后缘槽口**
槽口靠近翅膀尖端，可以减轻飞行过程中产生的湍流。

### 整理羽毛

鸟类用喙整理羽毛，不仅可以清理寄生虫，使羽毛保持干净，还可以使羽毛保持顺滑，以应对恶劣的天气。鸟类用喙触碰臀部的油脂腺，然后将腺体分泌的油脂涂抹在全身的羽毛上。这关乎鸟类的生存。

### 用蚂蚁清洁羽毛

一些鸟类（比如某些唐纳雀）用喙捕捉并磨碎蚂蚁，然后用磨碎的蚂蚁为羽毛上油。人们认为蚂蚁中的酸液相当于杀虫剂，能杀死虱子和其他体外寄生虫。

### 沙浴

雉鸡、鹧鸪、非洲鸵鸟、鸽子、麻雀等鸟类会通过沙浴来控制羽毛上的油脂量。

### 羽区和裸区

乍一看，鸟类似乎全身都长有羽毛，但事实并非如此。鸟类只有部分地方长有羽毛，这些地方叫作羽区。羽毛从羽区内的乳突生长出来。种类不同，羽区位置也不同。羽区周围是裸露的部分，称为裸区，这些地方不长羽毛。企鹅是唯一一种全身都长羽毛的鸟类。正因为如此，它们才能在寒冷地区生活。

**白腹鹭**
白腹鹭的粉绒羽可以帮助它们的羽毛防水。

### 特殊羽毛——羽须

羽须生长在喙的底部，也可能在鼻孔中或是眼睛附近。羽须是由细丝构成的特殊羽毛，有的根部有松散的羽支，起到触觉器官的作用。它们非常细，通常和正羽混在一起。

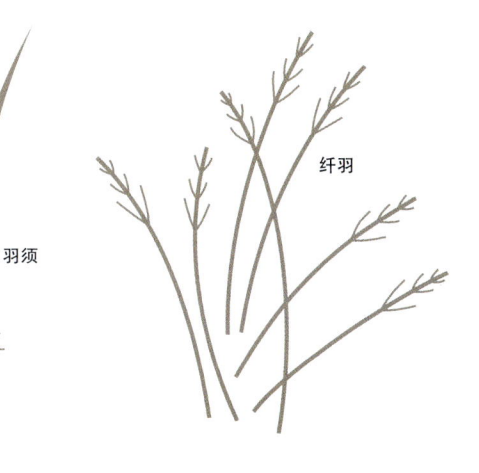

羽须

纤羽

### 粉绒羽

一些水鸟长有一种特殊的羽毛——粉绒羽。粉绒羽会一直生长，顶端粉碎为蜡质鳞屑。水鸟会用喙把这种"粉末"涂抹到全身的羽毛上，以保护羽毛。

# 飞行的羽翼

鸟类的身体构造以及翅膀上下运动时产生的压力流和气流使鸟能够飞行。鸟类的体型、翅膀和尾巴形状以及生活环境不同，它们的飞行方式也有所不同。鸟类飞行的主要形式是扑翼飞行和滑翔。

## 有翅膀的物种

绝大部分鸟类的身体构造都适合飞行。飞行用到的肌肉附着在龙骨状的胸骨上。肌肉收缩时，翅膀向下运动，将身体向前推。肌肉舒张时，翅膀向后向上运动，羽毛同时提供空气动力。尾巴的形状也会影响飞行的方式。金刚鹦鹉在飞行时翅膀和尾巴都会展开，虽然它们体型较大，但因为翅膀较窄且呈锥形，所以飞行的速度依然很快。

**鸟类的羽毛结构**
羽支从羽轴中长出，与名为羽小支的横向分支紧密相连。

蜂鸟的翅膀每分钟可以扇动

# 4 800 下。

当它们悬停时，翅膀每秒钟扇动 200 下。

### 扑翼飞行与波浪形路线

扑翼飞行不会立刻产生上升力。因此大部分鸟类需要拍打翅膀来获得足够的升力起飞。在沿波浪形路线飞行时，它们拍打和收拢翅膀交替进行。

上升　　　　　　　　　　　　　　　　　下降

**1 推力**
鸟大力拍打翅膀，从而起飞并逐步上升。

**拍打翅膀**
翅膀向下扇动时，产生的升力最大。

**收拢翅膀**
拍打翅膀产生升力后收拢翅膀，以节约能量。

**2 休息**
飞行中的休息时间很短。鸟一旦失去动力，就会立刻再次拍打翅膀，向前上方飞行。

### 大型陆鸟的滑翔过程

鸟类在飞行时伸展翅膀并保持翅膀不动。这种飞行方式消耗的能量很少，但飞行的高度和速度会逐渐降低，上升力也会逐渐减小，直到遇到另一股上升的气流。

**A 上升**
有了热气流的帮助，无须提前拍打翅膀也能上升。

**B 平飞**
到达最高高度后，开始平飞。

**C 下降**
缓慢盘旋下降。

**D 上升**
借助另一股热气流上升。

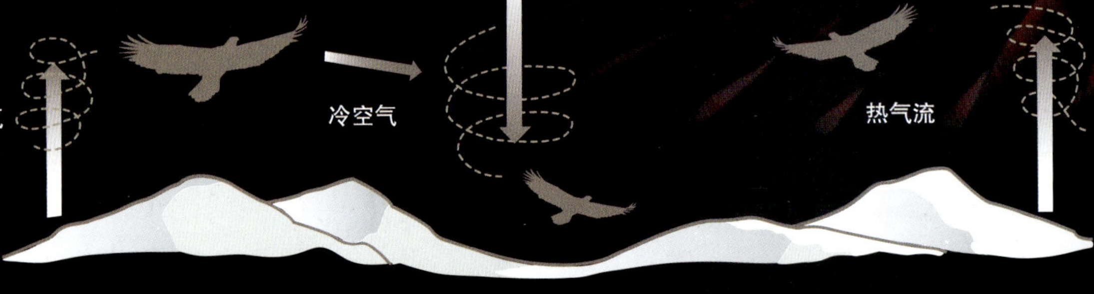

上升的暖气流：热空气　　　冷空气　　　热气流

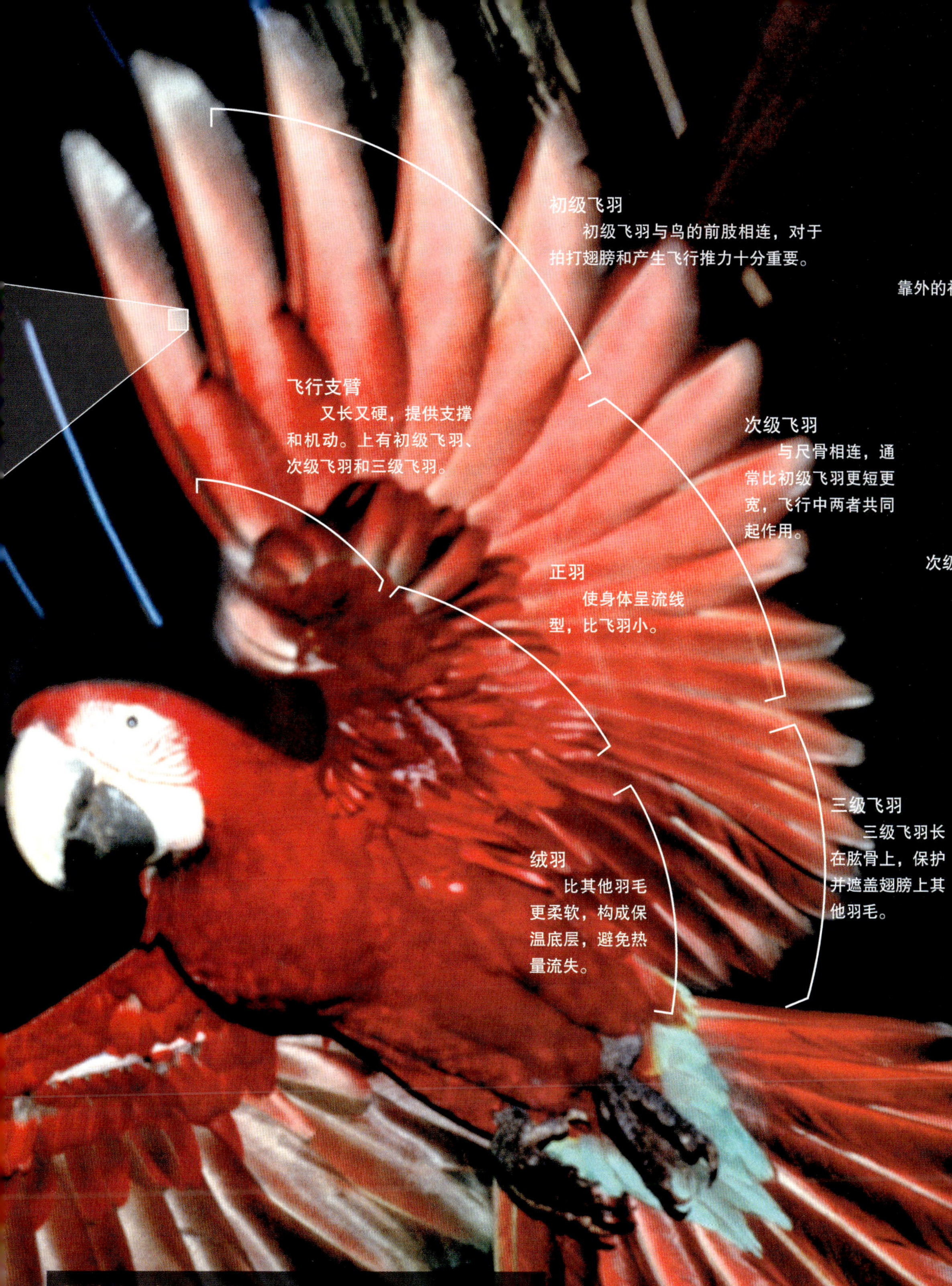

## 翅膀的类型

不同鸟的翅膀形状与大小、羽毛数量和羽毛类型都不同。

**初级飞羽**
初级飞羽与鸟的前肢相连,对于拍打翅膀和产生飞行推力十分重要。

**飞行支臂**
又长又硬,提供支撑和机动。上有初级飞羽、次级飞羽和三级飞羽。

**次级飞羽**
与尺骨相连,通常比初级飞羽更短更宽,飞行中两者共同起作用。

**正羽**
使身体呈流线型,比飞羽小。

**三级飞羽**
三级飞羽长在肱骨上,保护并遮盖翅膀上其他羽毛。

**绒羽**
比其他羽毛更柔软,构成保温底层,避免热量流失。

**靠外的初级飞羽更长。**

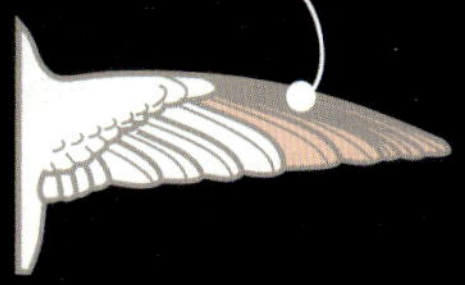

**高速翼**
羽毛大而且排列紧密,适合拍翅飞行。翅膀表面积缩小。

**次级飞羽比初级飞羽长。**

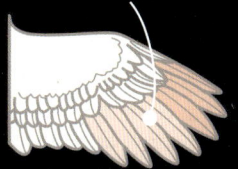

**椭圆翼**
最常见,灵活性高,适合各种飞行方式。

**翅膀基部较宽,初级飞羽分开。**

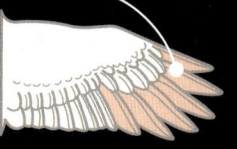

**陆上滑翔翼**
宽度适合低速滑翔,羽毛分开有助于保持平衡。

**大量次级飞羽。**

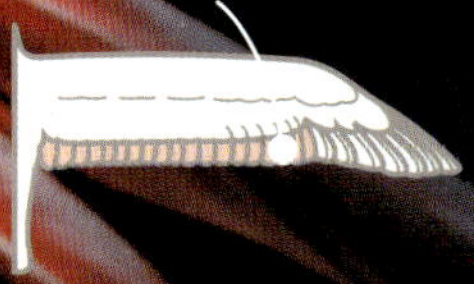

**海上滑翔翼**
又长又窄,逆风也能滑翔。

### 翅膀的空气动力学

不同形状的翅膀在扇动时会形成不同速度和不同压力的气流,可以使鸟起飞并保持飞行状态,还可以使鸟飞行较长时间。

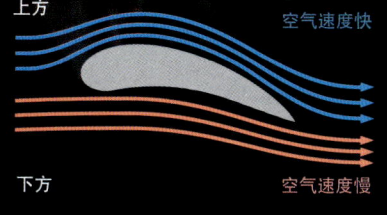

上方　空气速度快
下方　空气速度慢

**上升力**
翅膀的上表面呈曲线型,流经翅膀上方的空气比流经翅膀下方的空气经过的距离更长,速度更快,产生上升力。

红绿金刚鹦鹉
*Ara chloroptera*

# 尾巴

在进化过程中，鸟类的尾椎愈合成一块尾综骨，上面长满大小不同、颜色各异的羽毛。这些羽毛的用途很广：在飞行过程中控制身体平衡、在降落时减速，还能发出声音。雄性在求偶时还会用羽毛吸引雌性的注意，以赢得它们的芳心。尾巴一般由尾羽构成，鸟的种类不同，尾羽的数量、长度和硬度也各不相同。

## 尾巴起作用的关键

因为尾羽的运动方式和形状各不相同，所以尾巴的用处也有所不同。尾综骨上有力的肌肉可以带动全身的羽毛，为求偶或飞行做准备，也可以让鸟在落到树上或行走时保持平衡。一些水禽在游泳时还可以用尾巴控制方向。

**张开** **收拢** **张开**

**着陆 I** 尾羽张开，身体主轴和地面平行。

**着陆 II** 身体后仰，尾羽收拢，双脚准备抓住树枝。

**着陆 III** 尾羽张开，同时翅膀急速拍动以降低速度，为降落做准备。

## 求偶表演

雌性黑琴鸡的尾羽是直的，而雄性的尾羽呈半月形。雄性平时尾羽收拢并垂向地面，求偶时尾羽则会完全张开，充分向雌鸟展示。雄性黑琴鸡会在雌性面前来回奔跑，作为求偶行为的结束。

张开　　收拢

**尾羽**
尾羽在飞行过程中会因与空气摩擦，或与植物碰撞而遭到损坏。

**尾下覆羽**
覆盖尾羽下部的羽毛，可以保护尾羽免受空气磨损。

**黑琴鸡**
*Lyrurus tetrix*
雄性的羽毛呈蓝黑色，眼睛上方有红色肉髯。

## 扇形尾羽

鸟类的尾羽重量很轻，且形状符合空气动力学原理。擅长爬树的鸟（比如啄木鸟）尾羽较硬，较尖的尾部可以用来支撑身体。雄孔雀的覆羽比尾羽更发达，所以雄孔雀常常炫耀覆羽。

**燕尾**
燕子和军舰鸟具有这样的尾巴。外侧羽毛很长，看起来像剪刀。

**圆尾**
燕雀等鸟类具有这样的尾巴。中间羽毛仅比外侧羽毛长一点。

**凸尾**
咬鹃和翠鸟具有这种尾巴。凸尾收拢时呈层叠状。

**凹尾**
冠蓝鸦具有这种尾巴。中间羽毛比外侧羽毛短一点。

**平尾**
鹌鹑具有这种尾巴——尾巴较短，羽毛长度相同。

# 滑翔

鸟类在长距离飞行时，可以借助气流滑翔以节省体力。陆鸟和海鸟都会借助大气现象滑翔。陆鸟靠上升的热气流飞行，海鸟则利用海面的风飞行。当它们飞升到一定的高度时，就会沿直线滑翔。滑翔的高度会缓慢下降，直到另一股上升的热气流或海面的风再次将它们托起。能滑翔的陆鸟和海鸟都有很大的翅膀。

**两种滑翔的羽毛**

**陆上滑翔者**
翅膀面积很大，可以充分利用上升气流稳定飞行。

**海上滑翔者**
翅膀又窄又长，可以充分利用持续不断的海面风，同时还能减少向前飞行的阻力。

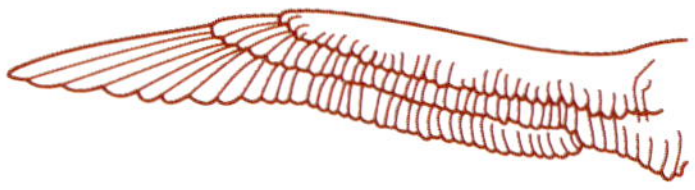

## 起飞

鸟类一般在垂直拍打翅膀后用力一跃就能起飞。翅膀向下时，翅尖的羽毛重叠形成密闭表面，帮助推动身体向上。翅膀向上扇动时，羽毛弯曲并散开，翅膀抬到最高。鸟拍打几次翅膀后就能飞起来。体型较大的鸟类需要助跑才能起飞。

2. 翅膀向下扇动时，初级飞羽收拢，避免空气从中穿过。

空气

风

3. 上升

快速有力地拍打翅膀

1. 翅膀向上扇动时，初级飞羽张开，以减少空气阻力。

起跳

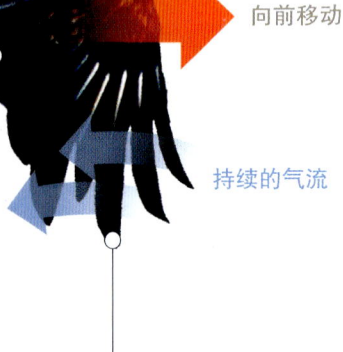

奔跑

海鸥滑翔时可以节省约 **70%** 的体力。

**次级飞羽**
因为翅膀较长，所以次级飞羽很多。

一些鹈鹕的翼展可以达到 **240** 厘米。

**初级飞羽**
由于初级飞羽只形成翼尖，所以数量较少。

向前移动

持续的气流

**小翼**
陆上滑翔鸟类通常有单独的初级飞羽（朝向翅尖），用于减少在飞行过程中产生的噪声和拉力。现代飞机的设计就借鉴了这一特点。

翅尖羽毛的功能相当于飞机的小翼。

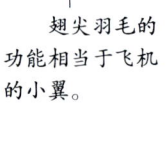

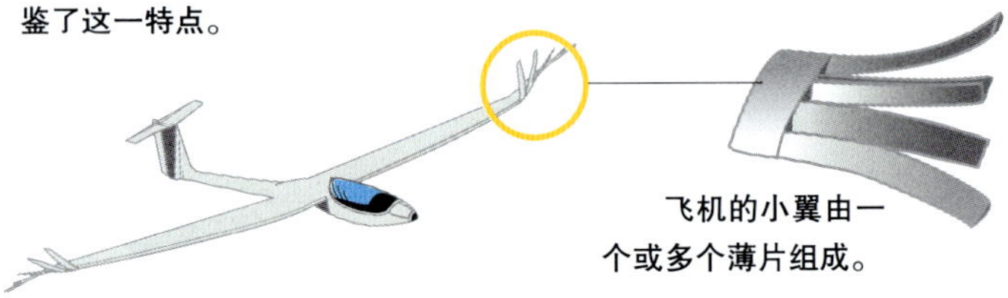

飞机的小翼由一个或多个薄片组成。

## 海鸟

海鸟的翅膀又长又尖，可以借助外力滑翔，比如信天翁。海鸟能利用水平气流，水平气流是海浪形成的主要原因。它们的飞行轨迹呈环状，迎风攀升，顺风滑翔。这种飞行表演它们随时都可以进行。

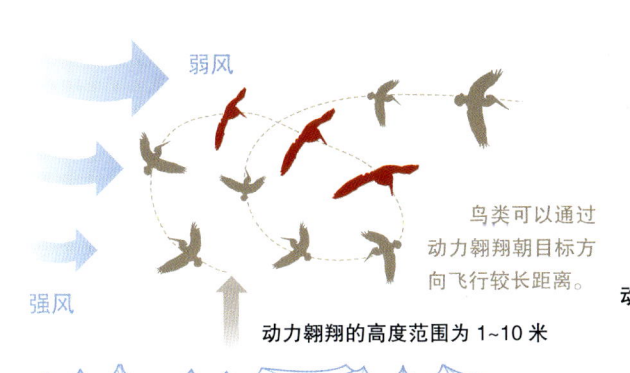

**弱风**

**强风**

鸟类可以通过动力翱翔朝目标方向飞行较长距离。

动力翱翔的高度范围为 1~10 米

## 飞行队伍

编队飞行是一种可以节省体力的扑翼飞行方式。头鸟受到的飞行阻力最大，其他鸟则可以利用它形成的尾流节省体力。常见的队形有两种：L 形和 V 形。鹈鹕采用 L 队形，雁采用 V 队形。

**接力**
如果领头的鸟累了，别的鸟就会和它换班领飞。

列队飞行时，大雁拍动翅膀的次数可以减少

# 14%。

### L 队形
**头鸟**
头鸟最累，因为它需要"劈开"空气，所以受到的空气阻力最大。

**队伍中其他的鸟**
排在头鸟身后，利用头鸟拍动翅膀产生的涡流获得升力。

### V 队形
和 L 队形原理相同，只不过鸟呈 V 形排成两列。大雁、野鸭和苍鹭通常采用这种队形。

**秘鲁鹈鹕**
*Pelecanus thagus*

## 翅膀

鹈鹕的翅膀有凸面和不太明显的凹面，这种特别的形状有助于产生升力。

**快速气流**

**恒定气流**

**升力**

**飞行速度**
取决于逆风的强度

**翼膜**
覆盖有羽毛的皮肤，富有弹性和韧性，是翅膀最薄的部位，负责分开气流。

**上侧**
凸面。空气经过翅膀上方时，移动的距离更长，速度更快，形成了将翅膀向上"吸"的低压。

**下侧**
凹面。空气经过翅膀下方时不会加速，气压不变。

## 陆鸟

陆鸟利用大气对流或气流碰到峭壁、山脉后偏转产生的上升的热气流爬升，随后沿直线滑翔。这种飞行方式只适用于白天。

**1 上升**
鸟类遇到热气流时无须拍打翅膀就能上升。

上升的热气流：热空气

**2 直线滑翔**
上升到一定高度后，鸟类会沿直线滑翔。

冷空气

**3 下降**
慢慢向下滑翔。

**4 上升**
遇见另一股热气流后再次上升。

热气流

# 扑翼飞行

大部分鸟类在飞行时要一直拍打翅膀，就像用翅膀划船一样在空中移动。拍动翅膀（翅膀抬起、落下）既能使鸟留在空中，又能推动它向前。扑翼飞行的形式和拍打翅膀的速度各有不同。体型越大，拍打翅膀的力量就越大，速度也越慢。扑翼飞行需要消耗非常多的体力，所以鸟类选择了合适的飞行方式：一些鸟会持续不断地拍打翅膀，比如蜂鸟；另一些则是拍打翅膀和短时间滑翔交替进行。鸟的需求不同，翅膀的形状也不同。需要长距离飞行的鸟的翅膀又长又窄；需要在树林间飞行的鸟的翅膀则又短又圆。

**头部**
头后缩，靠近重心（翅膀中间）以保持平衡。

**尾部**
微弯，在飞行过程中控制方向，在降落时帮助减慢速度。

**双腿**
在降落之前一直保持静止，贴近身体。

**喙**
向前突出，其空气动力学外形有助于减少空气阻力。

**翅膀的角度**
随翅膀位置的变化而变化。向下推动翅膀时角度会变小。

成年鹈鹕白天无风时的平均飞行速度为

## 50 千米/时。

## 扑翼飞行的能量消耗

扑翼飞行需要消耗非常多的体力，鸟类必须摄入大量食物。一只迁徙中的燕子每飞行 2.5 千米要消耗 4 000 卡路里的能量，而一只小型哺乳动物步行同样的距离只需 25 卡路里的能量。

### 波浪形的飞行路径

理想状态下的高速飞行需要先拍打翅膀向上升，然后收起翅膀沿飞行路径下降。接着再次拍打翅膀，利用下降的惯性再次上升。这种飞行方式还演化出了在拍打翅膀的间隙滑翔的飞行方式。

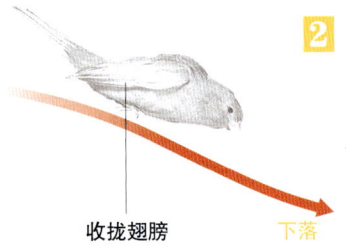

**1 推进**
拍打翅膀，上升。

上升　　拍打翅膀

**2 休息**
翅膀靠近身体，短暂休息以节省体力。

收拢翅膀　　下落

## ① 翅膀上拍

翅膀向上扇动时，飞羽分开形成豁口，以减少摩擦。翼膜为身体提供支撑。

## 力量

为了保持高度，翅膀拍动的轨迹呈拱形，这往往会产生很多噪声。

## ② 翅膀下拍

翅膀向下扇动时，飞羽收拢，翅膀轻微向前移动提供额外支撑。翅尖弯曲，像划船一样将身体向前推。

肌肉产生的力量传到整个翅膀，在靠近翅尖的位置力量更强。

翅膀向下拍打可以产生推力。

**嗉囊** 由有弹性的皮肤构成，可以在飞行过程中存放食物。

**翅膀划动** 翅膀就像船桨，可以划动空气，向前推动身体。

### 风车式飞行：蜂鸟

蜂鸟可以停在空中吮吸花朵中的花蜜。和其他鸟不同，蜂鸟的翅膀仅和肩部连接，因此翅膀的拍动形式更加自由，蜂鸟可以上下拍动翅膀悬停在空中。蜂鸟在定向飞行或悬停时，每分钟需要拍打4 800次翅膀。

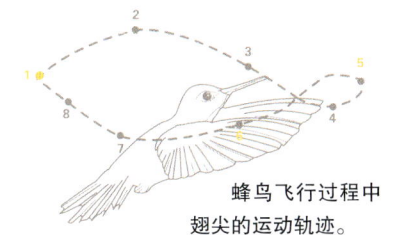

翅膀的骨骼短而结实；肌肉强健有力。

蜂鸟飞行过程中翅尖的运动轨迹。

正常飞行时每秒可拍打80次翅膀。

**求偶行为** 特定种类的蜂鸟在求偶时每秒可以拍打200次翅膀。

机动性强：蜂鸟是唯一一种可以向后飞的鸟类。

## 着陆

需要减速，直到完全停下来。鸟类会迎风展开尾部、翅膀和小翼羽（长在翅尖的坚韧羽毛），同时直起身体并向前伸出双腿，以增加空气阻力。除此之外，鸟类还会朝和行进方向相反的方向大力拍打翅膀。这一系列动作起到了空气制动器的作用。一些鸟（比如翅膀又长又窄的信天翁）常在降落时遇到困难。它们在地面降落时十分笨拙，但在水面降落时就可以用脚滑过水面，直到停下来。

逆风拍打翅膀

张开翅膀

风

展开尾巴

滑行

鸟在落地前会张开双脚，这样能增加阻力并降低速度。

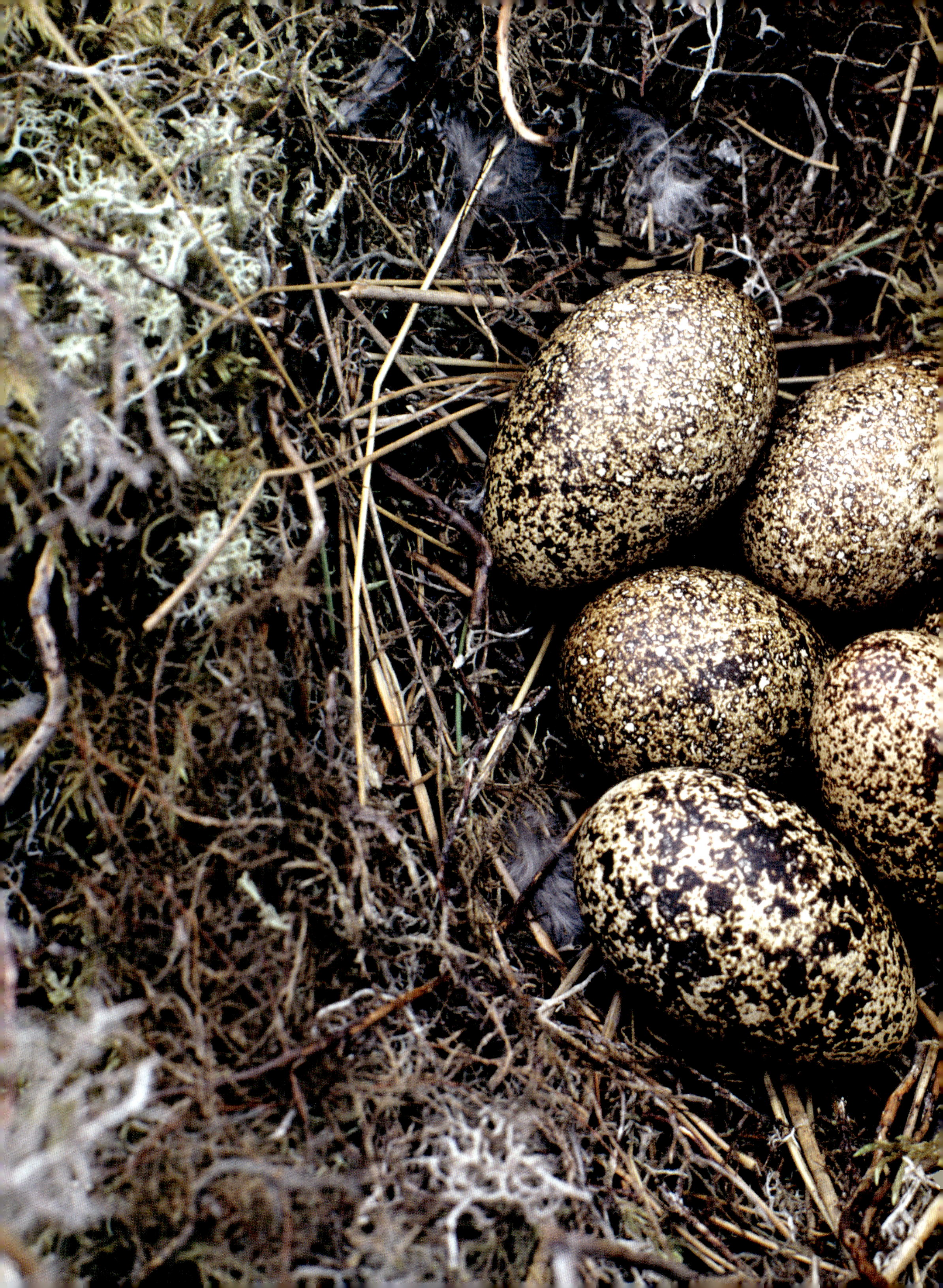

# 鸟类的生活

鸟类的行为和季节变换息息相关。为了生存,它们必须为秋冬的到来做准备。为了寻找食物,漂泊信天翁可以在一天内飞行 2 900~15 000 千米。在求偶季,雄鸟的行为和雌鸟不同:雄鸟会采用各种方式来赢得雌鸟的芳心,使雌鸟相信它才是最合适的伴侣。有些鸟类夫妻会相伴终生,但也有一些每年都会更换伴侣。大部分亲鸟都会共同筑巢并照顾幼鸟。

交流 90
盛大的婚礼游行 92
温暖的家 94
卵——生命的开始 96
出生的细节 98
生长发育 100

**鹬鸻的卵**

雌性每隔一两天产一枚卵,并负责孵卵。

# 交流

鸣声是鸟类生活中的一种重要表达方式。鸟类的鸣声可以分为两类：鸣叫和鸣唱。鸣叫包括的音符极少，声学结构较为简单。鸣叫用于配合群体活动、亲鸟和幼鸟之间交流，以及迁徙途中保持联系。鸣唱的节奏和音调则比较复杂。鸣唱由性激素控制，因此雄性的鸣唱最为多样。鸣唱和求偶行为以及领地防御有关。一般来说，鸟类要么天生就会鸣唱，要么在后天学会鸣唱。

## 1 鸣唱与大脑

鸟类的大脑在鸣唱方面的机能非常发达。睾酮作用于大脑上部的发声中枢，即负责记忆、识别和传递鸣唱指令的区域。

**高级发声中枢** 由中枢神经系统控制，向鸟类发出鸣唱指令。

**古纹状体粗核** 向鸣管的肌肉发送信息。

**舌下神经核** 控制鸣管的运动机能。

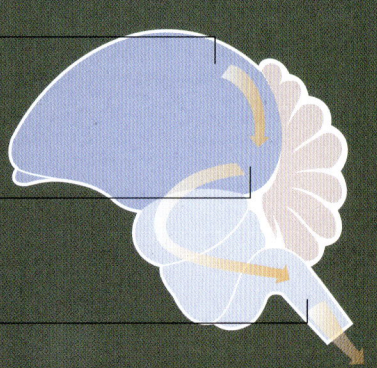

## 2 气体排入支气管

气囊和肺部的气体被排出。气体经过支气管和气管中间的鸣管时，鸣膜发生振动。鸣膜相当于人类的声带。

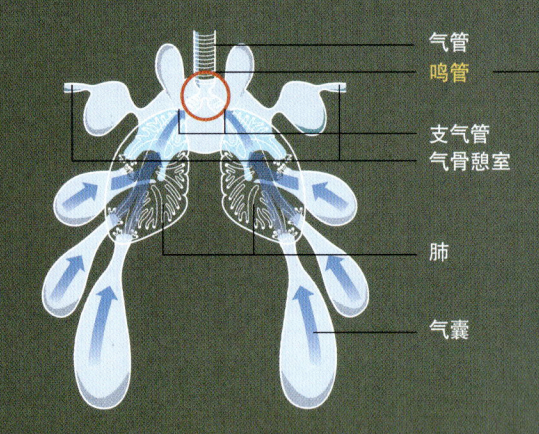

气管
鸣管
支气管
气骨憩室
肺
气囊

## 3 鸣管中发出声音

鸟发出声音需要用到胸骨气管肌和 5~7 对小型内鸣肌。这些肌肉可以控制鸣管的收缩，调整音调的高低。气囊也十分重要，因为它能施加外部压力，收紧鸣膜。食道就像共鸣箱，可以放大声音。声音从口咽腔中发出。发音方式有两种：喉音和舌音。

**结构简单的鸣管**

鸣膜在气管和支气管的连接处上方，由一对外鸣肌调动。

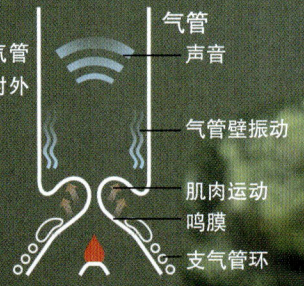

气管
声音
气管壁振动
肌肉运动
鸣膜
支气管环

### 发出声音的鸣管

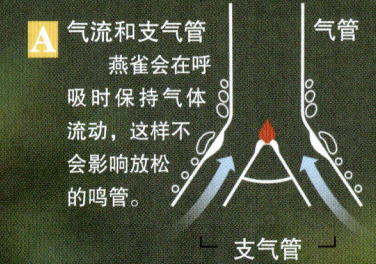

**A** 气流和支气管 燕雀会在呼吸时保持气体流动，这样不会影响放松的鸣管。
气管
支气管

**B** 收拢的鸣膜 两侧的鸣膜在外鸣肌的压力下闭合。支气管略微上升，同时调整鸣膜的位置。
压力
肌肉运动
支气管环

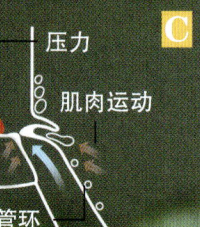

**C** 声音 鸣膜随气流振动，将声音从气管传递到鸟喙。
鸣膜

## 领地范围

划分领地是鸟类鸣唱的重要功能。当一只鸟占领一片领地后,会通过鸣唱来向竞争者宣示主权,正如图中这只鹨(liù)一样。如果需要共享领地(比如群居的鸟),它们就会发明一种方言(该种鸟的叫声的变体)。在一个地方出生长大的鸟搬去另一个新地方后,必须学会当地的方言才能被当地的鸟接受。鸟类也会用翅膀、双腿和喙发出声音。在守护领地时,鸥夜鹰会一边鸣唱一边拍打翅膀。

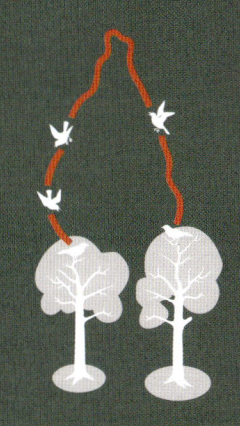

与人类和鲸一样,幼鸟需要被教导才能学会发声,比如燕雀、蜂鸟、鹦鹉等。这样的鸟有

# 4 000 种。

声音强度 分贝: 53, 59, 65, 316, 1 248, 5 021
距离 米: 40, 20, 10
覆盖面积 平方米

**强度**

不同鸟类的声音强度不同。领地越大,声音的传播范围越广。领地不同,声音的频率也不同:频率越低,覆盖范围越大。

## 加强联系

一些燕雀的鸣唱仪式非常复杂。其中最引人注目的是二重奏,即两只鸟协作演绎一首曲目。通常来说,歌曲开始时,雄鸟先重复前奏,再和雌鸟一起轮流演唱不同乐句。乐句会有一些独有的周期性变化。人们认为合唱可以加强雄鸟和雌鸟之间的关系(就像领土划分一样),同时还能刺激雄鸟和雌鸟共同参与筑巢等合作行为。

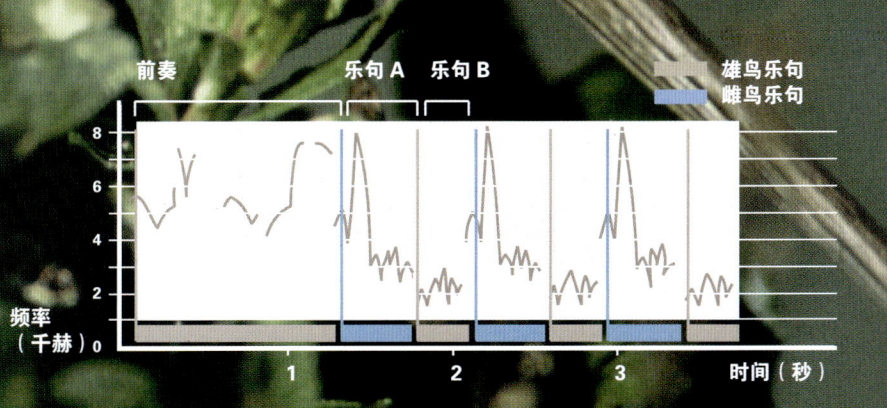

前奏 | 乐句 A | 乐句 B | 雄鸟乐句 / 雌鸟乐句

频率(千赫) — 时间(秒)

# 盛大的婚礼游行

无论对哪种动物来说，找伴侣都不是件容易的事儿。展示鲜艳的羽毛、赠送礼物、表演精心准备的舞蹈，是鸟类在求偶期特有的行为，这些行为称为示爱或是求偶表演。雄鸟会使出浑身解数来吸引雌鸟的注意，还要时刻提防雌鸟被其他雄鸟吸引。有的求偶仪式极度复杂，有的则非常精致温馨。

**A** 雄白尾鹞会在空中沿波浪线飞行来吸引雌鸟。

**B** 求偶时，雄鸟还会假装攻击雌鸟。

### 空中表演
一些雄鸟（比如苍鹰或是雄性白尾鹞）会在空中向雌鸟示爱。雄鸟在空中绕圈飞行，然后向下俯冲。

### 共舞与求偶
凤头䴙䴘（pì tī）会表演令人惊叹的水上舞蹈。它们相互鞠躬，一起潜入水中，然后再并肩跃出水面。

## 与众不同的求偶方式

鸟类求偶的仪式多种多样。同场竞技是最有趣的求偶仪式之一。雄鸟聚集在竞技场中间进行求偶表演。雌鸟则在竞技场周围围成一圈，最终选择表现最抢眼的雄鸟作为配偶。最具优势的雄鸟能掌控择偶场并与最多的雌鸟成为伴侣。经验不足的雄鸟只能和少数雌鸟成为配偶，甚至没有配偶。择偶场仪式对于一些动物来说可能过于复杂。但至少有85种鸟通过这种特殊的方式求偶，其中包括侏儒鸟、野鸡、伞鸟和蜂鸟。例如侏儒鸟，雄鸟会排队轮流展示自己。

### 炫耀身体素质
雪鹭等鸟类为了寻找伴侣，会进行一系列的精心设计，比如唱歌、摆姿势、跳舞、飞翔、尖叫以及展示美丽的羽毛。

### 搭建"爱巢"
澳大利亚的园丁鸟会搭建"爱巢"，上面装饰有纸片和织物，用来吸引雌性。

### 赠送礼物
送礼物也是一种求偶的技巧。雄鹰会把猎物送给雌鹰，黄喉蜂虎则会送昆虫。这种送礼物的行为被称为求婚供食。

93

**时机**
求偶行为和繁殖周期直接相关。求偶行为发生在成为配偶之前,不过之后也可能继续。

**婚前**
婚前求偶从建立领地以及寻找伴侣开始,这两者也可能同时进行。

**婚后**
凤头鹧鸪在产卵之后会继续保持婚姻延续。

雄孔雀用 200 根闪闪发亮的羽毛组成的扇形尾羽来吸引雌孔雀时,尾巴的直径约为

## 1.8 米。

**灰冠鹤**
*Balearica regulorum*
两只灰冕鹤在表演求偶舞,舞蹈包括一系列精彩绝伦的跳跃。

**帝企鹅**
*Aptenodytes forsteri*
帝企鹅奉行一夫一妻制。它们通过声音辨别自己的伴侣,并和伴侣共度终生。

## 单配偶制与多配偶制

单配偶制是最常见的配偶制度,两只不同性别的鸟结为伴侣。这种伴侣关系会维持整个繁殖期或是一生。多配偶制则在鸟类中不太常见。多配偶制可分为两种:一只雄鸟有多只雌鸟配偶;一只雌鸟有多只雄鸟配偶。但无论是哪种,都由伴侣的其中一方单独负责孵卵和照顾幼鸟。多配偶制也有例外,在这种情况下,鸟不会结成伴侣,它们之间的关系仅限于繁殖。

# 温暖的家

大部分鸟类都在巢中产卵，亲鸟蹲伏在卵上用体温孵卵。鸟类通常会用混有唾液的泥土、小石子、树枝和羽毛来筑巢。如果巢所在的地方比较显眼，它们就会用苔藓或小树枝把巢遮挡起来，避免被捕食者发现。不同种类的鸟搭建的鸟巢形状也有所不同：有的像碗，有的利用树洞（啄木鸟的巢），还有的是在沙地或土地上挖的洞。有的鸟甚至会利用其他鸟类的巢。

**各式各样的鸟巢**

**编织成的巢**
织布鸟会将草叶编织成鸟巢。入口在底部。

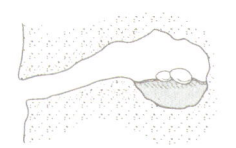

**挖掘出的巢**
鹦鹉和翠鸟会在河岸挖洞作巢。

**缝制的巢**
缝叶莺会用草茎将两片大型植物的叶子缝在一起，并在里面筑巢。

**平台式的巢**
鹳收集大量树枝，在高处搭建一个坚固的垒产卵。

## 巢的类型和位置

鸟巢可以根据形状、材料和位置分类，保温效果和安全水平也各有不同。来自捕食者的压力越大，鸟巢筑得越高，位置越隐蔽。比如形似高平台的独立鸟巢、土地凹陷中的鸟巢或是藏在树干中的鸟巢都非常安全，保温效果也很好。用黏土筑成的巢则非常坚固。杯形鸟巢最为典型，随处可见，通常位于两三根高高的树枝中间。

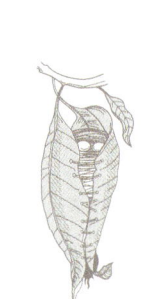

## 如何筑巢

鸟类能够在两或三根树枝的分叉处修建一种杯形鸟巢。鸟像搭建平台一样，把小树枝、草叶和小树棍交织在一起，然后把这些材料中的某些材料和树干交错到一起，使鸟巢更为牢固。紧接着再把树枝等材料以环形搭建，巢的雏形就完成了。接下来，鸟会用更轻、更有黏性的材料（比如泥土、蜘蛛网、蚕丝，以及一些特定的植物纤维）来"装修"。虽然巢的外面比较粗糙，但内部衬有羽毛，柔软又温暖。如果雄鸟和雌鸟一起筑巢，那它们大约需要往返飞行几百次才能把巢筑好。一些鸟（比如织布鸟）的雄鸟必须在求偶时就向雌鸟展示自己筑的巢；另一些鸟（比如黑雕）每年都使用同一个巢。

### 黑额织布鸟

将树枝和草叶编织在一起，筑成坚固的巢穴。雄鸟有时会在被雌鸟选中前搭建多个鸟巢。

### 基座

鸟巢的基础，筑巢时最先搭建的部分。基座通常比较坚固，用较为结实的原料筑成。

### 巢壁

鸟巢最重要的部分，它赋予鸟巢独特的形状。搭建巢壁的原材料就地取材，多种多样。

### 内衬

包括纤维、羽毛和短绒毛。内衬可以保暖，有助于孵卵。

**① 基座**
鸟会收集树枝和小树棍，在树杈上搭出平台似的结构，作为鸟巢的基座，然后将基座系在树上固定。

**② 塑形**
鸟会将树叶、小树棍和毛紧紧编织在一起，形成一个圈。在这一过程中会用到黏性材料，比如蜘蛛网。

**③ 大功告成**
最后，它们铺上苔藓和羽毛，让巢的内部变得平整，同时有防风和保暖的作用，更加适合孵卵。

## 结构

杯形鸟巢可以防止卵滚落。使用不同的材料，可以让筑巢过程更简单，同时让鸟巢更结实。搭建基座、巢壁和内衬的材料越小、越有弹性，鸟巢就越结实。使用不同的材料还能提高保温性能，可以在孵卵和养育幼鸟期间让鸟巢保持温暖。除此之外，鸟巢迎风的那面通常会被修得更厚，向阳的那面薄。这样，鸟巢就能像孵化器一样储存热量。最后，鸟会对鸟巢的外部进行装饰，把它藏在树枝间，避免被捕食者发现。

# 卵——生命的开始

鸟类可能是继承了祖先兽脚亚目爬行动物的繁殖方式。它们会根据自身抚育雏鸟的能力产下尽可能多的卵，然后照料幼鸟，直到它们可以独立生活。为了适应环境，同一种鸟的卵也会有不同的形状和颜色，这样可以避免卵被捕猎者发现。卵的大小也有很大差异：一枚非洲鸵鸟卵的重量一般为 1200~1500 克，而一枚蜂鸟卵的重量大约为 0.2 克。

## 卵的形成

鸟类只有左侧卵巢具有功能性。卵巢在交配期明显增大，卵子沿输卵管下行，变成未受精卵。如果卵是受精卵，那么胚胎就会开始发育。卵无论是否受精，都会在几小时或几天内进入泄殖腔。峡部分泌钙质形成卵壳。卵壳起初是软的，接触到空气后会变硬。

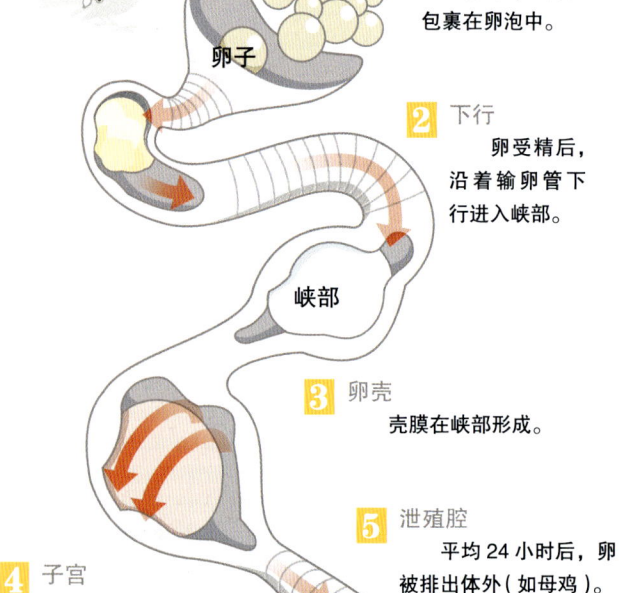

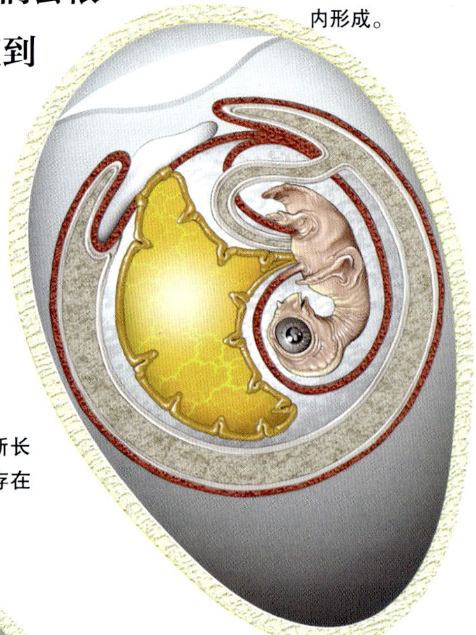

**3** 鸟类的大部分器官会在孵化的最初几个小时内形成。

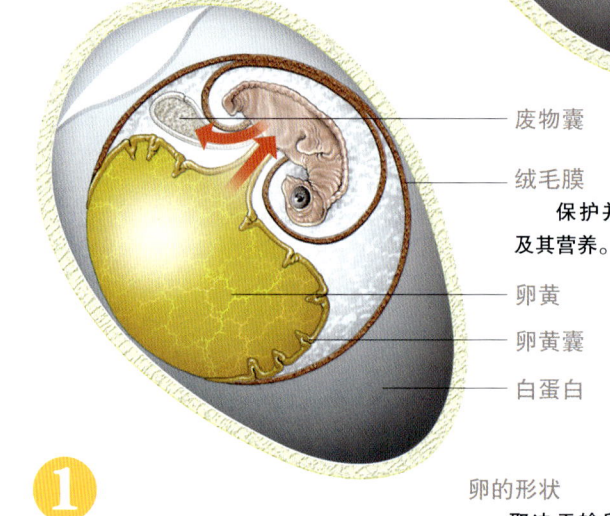

**2** 胚胎吸收营养不断长大，其间产生的废物存在一个特别的囊中。

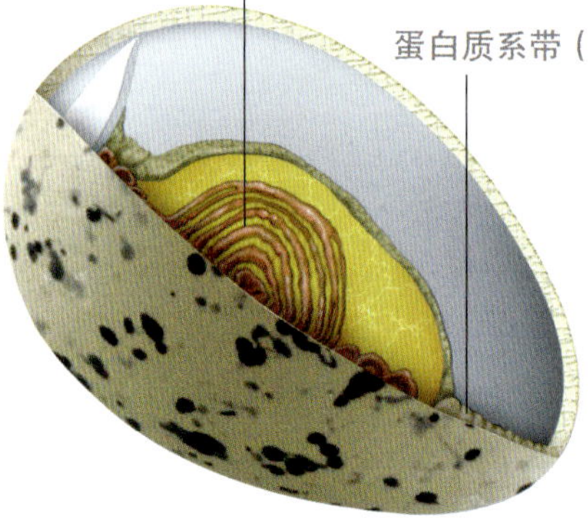

**1** 卵子 像葡萄一样被包裹在卵泡中。

**2** 下行 卵受精后，沿着输卵管下行进入峡部。

**3** 卵壳 壳膜在峡部形成。

**4** 子宫 卵壳开始有颜色，并且逐渐变硬。

**5** 泄殖腔 平均 24 小时后，卵被排出体外（如母鸡）。

**1** 卵中的胚胎在卵黄的一侧。卵黄系带将卵黄固定在卵白（白蛋白）中央，将其与外部隔绝开来。

- 废物囊
- 绒毛膜 保护并容纳胚胎及其营养。
- 卵黄
- 卵黄囊
- 白蛋白

### 卵的形状
取决于输卵管壁施加的压力。大的一端先离开身体。

椭圆形：最为常见
圆锥形：可避免掉落
球形：减少表面积

### 颜色和质地
颜色和质地都能帮助亲鸟找到卵的位置。

浅色卵　深色卵　斑点卵

**胚胎**
**蛋白质系带（系带）**

### 产卵
在繁殖期，麻雀可多次产卵。如果一些卵被拿走了，麻雀可以轻而易举地产下新的卵来补充。

97

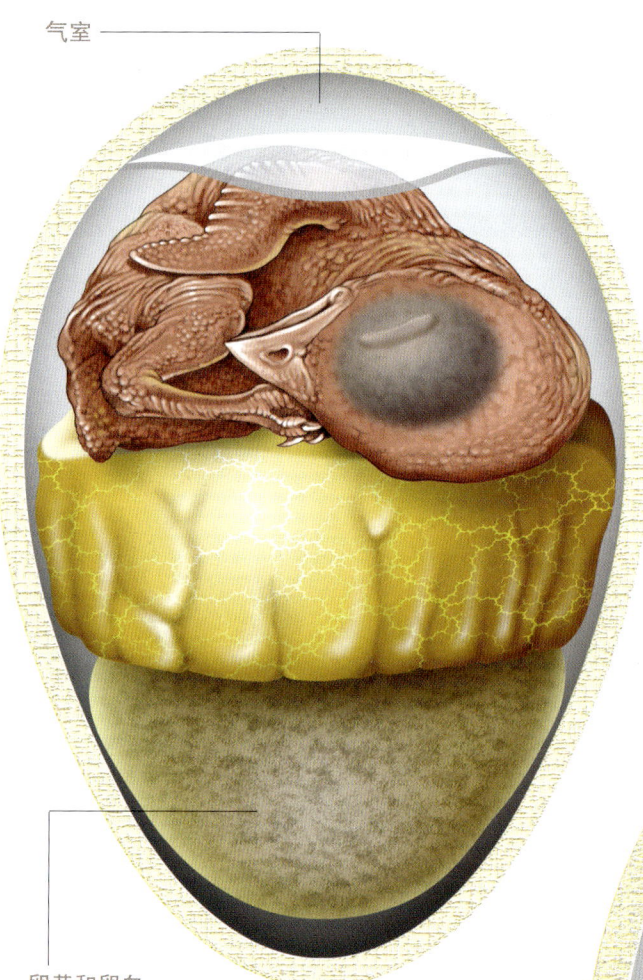

气室

**4** 在最后阶段，雏鸟的喙和腿上的鳞片逐渐变硬，成形后的雏鸟和卵的大小差不多。这时雏鸟会开始转动身体，以便从合适的位置破壳而出。

### 体型
鸟类的体型和卵的大小之间没有确定的比例。

几维鸟的卵约重
**500** 克

母鸡的卵约重
**60** 克

**5** 雏鸟快要破壳时，卵里面的空间所剩无几。雏鸟的双腿会蜷缩在胸前。它无须做太大的动作，坚硬的喙尖（卵齿）就能戳破卵壳。

**卵黄和卵白**
逐渐变小。

**卵壳**
由一层固体碳酸钙（方解石）构成，上有供雏鸟呼吸的小孔。包裹卵的内外两层薄膜可以阻挡细菌进入。

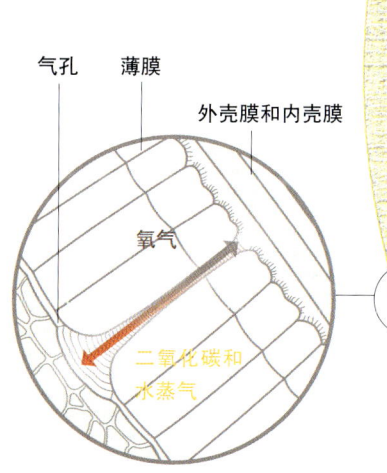

气孔　薄膜
外壳膜和内壳膜
氧气
二氧化碳和水蒸气

**白蛋白** 被吸收。

**卵黄** 消失在身体中。

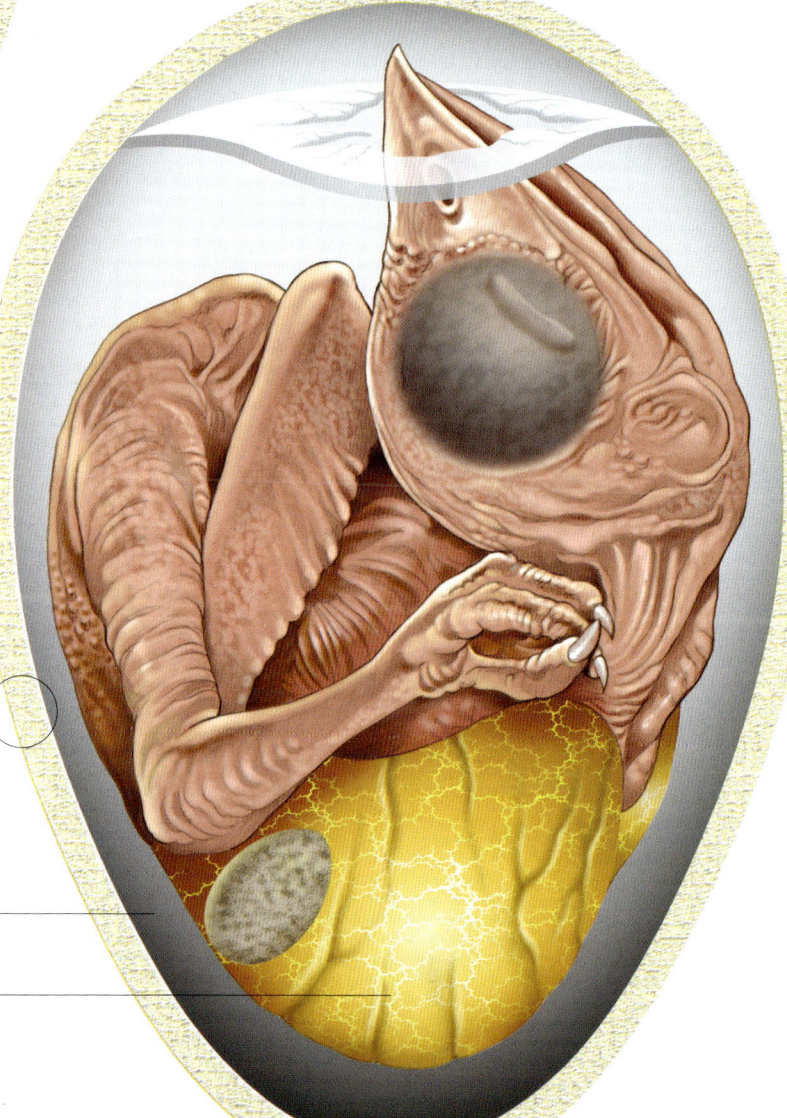

卵壳的质量占整个卵的
**8%**。

# 出生的细节

雏鸟即将破壳时，能够听到外面的声音。通过这种声音，雏鸟能够与亲鸟交流。雏鸟会先用卵齿轻啄卵壳，卵齿出生后即会掉落。接下来，雏鸟会在卵内转身，在齿孔处打开一条裂缝，然后用颈部和腿部同时向外推，直到头部成功探出卵壳。这一过程十分费力，可能需要30~40分钟，几维鸟和信天翁的雏鸟甚至需要3~4天来完成这一过程。大部分雏鸟虽然看不见东西且全身无毛，却能张嘴接受亲鸟喂食。

## 孵化

胚胎发育需要37℃~38℃的恒温环境。亲鸟会蹲坐在卵上，用孵卵斑让蛋保持温暖。

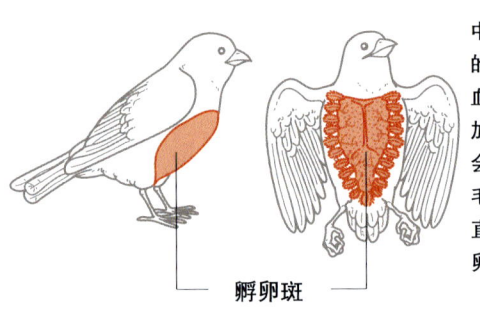

在孵化过程中，一些鸟胸部的羽毛会脱落，血管数量会增加。另一些鸟则会拔下自己的羽毛，让皮肤和卵直接接触，保持卵的温度。

**孵卵斑**

## 孵化期

不同鸟类的孵化期差别很大：从10天到80天不等。

**鸽子**
雌鸟和雄鸟都参与孵化。它们都有孵卵斑。
**18** 天

**企鹅**
雌鸟和雄鸟都参与孵化。雄性帝企鹅有一个专门孵卵的育儿袋。
**62** 天

**信天翁**
没有孵卵斑，雌鸟和雄鸟会把卵放在腹部和双腿之间。
**80** 天

## 破壳

不同种类的鸟的破壳时长不同，有的仅需几分钟，有的则需要三四天。这期间，亲鸟通常不会干涉或给予帮助。雏鸟破壳后，亲鸟会将卵壳扔出巢外，避免引起捕食者的注意。对于一些在孵化期间就已经长有羽毛的鸟类来说，孵化是一件无比重要的事情。雏鸟的叫声会刺激未破壳的雏鸟，并且让发育较快的雏鸟放慢速度。所有雏鸟一起离开鸟巢是很重要的事。

麻雀破壳而出大约需要
**35** 分钟。

### ① 卵壳上的裂缝

雏鸟会在卵内转身，让鸟喙对准卵的中线，接着戳破气室。几经努力后，雏鸟终于戳破卵壳，第一次呼吸到空气。

**寻求帮助**
雏鸟会在卵内呼唤亲鸟。亲鸟会作出回应，鼓励它们继续破壳。

**连续啄壳**
雏鸟在连续啄壳一段时间后，必须休息一会儿。

## 对破壳的适应

因为卵内的空间很窄，雏鸟的肌肉又缺乏力量，所以破壳而出是一件非常费力的事情。雏鸟会依靠一些适应性变化（如卵齿和破卵肌）来完成这一任务。卵齿凿出齿孔，让空气进入。然后破卵肌发力，刺激雏鸟的运动机能，加强力量。卵壳破碎后，雏鸟的卵齿和破卵肌会很快消失。

### 破卵肌
向卵壳施加压力，帮助雏鸟破壳。

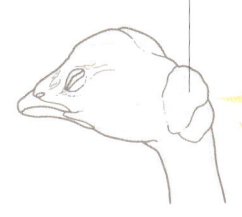

### 卵齿
喙上用来穿破卵壳的一个突起。不是每种鸟都有卵齿。

### ❹ 雏鸟出生
刚出生的雏鸟会立刻向父母寻求温暖和食物。对一些出生时没有羽毛的鸟类来说，所有的雏鸟不会同时破壳而出，如果食物匮乏，先出生的雏鸟更具优势。

### 是个力气活儿
雏鸟破壳而出需要耗费很大的体力。

壳膜
卵壳

### ❸ 破壳而出
卵壳打开后，雏鸟会立刻用腿推动身体，而后用腹部移动，爬出卵壳。对于那些出生时没有羽毛的雏鸟来说，它们爬出卵壳的过程会更加困难。

### ❷ 裂缝扩大
雏鸟在卵壳上凿出一个孔后，会在其他点连续啄开一条裂缝。空气进入卵内，壳膜变干，破壳变得更加容易。

### 哪部分先出来？
通常，雏鸟的头部会先探出卵壳，因为锋利的喙能够弄破卵壳。接着，大部分鸟会用脚将自己推出卵壳，但是涉禽和其他陆禽通常会先伸展翅膀。

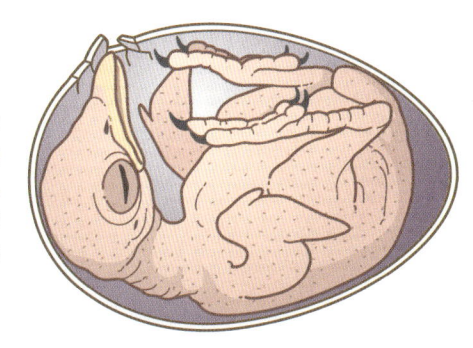

# 生长发育

不同鸟类的幼鸟出生后，生长发育的速度有很大差别。一些鸟类的幼鸟出生时眼睛就已经睁开，身上有一层绒毛，而且还能自己进食。这种鸟被称为早熟鸟或离巢鸟，例如野鸭、美洲鸵鸟、非洲鸵鸟和一些涉禽，它们刚一出生就会行走或游泳。另一些鸟类出生时则全身赤裸，之后才会长出羽毛。它们直到发育成熟前必须一直待在巢中，由亲鸟照料。这种鸟叫作留巢鸟。燕雀和蜂鸟的幼鸟最为脆弱，因为它们需要借助父母的体温才能茁壮成长。

## 离巢幼鸟

离巢幼鸟在出生的那一刻就已完全发育成熟。它们可以在巢里活动，甚至离开鸟巢，所以叫作离巢鸟。因为幼鸟在出生时几乎发育成熟，所以离巢鸟的孵化时间更长。暗色冢雉是离巢鸟，它们离开卵壳后，就可以在外面世界独立生活。小鸭会跟在亲鸟身边，但是自己寻找食物。小鸡也会跟随亲鸟，亲鸟会指引它们找到食物。

**红腿鹧鸪**
*Alectoris rufa*

**眼睛** 出生时眼睛已经睁开。

**羽毛** 幼鸟从卵壳中出来时，身上会覆盖着湿漉漉的绒毛。绒毛会在3小时内变得干燥蓬松。

**活动** 破壳几小时后，离巢鸟就能到处跑了。

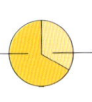

**21 天**
此时的幼鸟和成鸟几乎没有区别。它们能飞行更长的距离。这时它们食物中97%是植物，其余的是地衣和昆虫。

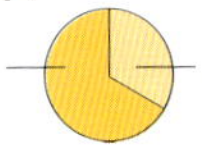

**15 天**
幼鸟可以短距离飞行。食物构成和之前相反：
- 66%是种子和花朵
- 剩下的是无脊椎动物

### 生长阶段

**30 小时**
幼鸟依靠身上的绒毛保暖。它们可以行走，并开始接受亲鸟喂食。

**7~8 天**
生长速度变快，翅尖长出覆羽。这个时候的幼鸟会离开巢穴。

**食物构成：**
- 66%是无脊椎动物
- 其余为种子和花朵

黑头鸭准备好第一次飞行至少需要 **24 小时**。

### 体型对比

**离巢鸟**
卵大，孵化时间长，幼鸟出生时发育成熟。

**留巢鸟**
卵小，孵化时间短，幼鸟出生时脆弱。

# 留巢鸟

大部分留巢鸟出生时全身赤裸，双眼不能睁开，勉强能爬出卵壳。幼鸟会一直待在鸟巢里。在最初的几天里，它们甚至无法自己调节体温，必须靠亲鸟为它们保暖。幼鸟会在第一周里长出一点儿羽毛，但是时刻需要照顾和喂食。幼鸟的数量对于种群至关重要，雀形目类（例如夜莺）即是如此。

**食物**
它们需要大量食物来维持生长。亲鸟必须时刻喂食。

**鸟喙内部**
鲜艳的颜色可以刺激父母逆呕食物。

**颜色鲜艳区域**
有些鸟的颜色鲜艳区域在黑暗中依然可见。

**眼睛**
留巢鸟出生时看不见外面的世界，几天之后才会睁开双眼。

**羽毛**
幼鸟出生时，要么全身赤裸，要么只在某些身体部位长有绒毛。

成鸟一天需要给幼鸟喂食

**400** 次。

**家麻雀**
Passer domesticus

**12~15** 天
留巢鸟的幼鸟离开鸟巢。

**10** 天
除了眼睛附近之外，羽毛几乎覆盖幼鸟全身。双腿已经完全发育成熟。麻雀的幼鸟这时已经可以在鸟巢里活动。

**8** 天
羽毛已覆盖全身，但还未发育完全。幼鸟可以自己保持体温。这时的它们非常贪吃，生长速度极快。

**生长阶段**

**25** 小时
幼鸟会有一些本能的行为，比如抬头乞食。

**4** 天
双眼睁开，第一根羽毛的尖部变得清晰可见，还可以进行一些活动。

**6** 天
一些羽毛伸展，上喙的硬壳、翅膀和身体同步生长。这时的幼鸟可以站立。

幼鸟完成发育，覆羽完全长出，长成成鸟体型，已经可以飞行，需要

**12~15** 天。

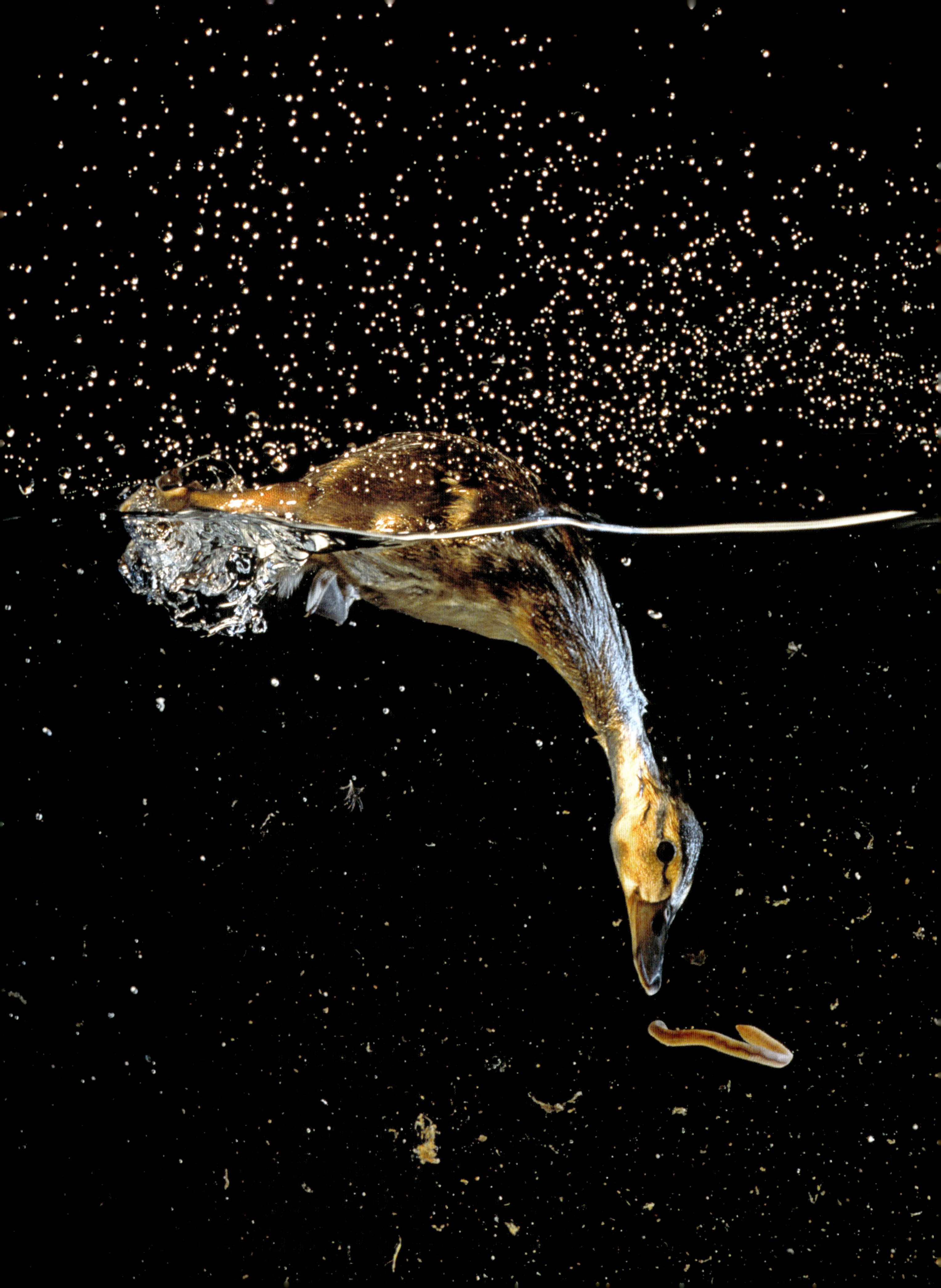

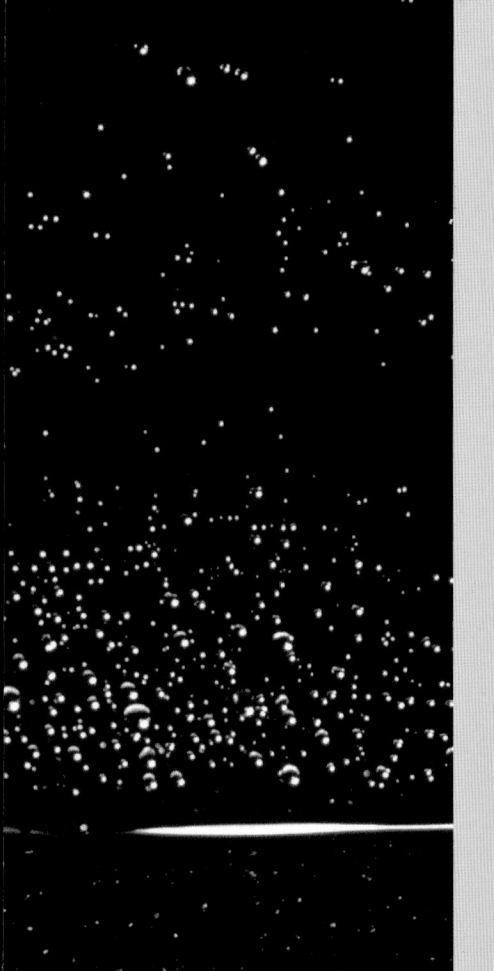

# 多样性与分布

栖息地指生物通常生活的环境。鸟类的栖息地是其觅食和筑巢的最佳地点，危险时也便于逃生。鸟类广泛分布于世界各地，生活在热带地区的种类最多。同一起源的鸟类在进化过程中会为了适应不同的环境而逐渐分化，这种现象叫作适应辐射。海鸟为了适应在海边的生活发生了很多变化，生活在淡水环境中、森林中以及其他环境中的鸟也是如此。每一种鸟都在适应环境的过程中演化出了独特的身体特征和生活习性。

**家园** 104
**无法飞行** 106
**海上居民** 108
**淡水鸟** 110
**武装狩猎** 112
**枝头俱乐部** 114

**鸭科动物**

鸭科动物是天生的水中捞食者，以小蜗牛和水生昆虫的幼虫为食。

# 家园

**东大西洋迁徙路线**

北冰洋

南非鲣鸟
*Morus capensis*

落基山脉

北美洲

欧洲

密西西比河迁徙路线

地中海

雪鹀
*Plectrophenax nivalis*

美洲太平洋迁徙路线

密西西比河

红喉北蜂鸟
*Archilochus colubris*

**800** 千米

连续飞行，飞越墨西哥湾，全程仅需20小时。

游隼
*Falco peregrinus*

墨西哥湾

中美洲

太平洋

南极迁徙路线

大西洋

亚马孙河流域

家燕
*Hirundo rustica*

## 行为习惯

为了生存，全世界数以百万计的鸟每年秋天都会踏上旅程，寻找适宜过冬的环境。不仅仅是鸟，其他动物也会迁徙，这是它们在漫长进化过程中形成的本能。一些鸟翻山越岭，飞越万里；另一些鸟经川跨河，片刻不停；还有一些鸟就近安家。总的说来，鸟类的身体会随迁徙的距离发生变化；一些鸟甚至会在飞行过程中减掉一半的体重。迁徙路线大都是固定的，不过一些候鸟并不总是按照同一路线飞行。地图上标注出了最重要的几条路线。有的候鸟集体迁徙，有的则单独上路。它们无论白天黑夜都在飞行，且飞行速度惊人。信鸽和白头硬尾鸭一天可以飞行1 000多千米。涉禽（比如䴉䴉和杓鹬）是迁徙距离最远的鸟类，迁徙路线最固定。

南美洲

美洲金鸻
*Pluvialis dominica*

白鹳
*Ciconia boyciana*

安第斯山脉

北极燕鸥
*Sterna paradisaea*

北极燕鸥在两极往返迁徙的路线是世界上最长的迁徙路线。全程

**40 000** 千米。

## 迁徙的类型

很多鸟类沿南北路线迁徙，即纬度性迁徙。沿东西路线迁徙叫作经度性迁徙。此外，还有高度性迁徙——在相应的季节上山或下山。

高度
纬度
经度

南冰洋

南极迁徙路线

中亚迁徙路线

穗䳭
Oenanthe oenanthe

比尤伊克氏天鹅
Cygnus columbianus bewickii

乌拉尔山脉

阿尔泰山脉

亚洲

白鹤
Grus leucogeranus

里海

日本海

黑海迁徙路线

喜马拉雅山脉

死海

小乌雕
Clange pomarina

家燕
Hirundo rustica

非洲

太平洋

东亚迁徙路线

**交会点**
亚洲、欧洲和非洲迁徙路线的交会处。每年在此相遇的鸟有

**10亿**只。

斑头雁
Anser indicus

乞力马扎罗山

印度洋

弯嘴滨鹬
Calidris ferruginea

大洋洲

大分水岭

## 如何识路

西亚迁徙路线

红嘴巨鸥
Sterna caspia

鸟类利用"指南针"——三角定位系统导航，即根据太阳或星星的位置判断自己的位置（这个方法和航海确定方位的方法类似），需要测量太阳和水平线之间的角度（方位角），然后将其与自身生物钟感知到的角度做对比。鸟类还能利用地球磁场导航。在白天迁徙的鸟还能根据路线上的山脉、湖泊或者沙漠等地标判断位置。也有一些鸟跟着年长的鸟飞行，或凭借嗅觉的指引飞行。

方位角：
太阳/运行轨迹

南

西南

东

西

飞行方向：
从东北到西南

东北

北

漂泊信天翁
Diomedea exulans

105

# 无法飞行

有一些鸟失去了飞行能力。它们没有翅膀或翅膀退化，不过也有一些鸟是因为体型太大而无法飞行。一些擅长奔跑的鸟（比如非洲鸵鸟、鹤鸵、鸸鹋、美洲鸵鸟和几维鸟）就是如此，它们奔跑的速度极快；还有一些鸟擅长游泳，比如企鹅。

**非洲鸵鸟**
栖息在非洲东部及南部的特有物种。成年非洲鸵鸟的身高可达 2.75 米，体重达 150 千克。

非洲鸵鸟
*Struthio camelus*

## 游泳健将

企鹅身上有三层重叠的小羽毛。它们四肢短小，体形符合流体动力学，可以灵活快速地游泳。企鹅的羽毛又密又防水，脂肪层有助于抵御栖息地的严寒，骨骼硬而密实，便于潜水。企鹅的骨骼与飞鸟的区别很大，飞鸟的骨骼轻盈，内部中空。

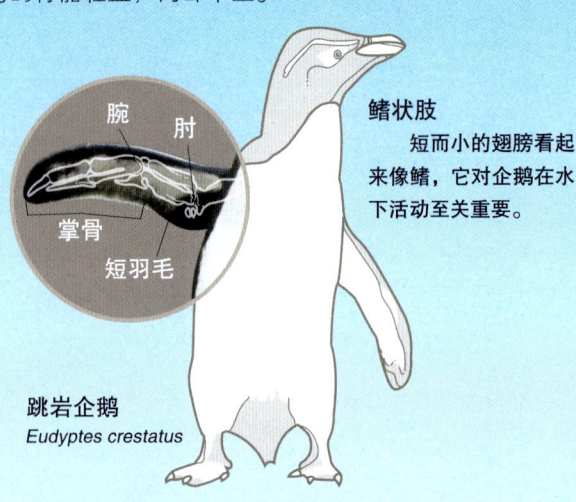

腕　肘
掌骨
短羽毛

**鳍状肢**
短而小的翅膀看起来像鳍，它对企鹅在水下活动至关重要。

跳岩企鹅
*Eudyptes crestatus*

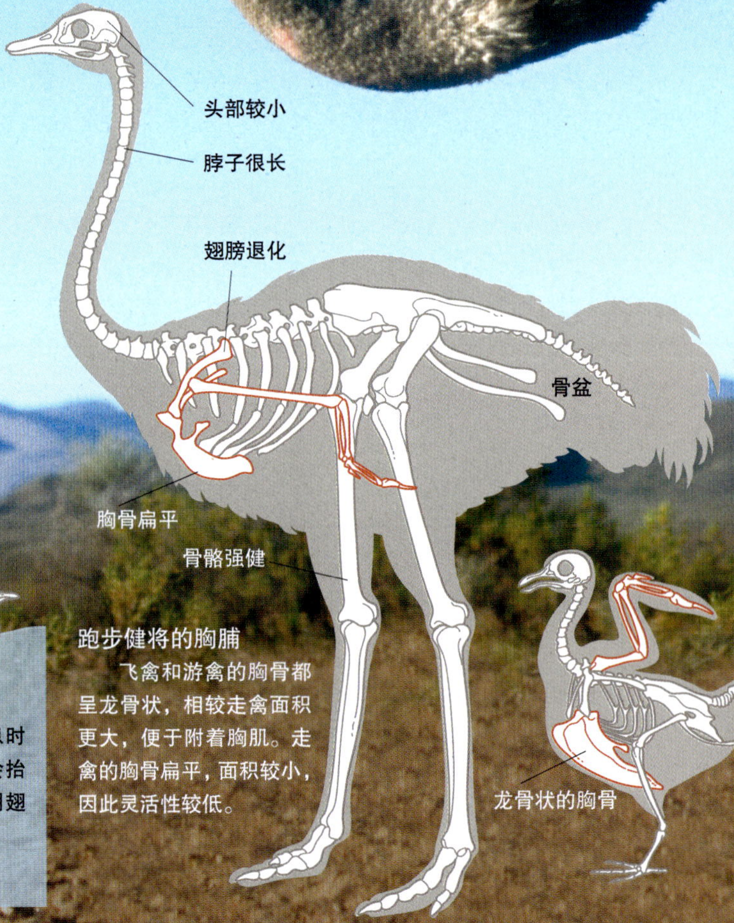

头部较小
脖子很长
翅膀退化
骨盆
胸骨扁平
骨骼强健

## 企鹅扎进水中

**捕猎**
翅膀起到鳍的作用。脚上有 4 个由蹼连在一起并指向后侧的脚趾，尾巴可以在潜水时控制方向。

**呼吸**
企鹅寻找食物时需要在下潜的间隙浮出水面呼吸。

**放松**
企鹅在水里休息时移动得很慢。它们会抬起头漂在水面上，用翅膀和双脚保持平衡。

## 跑步健将的胸脯

飞禽和游禽的胸骨都呈龙骨状，相较走禽面积更大，便于附着胸肌。走禽的胸骨扁平，面积较小，因此灵活性较低。

龙骨状的胸骨

## 平胸鸟

走禽属于平胸鸟（胸骨扁平）。走禽的前肢要么退化，要么功能与飞行无关。后肢肌肉强壮，骨骼强健有力。走禽和飞禽的另一区别是走禽的胸骨扁平，没有龙骨突，飞禽和游禽有龙骨突。野生走禽只生活在南半球。鹩鸫等鹩科动物是中美洲和南美洲的本土动物，也属于走禽。

约 1.8 米 | 约 1.2 米 | 约 1.4 米 | 约 0.4 米

### 鸵鸟目
非洲鸵鸟是鸵鸟目下唯一的种。鸵鸟快速奔跑时会用翅膀保持平衡。它每只脚只有两个脚趾。成年雄鸟的体重可达 150 千克。

### 美洲鸵鸟目
美洲鸵鸟常见于阿根廷等南美洲国家。它们形似非洲鸵鸟，但体型更小。美洲鸵鸟的脚上有 3 个脚趾，方便追赶猎物。它们脖子很长，视力绝佳，是出色的捕猎者。

### 鹤鸵目
鹤鸵是跑步和游泳健将。头上和脖子上的颜色十分醒目。由骨骼构成的双脚在奔跑时不会被植被划伤。脚上有长且锋利的爪子。

### 无翼目
几维鸟每只脚上有 4 个脚趾，羽毛没有羽小支，看起来像皮毛。它们通常在夜晚依靠灵敏的嗅觉寻找昆虫。几维鸟的卵很大，它们繁殖时只产一枚卵。

亚洲 | 大洋洲 | 新西兰

约 0.6 米

## 跑与踢

鸵鸟奔跑通常是为了摆脱敌人，或者捕食小蜥蜴和啮齿动物。它们的双腿十分有力，奔跑速度可以达到 72 千米/时，并且能以这个速度维持 20 分钟。如果无法摆脱敌人，踢就是最好的防御手段。雄鸟求偶时也会通过用力跺脚来吸引雌性。

### 丰富的多样性
由于人类的介入，世界上很多地方都有走禽。大洋洲因为与其他大陆隔离，是走禽多样性最丰富的地区。

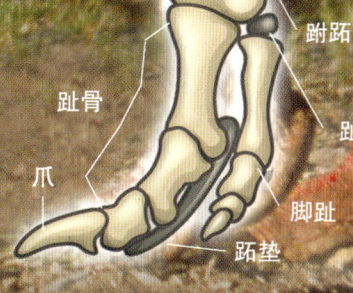

### 其他走禽
鸡形目包括 260 多个物种，其中有鸡、火鸡和山鸡。鸡形目鸟类有龙骨突，可以在极端情况下突然快速飞行。不过，它们的脚更适合行走、奔跑和抓挠地面。

鸵鸟脖子的颈椎有 **18** 节。

**用两个脚趾站立**
鸵鸟仅有两个脚趾，脚和地面的接触面积相对较小。这对于在陆地奔跑是一种优势。

跗跖 | 趾骨 | 趾骨垫 | 爪 | 脚趾 | 跖垫

### 笨拙地飞行
1 奔跑起跳。
2 笨拙快速地拍打翅膀。
3 突然落地。

107

# 海上居民

地球上有 10 000 多种鸟，其中只有大约 300 种适应了海洋生活。为了在海上生存，它们经历了很多演变。比如海鸟的排泄系统比其他鸟类的排泄系统更高效，有一个可以排出体内多余盐分的特别腺体。大部分海鸟生活在海滨，它们的习性各不相同；另一些海鸟更多时间待在海面上。像信天翁、海燕和剪水鹱（hù）这些海鸟可以连续飞行数月，仅在抚养幼鸟时回到地面。它们属于远洋鸟。

## 适应性改变

海鸟，特别是那些在海上捕鱼的海鸟，已经非常适应海上生活。它们的喙的尖端像一个钩子，脚趾间有网状膜。它们的漂浮能力也格外出众。海水对海鸟来说不仅不成问题，甚至可以直接饮用。对一些远洋鸟来说，嗅觉非常重要，它们可以利用嗅觉发现水中的鱼油，找到鱼群，还能依靠嗅觉在聚居地中找到自己的巢。

**漂泊信天翁**
*Diomedea exulans*

**尾巴**
尾羽通常是白色的，尾巴尖上长有独特的黑色羽毛。

**全蹼足**
信天翁的双脚通常是肉色或浅蓝色，脚上有蹼，这是海鸟的特征之一。蹼有助于在海里划水，不过在陆地上行走时会显得笨拙。信天翁的脚上有 3 个由蹼连接的脚趾。第 4 个脚趾退化成一个爪或是干脆消失。海燕也是如此。

## 大型飞鸟

信天翁的翅膀张开时长度超过 3 米。漂泊信天翁是翼幅最大的鸟，仿佛一架巨大的滑翔机。它们可以利用气流滑翔很长一段距离，只消耗少许体力。它们还长有钩子状的喙和盐腺，这利于它们在海上生活。

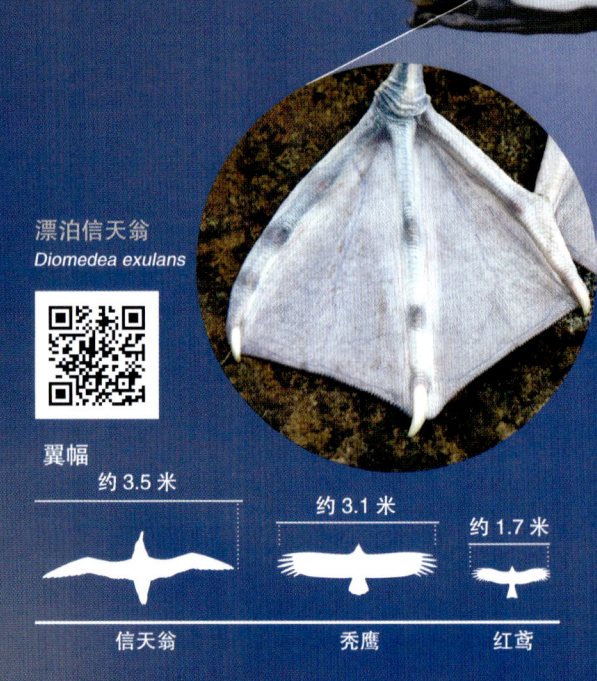

**翼幅**
约 3.5 米 — 信天翁
约 3.1 米 — 秃鹰
约 1.7 米 — 红鸢

## 用巨大的翅膀飞行

### ① 起飞与滑翔
信天翁在地面上不太灵活，起飞对它们来说是一件很费力的事情。不过一旦到了空中，它们就能最大限度地利用自己的体能。动力滑翔和斜坡滑翔是信天翁的两个基本技能。通过动力滑翔，它们可以轻松飞很长一段距离；斜坡滑翔则是利用吹向斜坡然后返回的气流。

### ② 降落
信天翁体型太大，无法灵巧地控制身体，所以落地比较笨拙。落地对它来说是一个极其费力，同时又极其危险的瞬间。

**快速奔跑起飞**
信天翁翅膀大，体重大，起飞前需要先加速并借助风力。

**飞行路径**
信天翁长长的翅膀可以借助气流，沿螺旋形路线滑翔很长的距离。

**突然降落**
落地前，信天翁会向前伸出双腿，不过很多时候它控制不住身体，都是以胸部撞上地面结束降落。

## 盐腺

为了适应环境，远洋海鸟长有盐腺，可以排出血液中多余的盐分。盐腺包括几个位于眼睛上方的小通道。盐水从鼻孔中滴出。

腺体通道
血液循环
盐水循环
中央排泄孔

### 翅膀和羽毛

信天翁的翅膀除了少部分黑色的初级飞羽外，大部分呈白色。黑色羽毛的比例随着年龄的增长而增大。

## 捕鱼方法

很多海鸟会俯冲进海里捕鱼，这样可以捕捉到在海平面以下游动的鱼。为了入水更深，它们会向上飞升几米，瞄准鱼群，收起翅膀，伸长脖子，快速扎入水中。最后借助羽毛的浮力返回到水面。

**1.** 潜水捕鱼

向下俯冲，提高入水速度。

**2.** 收起翅膀，伸长脖子，猛地扎入水中，冲进鱼群。

**3.** 尽可能深入水中捕鱼，再靠羽毛浮上水面。

### 钩状的喙

喙呈钩状，边缘锋利，可以钳住湿滑的猎物。喙由硬片构成，上有管状的鼻孔，用于排出多余的盐分。

**信天翁飞行 12 天的最高纪录为 6 000 千米。**

### 又长又尖

信天翁的翅膀又长又尖，能在猛烈的暴风雨中滑翔。翅膀的骨骼长且强壮。

# 淡水鸟

淡水鸟（包括普通翠鸟、鸭、鹳等）种类多样，分布范围很广。淡水鸟完美地适应了水生生活，一年中至少有一段时间会在河流、湖泊或池塘生活。有一些淡水鸟擅长游泳，还有一些擅长潜水。其中一些鸟的腿很长，常站在水里捕鱼。淡水鸟的食物各不相同，不过它们几乎都是杂食性鸟类。

## 鸭及其远亲

雁形目包括一些人类非常熟悉的鸟类，比如鸭、鹅以及天鹅。它们的腿很短，脚上有蹼，喙宽而扁平，边缘有成排的栉板（类似匕），用于过滤食物和捕鱼，以及刨开河流和池塘底部的淤泥。雁形目鸟类大都是杂食动物，不过有一些雁形目鸟类在地面上待的时间更长。它们分布广泛，雄性在求偶期间会长出颜色鲜艳的羽毛。

26~33 厘米
**番鸭**
*Cairina moschata*

70~85 厘米
**黑颈天鹅**
*Cygnus melancoryphus*

66~86 厘米
**白额雁**
*Anser albifrons*

**茶色树鸭**
*Dendrocygna bicolor*

### 用脚游泳

鸭用两种方式划水。当向前移动时，它们会伸展足趾，用有蹼的双足划水，然后再合拢足趾并向前伸。转弯时，它们用一只脚在一侧划水。

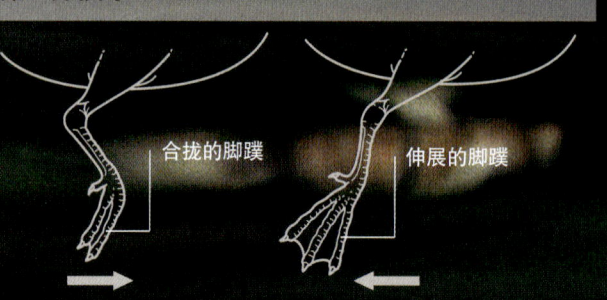

合拢的脚蹼　　伸展的脚蹼

### 鸭的食物

**1** 鸭浮在水面上，寻找水下的食物。

**2** 把头扎入水中，双脚向后猛蹬，将脖子向下扎。

**3** 头朝下浮在水面上，喙戳进水底。

## 潜水和捕鱼

潜鸟属于䴙䴘目，以小鱼和水生昆虫为食。它们在地面上非常笨拙。普通翠鸟属于佛法僧目，它和其他小型鸟类总是时刻观察水域，寻找猎物。发现小鱼后，它们用喙戳穿小鱼。杓鹬属于鸻形目，不会游泳，它们在池塘边徘徊，寻找食物。它们的腿很长，涉水时不会打湿身体。

**鼻孔**
开放的椭圆形

**栉板**
位于喙内侧边缘

**鸭的喙**
喙宽而扁平，朝中间轻微凹陷。通常说来，喙的形状差异不大，不过也有一些的喙特别小（比如鸳鸯）。

5~10 厘米　　约 2.7 厘米

**铲形喙：** 许多鸭子的典型特征。大小不一。

**鸳鸯的喙：** 鸳鸯的喙是这一类动物中最小的。

约 30~40 厘米　　约 40 厘米　　约 18 厘米

**䴙䴘**
*Podiceps sp.*

**石鸻**
*Burhinus oedicnemus*

**普通翠鸟（又名欧洲翠鸟）**
*Alcedo attlis*

**鹮的喙**
细长，适于伸入泥土中寻找食物。

**美洲白鹮**
*Edocimus albus*

## 涉禽

人为划分的一个目。从遗传学角度来看，其物种之间没有关联，它们之所以被列为一类，是因为它们在相似的环境中生活，并且进化出了相似的外形：喙较长，脖子灵活，能够完成技巧性很高的动作。腿部纤细，方便涉水捕鱼。鹭是一个特别的种群，因为它们遍布全世界，并且长有粉绒羽。鹮和鹳的分布也很广。喙呈勺状或者锤状的鸟类主要分布在非洲。

**鹈（鹈属）：** 一些通过过滤水来获得食物，另一些捕鱼。

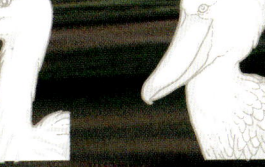

**鹳（鹳属）：** 用长喙捕鱼。

**鲸头鹳（广嘴鹳属）：** 在漂浮的莎草中觅食。

**苍鹭（白鹭属）：** 用尖喙捕鱼。

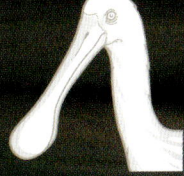

**白琵鹭（琵鹭属）：** 以多种水生动物为食。

**锤头鹳（锤头鹳属）：** 捕鱼和其他小型动物。

**鹮的腿**
大腿能确保它们的身体在水面之上，而又能尽量靠近鱼。它们也靠大腿来搅动湖泊和池塘底部的水。

# 武装狩猎

猛禽是天生的猎手。它们全副武装，时刻准备捕猎其他动物。猛禽的视力超强，听觉敏锐，可以通过声音确定猎物的确切位置；它们的爪子强壮锋利，仅靠爪子就能杀死一只小型哺乳动物。猛禽的喙呈钩状，只需简单一啄就能撕开猎物的喉咙，杀死猎物。鹰、隼、秃鹫和猫头鹰都属于猛禽。猛禽既有昼行的，也有夜行的，它们时刻都保持着警惕。

## 昼行性和夜行性

鹰、隼和秃鹫是昼行性猛禽，猫头鹰则是夜行性猛禽。它们的主要猎物包括小型哺乳动物、爬行动物和昆虫。它们锁定猎物之后，会滑翔着接近猎物。夜行性猛禽目光锐利，眼睛朝向前方，听力绝佳。翅膀上羽毛的排列方式可以确保它们在飞行时不会发出声音。它们的羽毛颜色暗淡，这有助于它们融入周边环境，在白天睡觉时更加安全。

**雕鸮（xiāo）**
*Bubo bubo*
雕鸮的两耳不对称，这样可以准确确定猎物的位置。

**白头海雕**
*Haliaeetus leucocephalus*
视野可以达到220°，双眼视野可以达到50°。

## 喙

猛禽的喙呈钩状。一些猛禽的牙齿像刀一样，可以杀死猎物并撕开猎物的皮肤和肌肉组织，从而轻松地获得食物。不同猛禽的喙的结构和形状有所不同。食腐类（比如秃鹫和秃鹰）的喙比较软，因为腐烂动物的组织更软。另一些猛禽（比如隼）它们的喙非常坚硬，可以戳进猎物的脖子并弄断其颈椎。

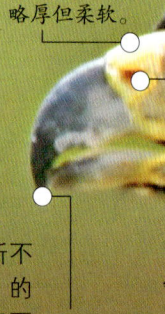

**蜡膜** 一层皮肤，略厚但柔软。
**喙尖** 牙齿所在的位置。
**鼻孔** 嗅觉通道

**斑尾鵟（kuáng）**
*Buteo albonotatus*

**白头海雕**
喙是钩状的，许多猛禽的喙都是如此。

**雀鹰**
喙很细，可以啄出壳里的蜗牛。

**隼**
可以用上喙折断猎物的脊椎。

**苍鹰**
喙强壮有力，甚至能抓住野兔大小的猎物。

### 猫头鹰吐出的食丸

猫头鹰会将猎物整个吞下，然后逆呕出无法消化的部分（即食丸）。通过研究食丸，可以精准地确定小区域内的动物种群。

## 秃鹫如何捕猎

**1** 秃鹫主要以腐肉为食,不过如果猎物比较脆弱,并且情况允许,它们也会攻击活物。

**2** 秃鹫可以利用上升的热气流滑翔,这样就能不费体力地找到动物的尸体。

**3** 找到食物后,秃鹫必须分析周围环境,判断能否再次快速起飞。

### 翅膀的尺寸

猛禽的翅膀能够适应它们的飞行需求,翼展最长可达3米。

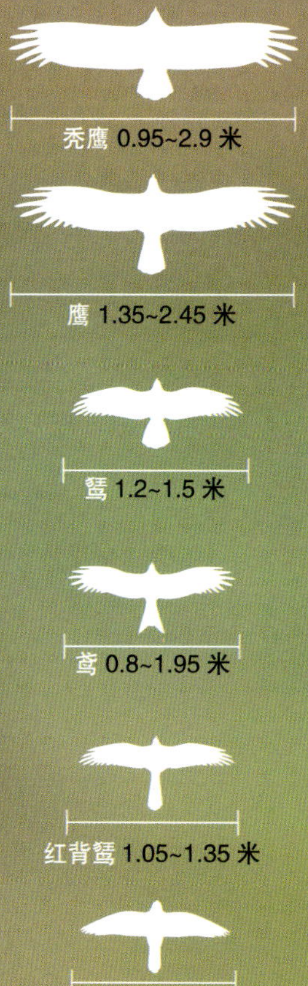

秃鹰 0.95~2.9 米

鹰 1.35~2.45 米

鹫 1.2~1.5 米

鸢 0.8~1.95 米

红背鵟 1.05~1.35 米

隼 0.67~1.25 米

## 爪

大部分猛禽用爪抓住并杀死猎物,然后再用喙将肉撕扯下来。猛禽的脚趾上有强壮锋利的趾甲,能像钳子一样抓住猎物。鹗的脚掌上有刺,有助于捕鱼。

**欧亚兀鹫** 脚趾很长,不善于抓握。

**鱼鹰** 脚趾上有像刺一样的粗糙鳞片,便于捕鱼。

**苍鹰** 脚趾尖有假骨质。

**鹞** 脚上有跗节和短而有力的脚趾。

隼能发现猎物的最远距离是

**8 000** 米。

# 枝头俱乐部

雀形目是鸟类中分布最广和种类最多的目。雀形目鸟类的双足适合在树上栖息，所以它们在树木间生活，不过也能在地面行走和在灌木中穿行。它们生活在世界各地的陆地环境中，从沙漠到树丛都有它们的身影。它们非常发达的鸣管能发出复杂的声音和鸣唱。它们的幼鸟是留巢鸟（出生时没有羽毛，看不见东西）。幼鸟敏捷活泼，长有色彩鲜艳迷人的羽毛。

## 最小的鸟

和其他鸟类相比，雀形目的体型较小，但差异较大，有 5 厘米高的吸蜜蜂鸟，有 19 厘米高的白臀树燕，也有 65 厘米高的渡鸦。

**蜂鸟** 5 厘米高
它们能从花蜜中获取大量能量，它们甚至可以吃相当于它们体重 2 倍的食物。不过它们的能量都消耗在了飞行上。

**燕子** 19 厘米高
身体灵活又敏捷。燕子是常见的候鸟，身体适合长途飞行。

**渡鸦** 65 厘米高
杂食动物，吃水果、昆虫、爬行动物、小型哺乳动物和其他鸟类。擅长掠夺各种各样的食物。

## 雀形目

雀形目下有 79 个科，超过 5 400 个种。

雀形目的数量占鸟纲的 **50%**。

## 雀形目大家庭

为了便于研究各科的鸟，人们将它们分为 4 个族群：阔嘴鸟、灶巢鸟（羽毛呈暗淡的棕色，以悉心筑巢闻名）、琴鸟（尾部有两根羽毛比其他羽毛更长）以及燕雀（以声音悦耳动听闻名）。燕雀包括的种群数量最多，互相之间差别最大，其中包括燕子、金翅雀、金丝雀、绿鹃和渡鸦。

## 琴鸟

琴鸟只有两种，并且只在澳大利亚生活。它们声音动听，善于模仿其他鸟类的叫声，甚至还能模仿没有生命的物体的声音，比如马蹄声。

蓝白南美燕
*Notiochelidon cyanoleuca*

### 短而硬的喙
燕子的喙很短很硬，适于在空中捕捉昆虫。

### 鸣禽
蓝白南美燕飞行或降落时会发出悦耳动听的啼啭。云雀、金翅雀、金丝雀和其他雀形目鸟的啼啭和歌声非常悦耳。

### 鸣管
发声器官，在气管末端。空气通过时，鸣管中的肌肉振动支气管壁，发出燕雀独有的美妙歌声。

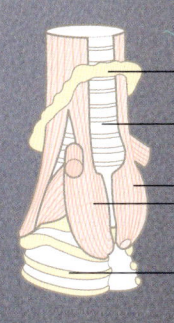

- 鸣管软骨
- 气管软骨环
- 支气管
- 平滑肌
- 支气管环

### 生活在地球两端
蓝白南美燕的生活范围横跨两个半球。它们在北半球抚养幼鸟，然后飞去南半球过冬，会一直飞到火地岛。蓝白南美燕方向感极佳，迁徙回来后，可以找到之前的巢再次入住。

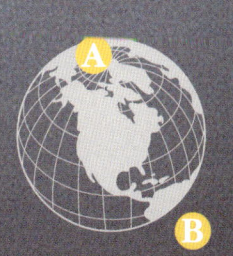

**A** 夏天是繁殖的季节，这时它们在北半球的北美大陆生活。新热带候鸟通常在北回归线以北繁殖。

**B** 北半球的冬天来临时，它们向南长途迁徙，到达加勒比海和南美洲。家燕从美国迁徙到阿根廷南部，需要飞越 22 000 千米。

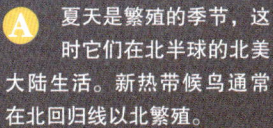

### 栖息的双脚
三趾朝前，发达的后趾朝后。这样的脚适于紧紧抓住树枝。

家燕
*Hirundo rustica*
家燕大部分时间都在前往温带地区的路上。

### 阔嘴鸟
产于非洲和亚洲，生活在植被茂密的热带地区，以昆虫和水果为食，通过拍打翅膀发出声音。阔嘴鸟在求偶时拍打翅膀发出的声音在 60 米以外还能听到。

### 灶巢鸟
灶巢鸟的巢像烤箱一样呈顶部完全覆盖的结构。这一族群中的其他鸟把树叶和稻草编织在一起，筑成像篮子一样的巢，也有一些在地上挖掘地道营巢。

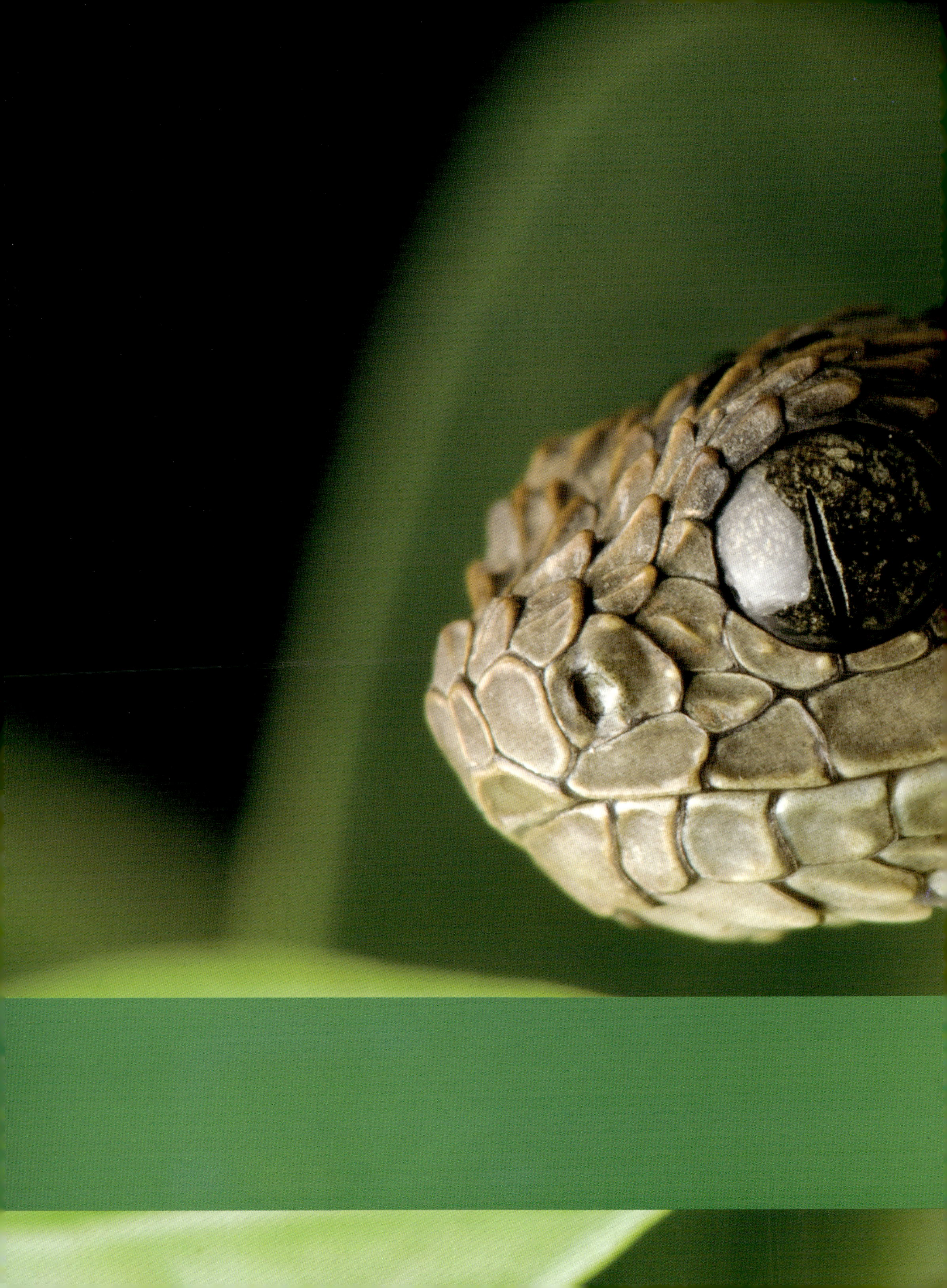

# 第三节 爬行动物

爬行动物：背景 119
蜥蜴、鳄鱼、龟与蛇 129

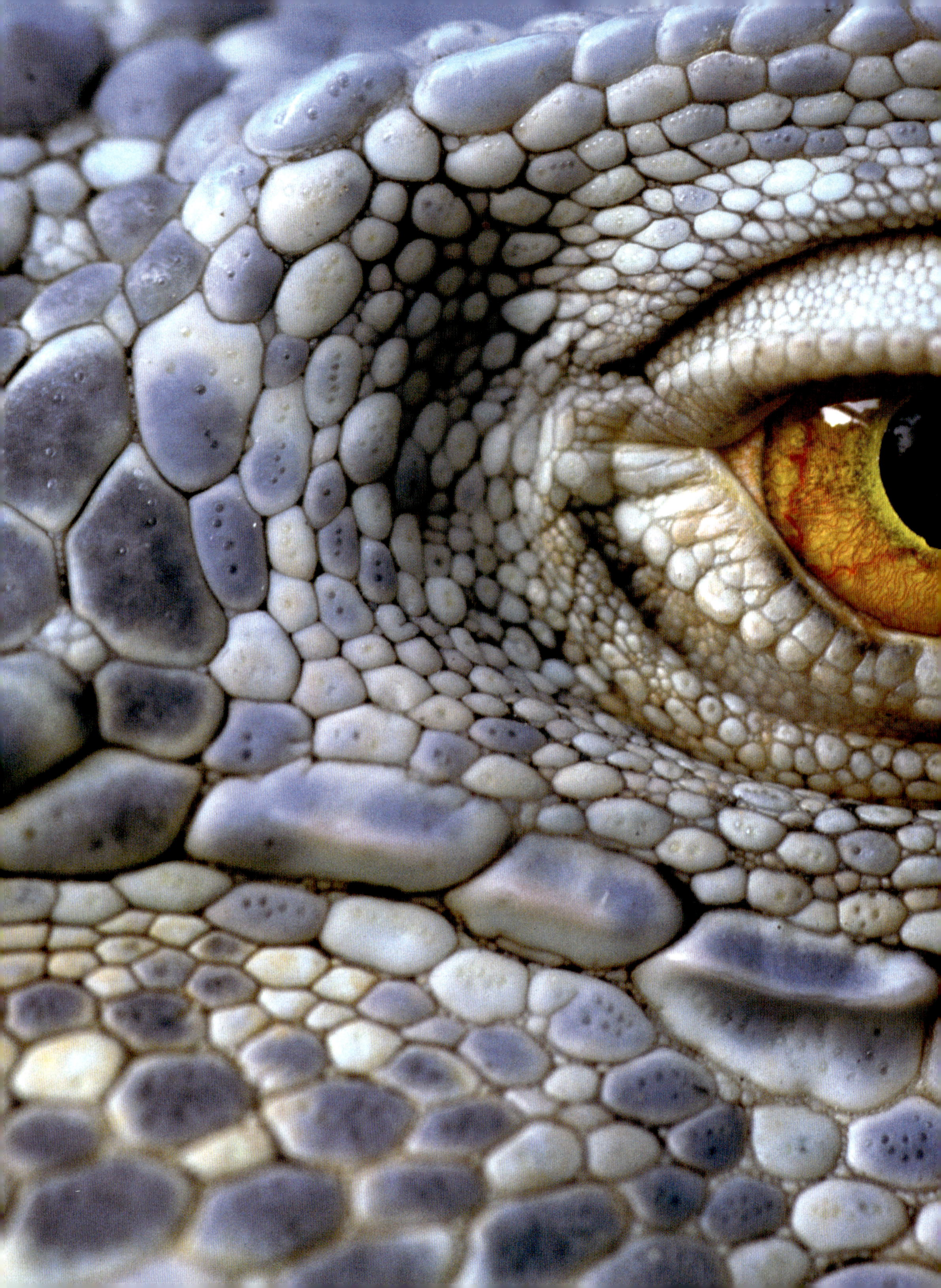

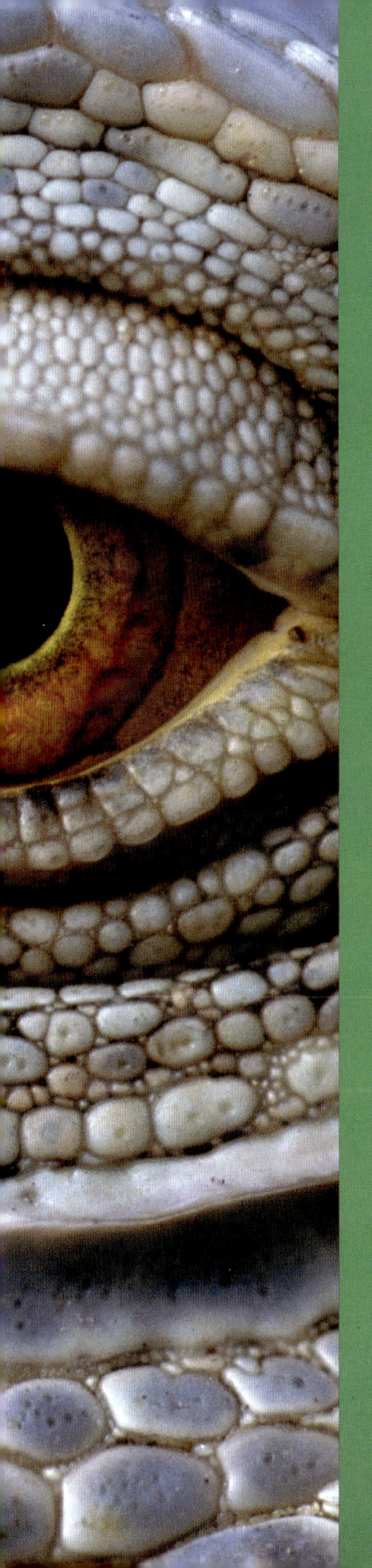

# 爬行动物：背景

颜色在蜥蜴目的生活中发挥着重要作用。鬣蜥可以靠颜色分辨雄雌；在吸引伴侣时，鬣蜥通过展示鲜艳的颜色、羽毛簇和皮肤的褶皱来交流。鬣蜥的另一个特征是身上覆盖着表皮鳞片。除此之外，它们和其他所有的爬行动物一样，自身不能产生热量，只能依靠外界因素保持体温。因此，鬣蜥经常舒展开身体晒太阳。大部分爬行动物是食肉动物，只有一些龟是食草动物。

**披鳞穿甲** 120
**内脏器官** 122
**菜单** 124
**繁殖** 126

**绝佳的视力**
鬣蜥的视力绝佳。它们能够分辨颜色，透明的眼皮能够轻松闭上。

# 披鳞穿甲

爬行动物属于脊椎动物，意思就是说它们是长有脊柱的动物。它们的皮肤坚硬、干燥、易剥落。和鸟类一样，大部分爬行动物都是卵生。爬行动物没有幼体期，破壳时就已发育成熟。最早的爬行动物出现在石炭纪古生代的鼎盛时期，在中生代时它们得以演化并大量繁殖，所以中生代时期又叫作爬行动物时期。爬行动物共有 23 个目，但只有 5 个目生存至今。

**所罗门蜥**
*Corucia zebrata*

**眼睛**
一般较小。昼行性动物的瞳孔是圆形。

**瞬膜**
瞬膜从眼睛的内角伸张并覆盖整个眼睛。

**胚膜**
胚膜分两层：一层保护性羊膜和一层透气尿囊（或胚胎血管）膜。

现存的蜥蜴有 **4 765** 种。

## 栖息地

爬行动物的适应能力很强，可以在各种不可思议的环境中生存。除南极洲以外的所有大陆上都有爬行动物，大部分国家都至少有一种陆地爬行动物。无论是干旱炎热的沙漠，还是潮湿闷热的雨林，都有爬行动物的身影。爬行动物在非洲、亚洲、大洋洲和美洲的热带和亚热带地区最为常见，这些地方温度较高，猎物多样，适宜它们繁衍生息。

**黑凯门鳄**
*Melanosuchus niger*

## 鳄鱼

鳄鱼的一大特征是体型巨大。它们背上从颈部到尾巴都覆盖着成排的骨板，看上去像尖刺或牙齿。鳄鱼出现在三叠纪末期，是现存的与恐龙和鸟最为接近的近亲。鳄鱼的心脏有 4 个腔室，大脑高度发达，腹部的肌肉组织也十分发达，可以和鸟的砂囊媲美。大型鳄鱼极其凶险。

**胸部和腹部**
之间没有横膈膜将其分开。短吻鳄可以借助体壁上的肌肉呼吸。

## 卵生

大部分爬行动物都是卵生（产卵），不过很多蛇和蜥蜴却是卵胎生（产下有生命的后代）。

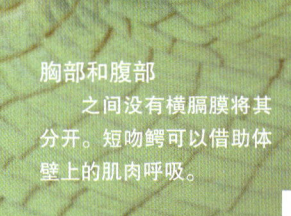

**美洲短吻鳄**
*Alligator missis-sippiensis*

## 有鳞目

在现存的爬行动物中，有鳞目爬行动物最多，有6 000多种。大部分有鳞目动物的身体上都覆盖着角质鳞片。蚓蜥、蜥蜴和蛇属于有鳞目。有鳞目还包括一些已灭绝的爬行动物，比如蟒形类动物，这种动物的身体像蛇，脚像蜥蜴。

**现存的蛇约有 2 900 种。**

**冷血动物** 爬行动物的体温取决于外部环境，它们自身无法调节体温。因此，它们在温度高时更活跃。

**皮肤** 皮肤干燥、厚实且防水，这样的身体可以避免在炎热干旱的环境中脱水。

红尾蚺
*Boa constrictor*

它们利用各种外部热源（比如接受阳光照射，或者利用被太阳烤热的石头、树干和地面等）来调节体温。

玫瑰沙蚺
*Charina trivirgata*

**舌头** 相对较大，可以伸出口外，舌尖有分叉，舌头上有味觉器官。

## 龟鳖目

在三叠纪时期，龟鳖目动物开始从其他爬行动物中分化出来。如今的龟鳖目包括海龟和陆龟。龟鳖目动物十分独特。它们身上有壳，壳由背甲和腹甲构成。壳是龟鳖目动物重要的身体部分，胸椎和肋骨都是壳的一部分。壳十分坚硬，龟在呼吸时无法扩张胸部，因此它们的腹肌和胸肌能起到横膈膜的作用。

赫曼陆龟
*Testudo hermanni*

**现存的龟约有 300 种。**

**肺** 龟的肋骨和壳愈合在一起，所以龟无法活动肋骨进行呼吸。它们利用四肢上部肌肉产生吸气动作把空气吸入体内。

**骨骼** 几乎完全骨质化（即无软骨性）。

中美洲河龟
*Dermatemys mawii*

# 内脏器官

爬行动物的身体结构使它们能够在陆地上生活。它们的皮肤干燥、呈鳞状，它们能够排出尿酸（而非尿素），从而最大程度降低水分流失。心脏通过双回路传送血液。鳄鱼是最早拥有四腔室心脏的脊椎动物；其他所有爬行动物的心室都没有完全分离。鳄鱼的肺比两栖动物的肺更加发达，可以交换更多的气体，从而提高心脏效率。

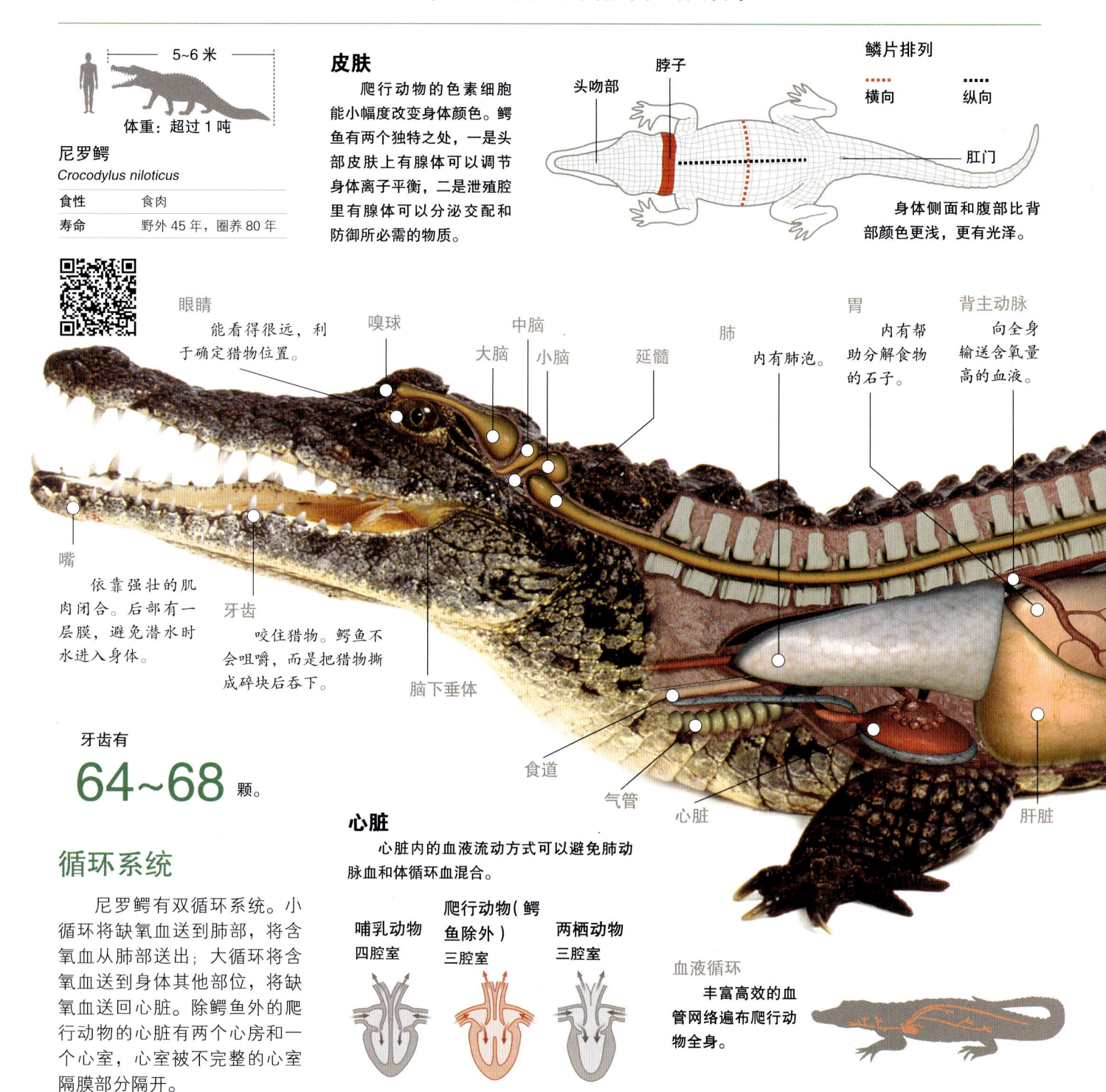

**尼罗鳄**
*Crocodylus niloticus*

| 食性 | 食肉 |
|---|---|
| 寿命 | 野外 45 年，圈养 80 年 |

体重：超过 1 吨
5~6 米

## 皮肤

爬行动物的色素细胞能小幅度改变身体颜色。鳄鱼有两个独特之处，一是头部皮肤上有腺体可以调节身体离子平衡，二是泄殖腔里有腺体可以分泌交配和防御所必需的物质。

**鳞片排列**
- 横向
- 纵向

头吻部、脖子、肛门

身体侧面和腹部比背部颜色更浅，更有光泽。

**眼睛** 能看得很远，利于确定猎物位置。

**嗅球** **大脑** **中脑** **小脑** **延髓**

**肺** 内有肺泡。

**胃** 内有帮助分解食物的石子。

**背主动脉** 向全身输送含氧量高的血液。

**嘴** 依靠强壮的肌肉闭合。后部有一层膜，避免潜水时水进入身体。

**牙齿** 咬住猎物。鳄鱼不会咀嚼，而是把猎物撕成碎块后吞下。

**脑下垂体**

**食道** **气管** **心脏** **肝脏**

牙齿有 **64~68** 颗。

## 循环系统

尼罗鳄有双循环系统。小循环将缺氧血送到肺部，将含氧血从肺部送出；大循环将含氧血送到身体其他部位，将缺氧血送回心脏。除鳄鱼外的爬行动物的心脏有两个心房和一个心室，心室被不完整的心室隔膜部分隔开。

## 心脏

心脏内的血液流动方式可以避免肺动脉血和体循环血混合。

| 哺乳动物 | 爬行动物（鳄鱼除外） | 两栖动物 |
|---|---|---|
| 四腔室 | 三腔室 | 三腔室 |

**血液循环** 丰富高效的血管网络遍布爬行动物全身。

## 关于皮肤

蛇没有四肢，它们利用移动过程中产生的摩擦蜕皮，而其他爬行动物必须把皮撕成碎片才能蜕皮。爬行动物会定期蜕皮，即便是在生命中的最后几年也是如此。

**珊瑚蛇**
*Micrurus altirostris*
鳞片光滑、色彩鲜艳。

珊瑚蛇一生蜕皮 **100** 次。

**新皮肤** 光滑鲜艳。

**旧皮肤** 非常脆弱，容易撕开。

载黑素细胞
皮内成骨
灵活的关节

**鳞片生长**

表皮层
真皮层

1. 表皮层下有真皮层。
2. 真皮细胞生长时发生分化。
3. 表皮层分泌大量角蛋白。
4. 新的鳞片相互重叠，并覆盖在皮肤表面。

---

脾

睾丸 — 小叶状，其管道连接泄殖腔。

肾脏 — 后肾。输尿管连接泄殖腔。

双尾棘突

泄殖腔 — 排泄通道、生殖通道以及消化通道共用。

单尾棘突

小肠

结肠

## 呼吸系统

鳄鱼完全用肺呼吸。大部分爬行动物有一对肺，但蛇是例外，蛇只有一个肺。体壁肌肉产生压力差，使空气从鼻腔通过气道循环进入肺泡。

**呼吸**

1. **呼气** — 内脏受到挤压，进而压缩肺部，呼出空气。

   腹部肌肉
   肝脏挤压肺部。
   呼出空气。

2. **吸气** — 骨盆向下转动，腹部扩张，肺部在肌肉的作用下扩张，吸入空气。

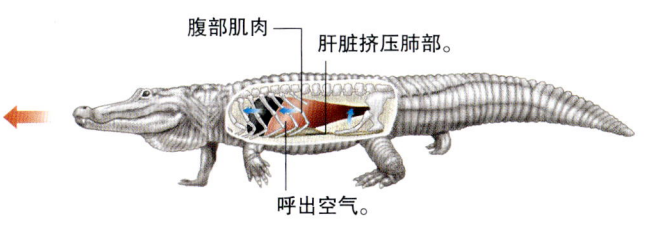

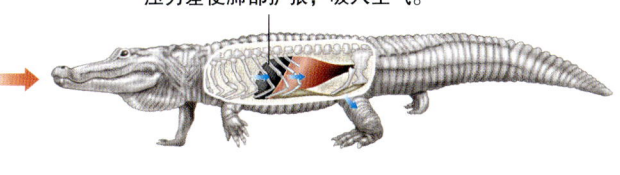

   压力差使肺部扩张，吸入空气。

# 菜单

爬行动物基本都是食肉动物，但也有一些例外。蜥蜴通常吃昆虫；蛇通常以小型脊椎动物为食（比如鸟、鱼、小型哺乳动物和两栖动物，甚至是其他爬行动物）。对于很多爬行动物来说，鸟卵和其他爬行动物的卵就是美餐。锦龟属于杂食动物，既吃肉，也吃植物。爬行动物和其他动物属于更大的食物链的一部分。一些动物吃其他动物，这有助于保持生态平衡。

## 植食性动物

爬行动物一般不食草，不过也有一些爬行动物只吃植物。如海鬣蜥，它们只吃岩石下或者海床上的海藻。

**绿鬣蜥**
*Iguana iguana*

又名普通鬣蜥，是为数不多的植食性爬行动物之一，以绿叶和水果为食。

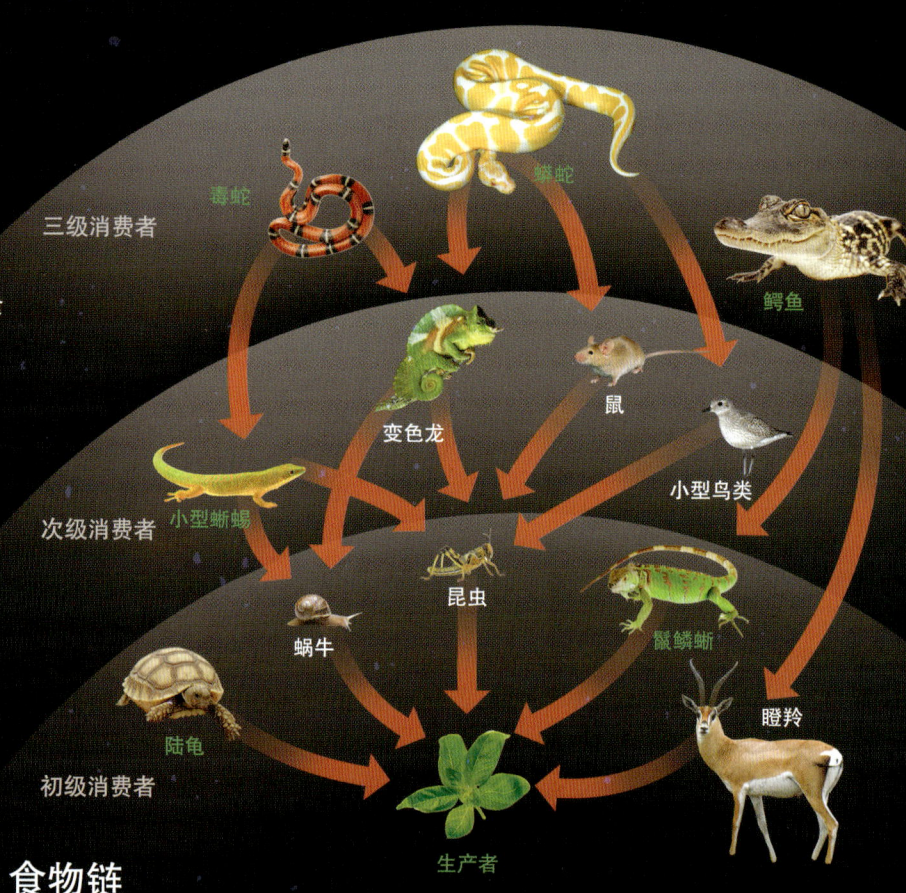

## 食物链

植物通过光合作用将无机物转化为有机物，因此，只有植物是食物链中真正的"生产者"。食草动物以植物为食，是初级消费者。以食草动物为食的动物是次级消费者，以其他食肉动物为食的动物（包括一些爬行动物）是食物链中的三级消费者。

# 新陈代谢

蛇吞下整个猎物后，需要消化好几周，有时甚至好几个月。它们的胃液甚至能够消化掉猎物的骨骼。

## 蛇

嘴部和部分消化道可以扩张，将猎物整个吞下。蛇的牙齿不是为了咀嚼，而是为了捕猎、施毒和控制猎物。

**X 射线图像**
吞下了整只青蛙的蛇。

## 肉食性动物

食肉的爬行动物反应灵敏，嘴里有用来润滑猎物的黏液腺，它们还有强大的免疫系统和带有嗅神经末梢的舌头。

### 鳄鱼

鳄鱼以无脊椎动物和其他脊椎动物为食。年幼的鳄鱼主要以陆生和水生无脊椎动物为食，而成年鳄鱼主要以鱼类为食。

木雕水龟
*Glyptemys insculpta*

## 杂食性动物

龟虽然行动迟缓，但除了植物外，它们还以软体动物、蠕虫、行动缓慢的昆虫幼虫等动物为食。身长超过 2 米的大西洋蠵龟以海绵动物、软体动物、甲壳类动物、鱼类和海藻为食。

睫角棕榈蝮
*Bothriechis schlegelii*

# 繁殖

大部分爬行动物都是卵生。一些物种会产很多卵，它们通常把卵产在较为安全的巢穴中，或者埋在泥土或沙土里，让卵自行孵化。海龟（特别是绿甲海龟）会把卵产在沙滩上，这就要靠路过的其他动物口下留情了。其他雌性爬行动物则会拼尽全力保护自己的后代，它们会一直待在巢穴周围，吓退潜在的捕食者。

**亚马孙森蚺**
*Eunectes murinus*
亚马孙森蚺一次可产下 50 多个幼崽，幼蛇出生时体长就接近 1 米。

## 卵壳

爬行动物的后代在羊膜里生长发育。羊膜是卵中一个充满液体的囊。大部分爬行动物的卵外壳柔软且富有弹性，不过也有一些爬行动物的卵是硬壳。胚胎通过壳吸收成长需要的氧气和水分，卵黄为胚胎提供养分。

## 卵生

即通过产卵繁殖后代，后代在破壳前就已发育完全。一些爬行动物产卵后会让卵自行孵化，另一些则会拼尽全力保护它们的幼崽（比如鳄鱼）。

**雌性爬行动物生殖系统**

有两个卵巢，内有卵子，卵子由两根输卵管进入泄殖腔。受精过程发生在输卵管的前端。

- 卵巢
- 输卵管
- 肾
- 壳
- 白蛋白
- 泄殖腔

### ① 生长

母亲会把卵埋起来，这时胚胎开始发育。卵为胚胎提供了必要的氧气和食物。

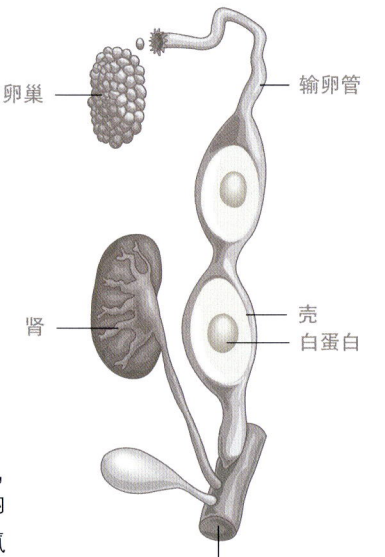

### ② 破裂

幼崽在狭窄的卵中活动，向卵壳施加压力，让壳从内部裂开。

**豹纹陆龟**

- **壳**
  空气能穿过壳进入卵中，供胚胎呼吸。
- **胚胎**
  须避免胚胎变干，使胚胎在无水的环境下也能生存。
- **卵黄囊**
  包裹胚胎并储存食物，为后代降生做准备。
- **尿囊**
  胚胎肠的延伸。

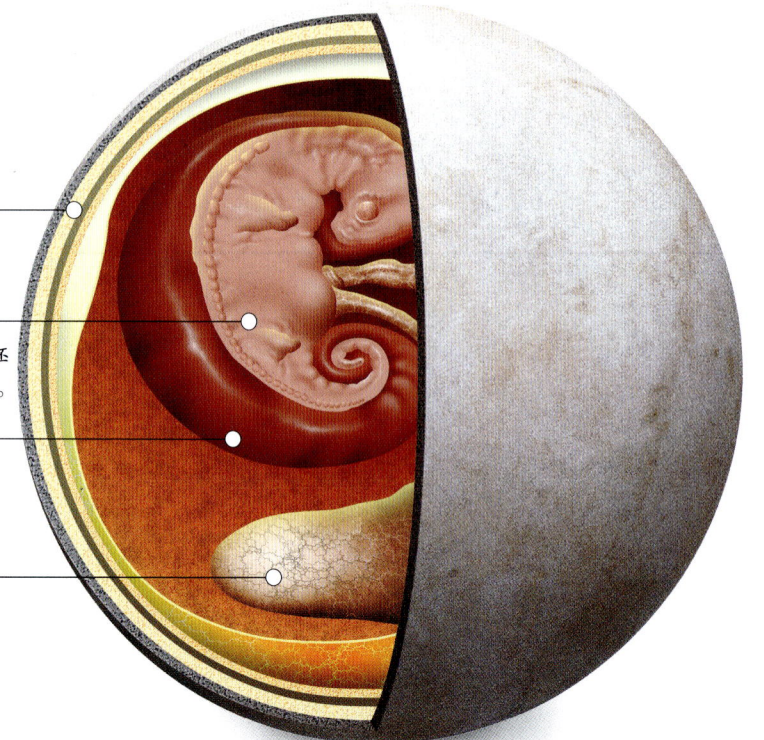

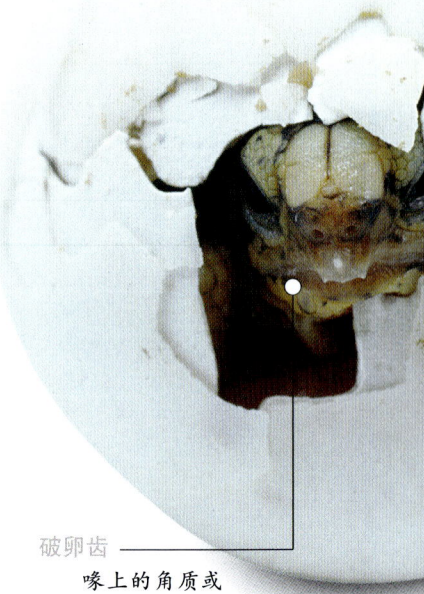

**破卵齿**
喙上的角质或角状凸起，在孵化时用于破壳。

## ❸ 孵化

小龟已经准备好从壳里出来了，它开始用身体把壳挤碎。

## 卵胎生

受精卵留在母亲体内，并在母体内完成孵化。这样出生的幼崽是成年动物的缩小版。它们一出生就能独立生活，无须父母照顾。

豹纹陆龟的孵化时间为

# 145~160 天。

## ❹ 出壳

小龟可能要花上一整天的时间才能从壳里出来，它的肚脐上挂着一个小囊。这个小囊就是在胚胎发育期间为其提供养分的卵黄囊。

- 喙 — 最先出壳的部分。
- 背甲 — 背甲的生长致使卵壳破裂。
- 足 — 刚出生的爬行动物已经可以行走了。
- 甲壳 — 出生时甲壳已经完全成形。

**豹纹陆龟**
*Geochelone pardalis*

| 栖息地 | 非洲 |
| --- | --- |
| 饮食 | 食草动物 |
| 体型 | 60~65 厘米 |
| 体重 | 约 35 千克 |

**矛头蝮**
*Bothrops atrox*

一次可产多达 80 条小蛇，每条小蛇长约 34 厘米。

## 卵壳的坚硬度

卵壳有软有硬，蜥蜴和蛇的卵一般是软的，乌龟和鳄鱼的卵一般是硬的。

硬壳　　软壳

## 胎生

大部分哺乳动物胚胎的整个发育过程都在母亲体内进行，胚胎通过与母体组织紧密相连来获得养分。

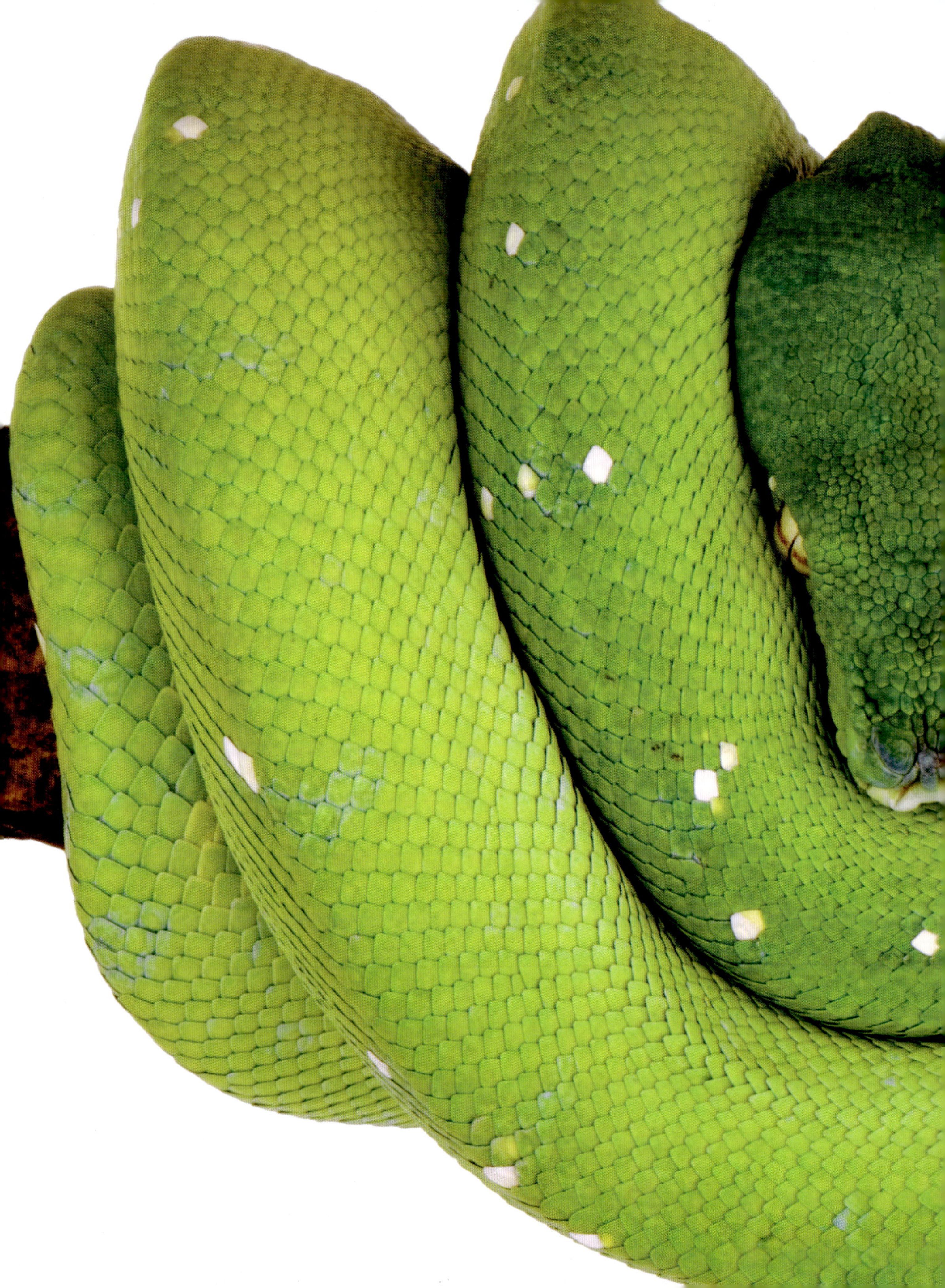

# 蜥蜴、鳄鱼、龟与蛇

　　这一单元将带你探索蜥蜴、鳄鱼、龟与蛇的奇妙世界。你将会了解到它们的身体结构、生活环境、捕猎过程。你知道吗？蜥蜴是当今世界上种类最多的爬行动物。这一单元还将为你揭开龟的骨骼和龟甲的有趣秘密（比如会游泳的龟的龟甲呈流线型，便于在水中滑行）。人们可能觉得龟性情温顺，但其实很多龟都是凶猛的捕食者，它们以小型无脊椎动物、鱼类，甚至更大的动物为食。你还能知道为什么有的蛇只吃蛋，而有的大蟒（最原始的蛇）必须缠住猎物使其窒息。

**蜥蜴 130**　　　　**内部结构 140**
**科莫多巨蜥 132**　**致命拥抱 142**
**变色 134**　　　　**特别的嘴 144**
**八面威风 136**　　**眼镜蛇 146**
**沉着镇定 138**

**绿树蟒**
　　在树上生活的绿树蟒通常盘绕在树枝上，垂头等待猎物，随时准备攻击。它们以小型哺乳动物和鸟类为食。

# 蜥蜴

蜥蜴是爬行动物中种类最多的类群。它们能在各种各样的环境中生活，但极端寒冷的地方除外，因为它们不能自己调节体温。它们有的生活在地上，有的生活在地下，有的生活在树上，有的甚至生活在半水生环境中。它们可以行走、攀爬、挖洞、奔跑，甚至滑翔。蜥蜴往往长有形状奇特的头、可以活动的眼睑、坚硬的下颌，以及4只长有5个脚趾的脚，它们长长的身体上还覆有鳞片，尾巴也很长。一些蜥蜴类在危险时甚至可以断尾逃生。

**残趾虎**
*Phelsuma sp.*

**有黏性的脚趾**

**逃生手段**
残趾虎的每块脊椎之间都有一个破裂面，使尾巴可以脱离身体。

**自行断尾**
有的壁虎一生中可以断尾好几次。它们为了能够在遇到危险时顺利逃跑，会自行断尾，尾巴以后还能再长出来。

## 变色龙

变色龙主要生活在非洲的东南部和马达加斯加岛。它们生活在森林里，靠卷尾和脚趾爬树。变色龙最出名的技能是根据环境改变自身颜色，这在遇到危险或是求偶时都非常有用。

## 伪装

伪装是一种适应性优势，一些动物通过融入周围的环境，来避免被捕猎者或猎物发现。

**米勒变色龙**
*Chamaeleo melleri*

**视力绝佳的双眼**

**皮肤**
有很多含有色素的细胞。

**尾巴**
必要时可卷起来。

**能抓握的脚趾**
可以环抱并紧紧抓住树枝。

## 壁虎与石龙子

都是生活在温暖地区、形似蜥蜴的壁虎科动物。它们的四肢非常短小，还有一些壁虎甚至没有四肢，它们的身上还覆有一层光滑的鳞。

**爪**

目前，世界上存在的蜥蜴有 **4 765** 种。

## 毒蜥属

毒蜥属只有两个物种，生活在美国和墨西哥。毒蜥属动物以无脊椎动物和小型脊椎动物为食。它们体型很大，皮肤上布满小疙瘩。毒蜥属是唯一有毒的蜥蜴，它们的毒液对人类也会造成致命伤害。

**颜色**
警惕有毒。

**希拉毒蜥**
*Heloderma suspectum*

**鼻孔**

**长有眼睑的眼睛**

**耳**

**嘴**

**冠脊**
从头部延伸到尾部。

**皮肤**
覆盖着粗糙角质（或角状）层的鳞。

**鼓膜下盾**

**肥大的尾巴**
储存脂肪，以备之后使用。

**冠脊**

**垂皮**
雄性的垂皮大且丰满。

**有爪的脚**
可以行走、攀爬和挖洞。

## 体温

蜥蜴生活在能够维持自身体温的环境中，比如森林或沙漠。

**日光浴**
早上 6:00
蜥蜴躺在阳光下吸收热量。

**活跃**
上午 10:00
蜥蜴开始每天的活动。

**乘凉**
中午 12:00
太阳最毒的时候，蜥蜴会待在阴凉处，躲避炎热。

**继续晒太阳**
晚上 6:00
蜥蜴回到阳光下，抬起身体，以便吸收来自岩石的热辐射。

## 鬣蜥

鬣蜥是美洲大陆最大的爬行动物种群，是植食性动物，生活在美洲的热带地区（包括墨西哥的森林）。它们的身体结构非常复杂，能在繁殖期改变身体颜色。

# 科莫多巨蜥

科莫多巨蜥是世界上最大的蜥蜴,是巨蜥的近亲,体长可达3米,体重约150千克。这种濒危蜥蜴仅存于印度尼西亚的一些岛屿上。它们是肉食性动物,以极为凶残地攻击猎物而闻名。它们的唾液中充满了细菌,猎物被咬到就会死亡。它们能感知到附近几千米内的其他同类。

**印度尼西亚**
- 班塔岛
- 松巴哇岛
- 科莫多国家公园
- 帕达尔岛
- 弗洛勒斯岛
- 科莫多岛
- 林卡岛
- 科德岛
- 芒通岛

**科莫多巨蜥**
*Varanus komodoensis*

| 栖息地 | 约2 300平方千米 |
| --- | --- |
| 数量 | 不到5 000只 |

**粗糙的皮肤**
覆有黑色、棕色及深灰色的鳞片。

**爪**
5个爪子非常锋利,用于抓住奄奄一息的猎物。

**体型和体重**
雄性体长可超过3米。雌性体长稍小些。

- 体重约150千克 — 约3米 — 科莫多巨蜥
- 体重约10千克 — 约1米 — 绿鬣蜥
- 体重约80千克 — 约1.8米 — 人类

**胃**
和大部分爬行动物一样,科莫多巨蜥的胃可以大幅度扩张。它们一顿可以吞下相当于自身体重70%的食物。

生活在印度尼西亚的 6 个小岛（包括科莫多岛）上的巨蜥有

**5 000** 只。

### 捕猎

**1** 寻
科莫多巨蜥会用分叉的舌头搜寻食物。追逐猎物的速度可以达到 18 千米/时。

**嗅觉**
科莫多巨蜥嗅觉灵敏，可以闻到 5 千米内的腐肉的味道。

**唾液**
内有对猎物有害的细菌。科莫多巨蜥的血液中有抗菌物质，可以保护自身不受细菌感染。

**舌**
舌尖分叉，有味觉、嗅觉和触觉，可以感知空气中的多种分子，有助于察觉猎物。

### 致命的唾液

科莫多巨蜥的唾液中满是细菌，这种细菌能引起败血症，从而快速杀死猎物。巨蜥要想杀死猎物，只需咬它一口就行。巨蜥的唾液中有 60 种细菌，其中 54 种（包括最致命的多杀巴斯德氏菌、链球菌、葡萄球菌、绿脓杆菌和克雷白氏杆菌）会导致感染。这些细菌能使死去的动物腐化。多种细菌结合在一起，就是致命的武器。

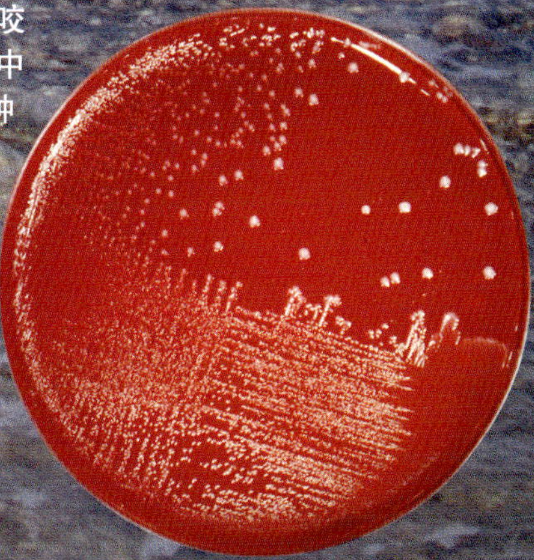

### 漫长的捕猎

科莫多巨蜥嗅觉灵敏，可以察觉到附近 3 千米内的其他动物。它们可以用分叉的舌头感知空气中的分子，跟踪猎物。口中的犁鼻器可以快速确定猎物的位置，使它们追逐过程中不至于消耗太多能量。

**2** 咬
巨蜥会跟着气味找到猎物，将猎物咬伤杀死。巨蜥最喜欢的猎物是鹿和野猪。

**3** 食
巨蜥的下颌和头骨非常灵活，因此进食速度很快。它们能将猎物连皮带骨地消化掉。

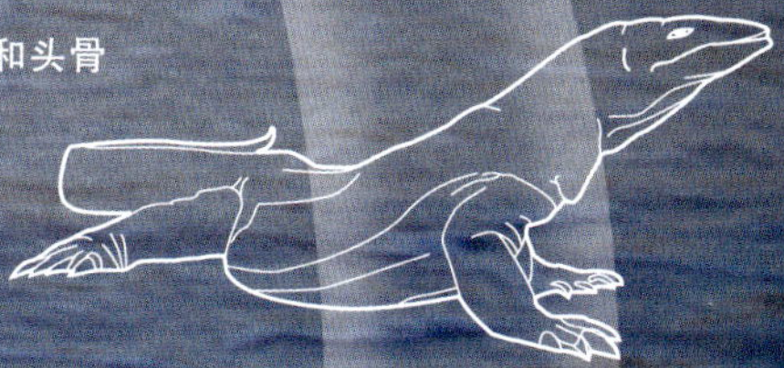

**4** 争
其他巨蜥闻到味道后会聚拢过来。体型最大的巨蜥能够享用猎物身上最好的部分。年轻巨蜥只能敬而远之，因为成年巨蜥可能会吃掉同类。

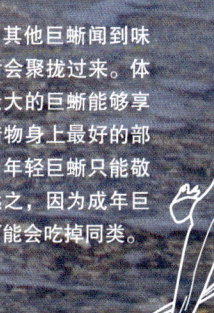

**多杀巴斯德氏菌**
能引起哺乳动物和禽类胃肠道感染和呼吸道感染

# 变色

变色龙最著名的技能就是能够随环境改变自身颜色。它们的舌头可以在瞬间伸出很远。大部分变色龙生活在非洲。它们可卷曲的尾巴和脚趾使它们成为优秀的攀爬者。变色龙还有一个非常有用的技能:两只眼睛都能独立转动,它们的视野有360度。变色龙身体扁平,能在树叶间保持平衡,更好地隐藏自己。

**卷曲缠绕的尾巴**
它们可以不用脚,用长而卷曲的尾巴就能抓住树枝。

**骨** 为伸出的舌头提供支撑。

**可伸长的舌**
变色龙的舌又长又轻,并且有黏性、能伸展。它们可以将舌像子弹一样弹射出去,捕捉猎物。

**1 收缩**
舌头和加速肌之间的胶原蛋白片被压缩成螺旋状,以储存能量,让舌头可以向外弹出。

舌头伸出时的长度能达到卷曲时的

# 6 倍。

## 如何改变颜色

人们普遍认为变色是它们为了适应环境而进化出的能力。可事实并非完全如此,变色其实和光线、温度变化、求偶以及遇见捕猎者都有关。变色由皮肤色素细胞中的激素活动引起。每一层真皮层中都有这种特别的色素细胞,它们会对周围环境的变化作出反应并改变颜色,以迷惑对方。

**A** 上层色素细胞感知到黄色时,鸟粪素细胞(白色素细胞)发出的蓝光会变成绿色。

**色素细胞**

入射光线　反射光线

色素细胞
鸟粪素细胞
载黑素细胞

## 豹变色龙
*Furcifer pardalis*

| | |
|---|---|
| 范围 | 马达加斯加岛 |
| 栖息地 | 沿海地区 |
| 生活习性 | 昼行性 |

35~50 厘米

## 食性

变色龙是昼行性动物，习惯等待猎物自投罗网。它们吃小型无脊椎动物，最喜欢吃的昆虫是蟋蟀、蛆、蟑螂和飞蛾，也吃燕雀和老鼠。

**舌** 覆盖有胶原组织。

**舌尖** 舌尖展开，用有黏性的表面粘住猎物。

### 2 弹出
加速肌压缩储存能量的胶原组织将舌头朝着目标弹射出去。

### 3 收回
弹性组织再次收缩，舌头卷起，将粘在舌头上的猎物带回。

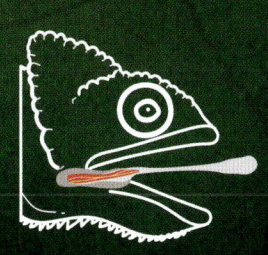

**B** 载黑素细胞中有黑色素，可以调节光亮改变反射光的亮度，从而改变光线的颜色。

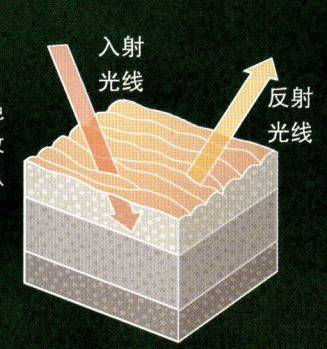

入射光线 / 反射光线

### 脚
脚趾分为两个部分，两根脚趾朝外，三根脚趾朝内。

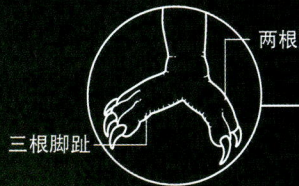

两根脚趾 — 三根脚趾

# 八面威风

鳄鱼（包括恒河鳄、短吻鳄和凯门鳄）是非常古老的动物。鳄鱼和恐龙属于同类爬行动物，在过去的 6 500 万年中几乎没有变化。鳄鱼可以在晒太阳或者在水中休息时一动不动地待很久。它们也会游泳和跳跃，甚至通过快跑来发起猛烈精准的攻击。虽然鳄鱼十分凶猛，但雌性鳄鱼对其幼崽照料的精心程度是其他所有爬行动物无法企及的。

**恒河鳄**
*Gavialis gangeticus*

| 栖息地 | 淡水 |
| --- | --- |
| 种类数量 | 1 种 |
| 危险程度 | 无害 |

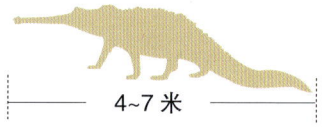

4~7 米

**恒河鳄**
吻部长而窄，前牙很长。

**凯门鳄**
吻部呈 V 形，比短吻鳄窄。

**短吻鳄**
吻部呈 U 形，又宽又短。

## 恒河鳄

恒河鳄常将细长的吻部露出水面。它们的牙齿小而锋利，相互交错，向外弯曲，这样的牙齿非常适合捕捉身体滑腻的鱼。成年雄性恒河鳄能用呼出的气体撞击鼻子上的凸起而发出巨大的嗡嗡声，以赶走对手。

下颌 — 嘴部合上时下齿就会被隐藏起来。

鳞 — 尾部鳞片扁平。

牙齿 — 前牙最长。

吻 — 吻部又长又窄。

**1** 鳄鱼用四肢向前移动。
前肢先动。

**2** 四肢悬空。
然后后肢向后蹬。

**3** 如此循环。
尾巴抬起，起到制动器的作用。

鳄鱼全速奔跑的速度可达

# 15 千米/时。

爪

鳞

关节

短吻鳄
Alligatoridae

| 栖息地 | 淡水 |
| --- | --- |
| 种类数量 | 8种 |
| 食物 | 昆虫、哺乳动物、鸟类 |

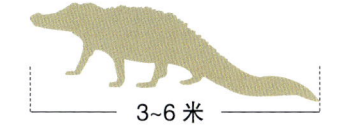

3~6米

## 短吻鳄和凯门鳄

短吻鳄和凯门鳄几乎只在淡水中生活。它们把草、泥土和树叶堆积起来筑巢，然后在巢里产下硬壳卵。雌性通常留在巢穴附近，避免卵被偷走。短吻鳄虽然看起来比较笨拙，但它们的爪子很灵活。雌性常把卵含在嘴里来促进卵的孵化，它们会用舌头将卵抵在上颌来回滚动，直到卵裂开。

## 如何移动

鳄鱼虽然比较喜欢游泳和缓慢爬行，但如果遇到危险，它们也能跑一小段距离。鳄鱼奔跑时会将腹部支到膝盖以上，然后将膝盖和肘部轻微弯曲，速度可以达到15千米/时，在泥地上滑行的速度甚至更快。

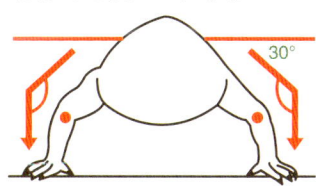

**姿势**
半蹲，膝盖和肘部微微弯曲。

**游泳**
尾巴摆动产生的动力让它们可以在水中灵活移动。

牙齿
64~68颗。在嘴巴闭合时也依然可见下颌第四颗牙齿。

## 鳄鱼

鳄鱼有四只脚，这点和蜥蜴相同。不过鳄鱼通常更大，更凶猛。背部有脊柱状或齿状的骨板。鳄鱼可以长时间待在水里，在水下吞咽也不会溺水。它们在沙滩上的洞里筑巢。生活在澳大利亚北部热带地区的澳洲淡水鳄，可以四脚腾空地飞奔进入水中。

# 沉着镇定

自距今大约 2.3 亿年前在地球上出现以来，龟至今几乎没有什么变化。龟可以生活在陆地上、淡水里和咸水里。不过，所有的龟都需要热量才能生存，并且都在陆地上产卵。水栖龟几乎都是肉食性动物，一些陆栖龟则是植食性动物。龟甲是龟最明显的特征，它将身体柔软的部分包裹保护起来，还能帮助它们伪装自己，以免受捕猎者的伤害。

## 淡水龟

多数种类的龟在淡水中生活。淡水龟擅长游泳，从爪子和龟甲就可以分辨出淡水龟，爪子部分或全部长有蹼，龟甲比陆栖龟的平。一些淡水龟非常适应陆地生活。它们通常偏爱植被丰富、气候温暖的地方，一般在亚热带的沼泽和河流附近生活。龟的种类不同，龟甲也有所不同。比如北美箱龟的龟甲可以完全闭合。

**中华鳖**
*Trionyx sinensis*
生活在沼泽和溪流中，以鱼类和软体动物为食。

**龟甲**
又软又薄。

现存的龟有
## 300~350 种。

**头**
头上有一个尖尖的鼻子。

**颈**
颈比其他龟更长。

**龟甲的类型**
与其栖息地有关。

流线型
棱皮龟

扁平形
红耳龟

锯齿形
真鳄龟

## 海龟

海龟的数量最少，生活在暖洋中，擅长游泳，长有鳍肢，而不是脚。前鳍肢向前移动身体，后鳍肢起到舵的作用。海龟的龟甲较平，呈流线型。它们有两套呼吸系统，最多能在水里待两个小时。

**玳瑁**
*Eretmochelys imbricata*
海龟通常又重又大。成年玳瑁的体重可达34~127千克。

**龟甲**
小而平，和骨架连接在一起。

## 躲避危险

很多科学家认为，包括恐龙在内的很多其他爬行动物灭绝的时候，龟靠龟甲存活了下来。龟甲包括一个拱形的背甲和一个扁平的腹甲，由前腿和后腿之间的骨桥连接。龟甲的外层由皮肤和角质板构成，内层由骨骼构成。龟缩头的方式各不相同，取决于它们的脖子是笔直的还是侧弯的。陆栖龟可以把四肢和头都缩进龟甲里，把整个身体保护起来；而海龟的骨架则和龟甲完全融合在一起。

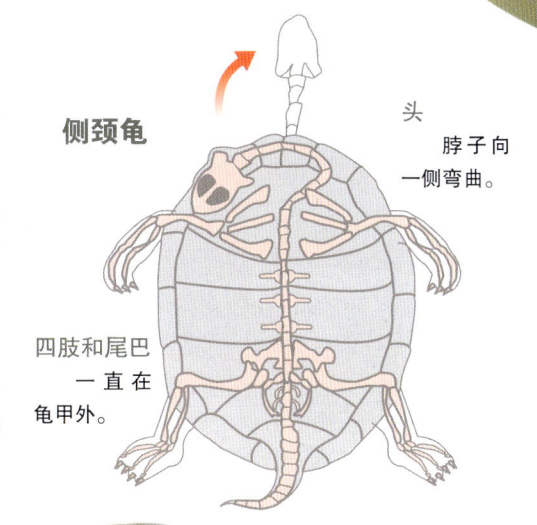

**侧颈龟**
头 脖子向一侧弯曲。
四肢和尾巴 一直在龟甲外。

**直颈龟**
头 这类龟能够通过一种垂直下摆机制将头缩回龟甲内。
四肢和尾巴 向上折叠收入龟甲中。

### 龟的年龄
龟背部的角质板每年都会生长，通过角质板的数量可以计算乌龟的年龄。

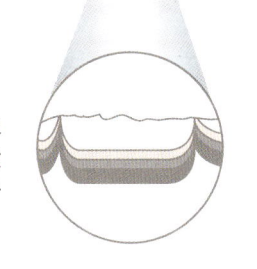

**龟甲**
由盾牌状的板组成。

**赫曼陆龟**
*Testudo hermanni*

**腹甲**
身体下方的壳。

## 在坚硬的地面上

陆龟腿上大片的鳞片将腿部很好地保护起来。陆龟的龟甲拱起得最高。很多陆龟的前腿进化得适合挖洞，它们会把洞当作躲避恶劣天气和其他掠食者的避难所。哥法地鼠龟能挖出10米深的隧道。

# 内部结构

蛇属于爬行动物，身体较长，身披鳞片，没有四肢。一些蛇有毒，另一些蛇则无毒。和所有爬行动物一样，蛇有脊柱和由一系列椎骨组成的骨骼，不同蛇的身体特征揭示了它们的栖息地和食性——爬行蛇瘦长，穴居蛇粗短，海蛇长有扁平、可用作鳍的尾巴。

**冷血**
蛇自身无法产生热量，体温会随环境变化而变化。

**心脏**
心室未完全分隔。

**食道**

**肺**

**翡翠树蚺**
*Corallus caninus*

**大肠**

**树枝**
蚺会模仿其缠绕的树枝而改变颜色。

## 原始蛇

蚺和蟒是地球上最早出现的蛇。蚺和蟒虽然无毒，却是体型最大并且最强壮的蛇。它们绝大部分生活在树上，也有一些生活在河里，比如南美洲的水蚺。

**蟒蛇长达 10 米。**

**斑点星蟒**
*Antaresia maculosa*
这种蛇生活在澳大利亚的森林中。

**脊柱**
蛇的脊柱由一系列连接在一起的椎骨及这些椎骨的延伸部分构成，它们可以保护神经和血管。这种结构赋予蛇极大的灵活性。

**椎骨**
- 神经弓
- 椎骨体
- 椎弓突

**浮肋**
可以使蛇的身体变大。

- 椎骨
- 浮肋
- 肋骨的活动范围

**一条蛇的椎骨多达 400 块。**

肝脏
　　较长，和食管平行。

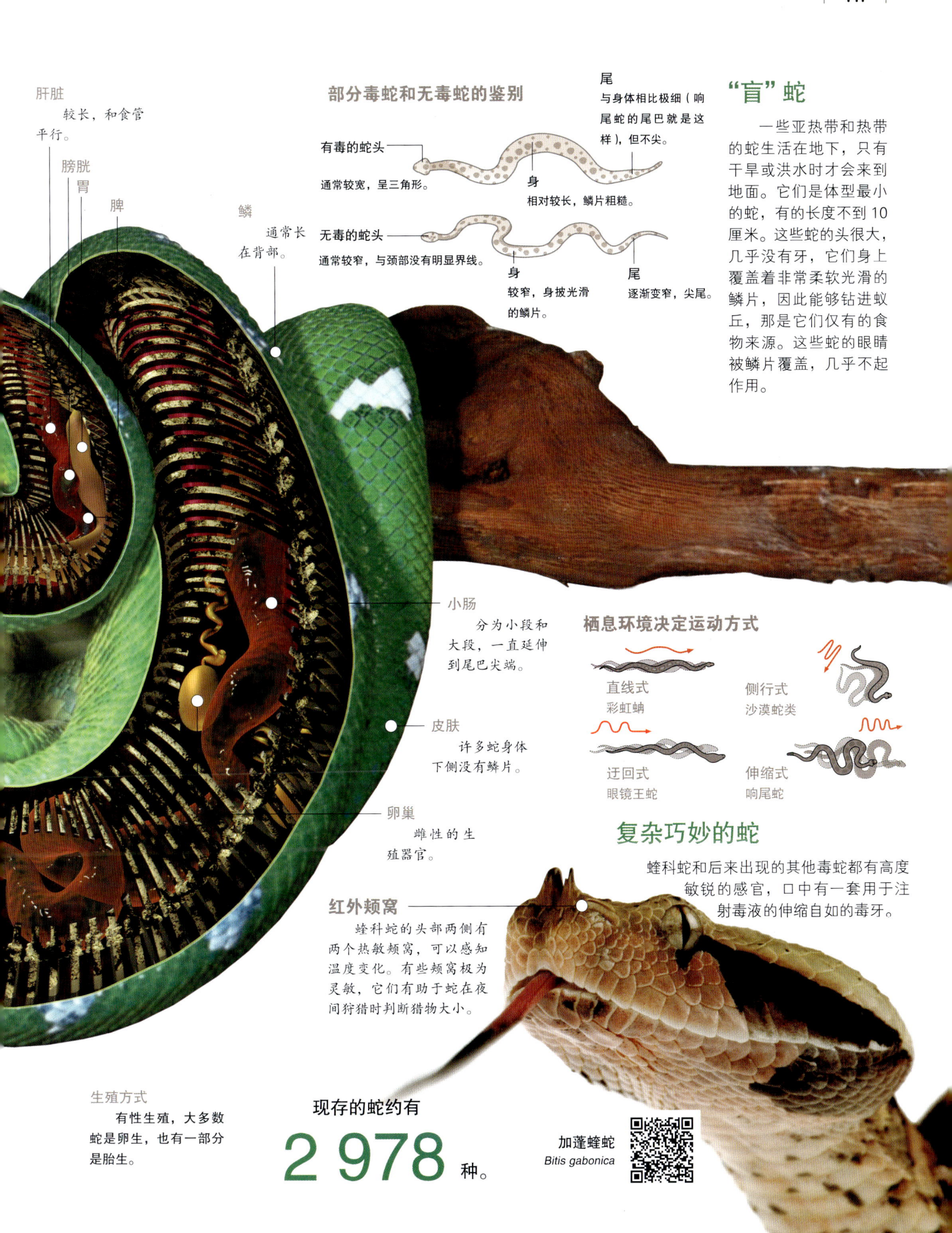

膀胱

胃

脾

鳞
　　通常长在背部。

小肠
　　分为小段和大段，一直延伸到尾巴尖端。

皮肤
　　许多蛇身体下侧没有鳞片。

卵巢
　　雌性的生殖器官。

红外颊窝
　　蝰科蛇的头部两侧有两个热敏颊窝，可以感知温度变化。有些颊窝极为灵敏，它们有助于蛇在夜间狩猎时判断猎物大小。

生殖方式
　　有性生殖，大多数蛇是卵生，也有一部分是胎生。

## 部分毒蛇和无毒蛇的鉴别

有毒的蛇头
　　通常较宽，呈三角形。

身
　　相对较长，鳞片粗糙。

尾
　　与身体相比极细（响尾蛇的尾巴就是这样），但不尖。

无毒的蛇头
　　通常较窄，与颈部没有明显界线。

身
　　较窄，身披光滑的鳞片。

尾
　　逐渐变窄，尖尾。

## 栖息环境决定运动方式

直线式
彩虹蚺

侧行式
沙漠蛇类

迂回式
眼镜王蛇

伸缩式
响尾蛇

## "盲"蛇

　　一些亚热带和热带的蛇生活在地下，只有干旱或洪水时才会来到地面。它们是体型最小的蛇，有的长度不到10厘米。这些蛇的头很大，几乎没有牙，它们身上覆盖着非常柔软光滑的鳞片，因此能够钻进蚁丘，那是它们仅有的食物来源。这些蛇的眼睛被鳞片覆盖，几乎不起作用。

## 复杂巧妙的蛇

　　蝰科蛇和后来出现的其他毒蛇都有高度敏锐的感官，口中有一套用于注射毒液的伸缩自如的毒牙。

现存的蛇约有

# 2 978 种。

加蓬蝰蛇
*Bitis gabonica*

# 致命拥抱

蛇的捕猎方法多种多样。蚺和蟒都是强大的缠绕猎手，它们捕猎时不用毒液，而是通过缠绕猎物使其窒息。虽然蚺和蟒同属蛇类（其中包括世界上最大的蛇——著名的水蚺和网纹蟒），但它们的生殖系统并不相同。蚺和蟒体型庞大，行动缓慢，因此很容易被人为了得到它们的皮和肉的猎人捕杀。

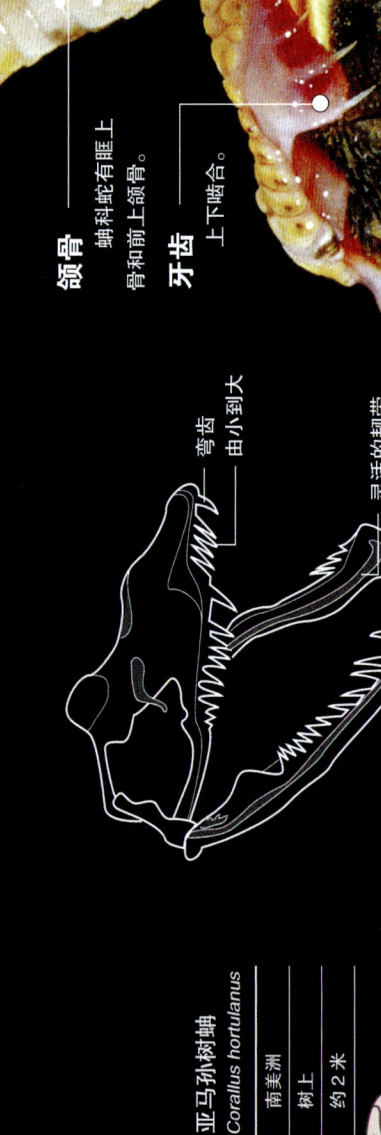

**鳞** 具有热敏性。

**颌骨** 蚺科蛇有眶上骨和前上颌骨。

**牙齿** 上下啮合。

**弯齿** 由小到大

**灵活的韧带**

## 1 牙齿

它们通常会用弯曲的前牙咬住猎物的头，使猎物无法回击，然后缠住猎物并收紧身体，使其窒息而死。

### 树蚺

身长可达2米，生活在树上。树蚺的颜色可以与同围的树叶融为一体，避免被猛禽发现。它会用尾巴紧紧缠住树枝，垂下头，突袭路过的鸟或哺乳动物。

| 分布范围 | 南美洲 |
| --- | --- |
| 栖息地 | 树上 |
| 身长 | 约2米 |

亚马孙树蚺
*Corallus hortulanus*

约2米

## ② 收缩

它们在咬住猎物的头之后，会用整个身体紧紧缠绕猎物。猎物每呼吸一次，缠绕就会更紧一分，直到猎物最后窒息而亡。

轴上肌收缩

放松的轴上肌

脊柱 — 收缩的轴上肌

形成收缩环

## ③ 嘴张到最大

蛇会在猎物死后放松身体，然后进食。它会先将猎物的头吞入口中，然后慢慢松开捆绑猎物身体的其他部分。吞食所需的时间从几分钟到一两个小时不等，主要取决于猎物的大小。

皮肤伸展，鳞片分离。

绿森蚺体长最长可达 **10** 米。

蛇的躯干肌肉能将猎物送入其体内并消化掉。

蚺的繁殖方式为 **卵胎生**。

# 特别的嘴

原始蛇的头骨很重，牙齿很少。而多数蛇的头骨较轻，下颌骨有关节连接。这些关节较松，可以轻易移位，所以蛇能吞下比自己头还大的猎物。牙齿长在上颌，用于注射毒液的尖牙在口腔前部或后部。有的蛇不仅体型大、力量强，而且尖牙还可伸缩，这样，在不使用尖牙的时候嘴可以闭上。

## 颅骨构造

不同种类的蛇的颅骨构造与它们的饮食习惯直接相关。对于毒蛇来说，则与其注射毒液的系统相关。大多数蛇的头骨较小，下颌骨可以沿垂直轨道般的方骨滑动，然后自动分离使蛇能够将嘴巴张得很大。

### ① 蝰蛇科

头骨上有小牙和可伸缩的大尖牙。尖牙很粗，或呈钩状。

**犁鼻器**
犁鼻器赋予蛇极其灵敏的嗅觉。它由上颌的两个空腔组成，蛇"品尝"完外部空气后会将舌头伸入空腔，所以我们看到蛇总是在吐芯子。

杜氏腺
上颌
方骨
融合骨
牵缩肌
毒牙
声门

## 最致命的武器

响尾蛇的毒牙粗长锋利，平时折叠在口腔中。张开嘴咬猎物时，毒牙根部的活动关节会使毒牙直立起来。

**侧视图**
毒液会通过通道直接流入猎物体内。
入口
出口

**横截面**
牙齿内的空腔是毒液的通道。
毒液通道

## 原始蛇

蚺和蟒都属于蛇类，它们既没有尖牙也没有毒液，只有几排向内弯曲的小牙齿，用来咬住猎物并快速吞咽，使猎物无法逃走。而毒蛇几乎不需要担心猎物逃跑，因为它们知道中毒的猎物是跑不了多远的。

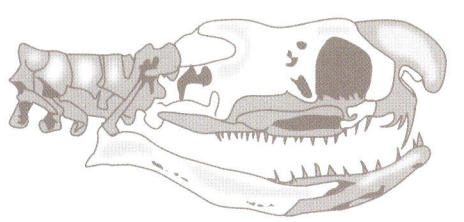

## 注射毒液的尖牙

不同的眼镜蛇排出毒液的方式也不同。开口的角度和方向决定了毒液注入的力度。

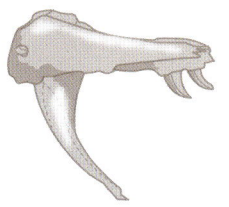

**森林眼镜蛇**
*Naja melanoleuca*
必须咬住猎物才能注入毒液。

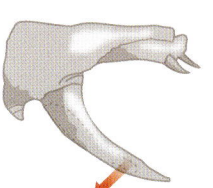

**黑颈眼镜蛇**
*Naja nigricolis*
下颌带刺，但不会喷射毒液。

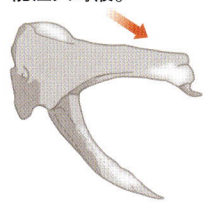

**印度眼镜蛇**
*Naja naja*
典型的眼镜蛇，会在咬住猎物后注入毒液。

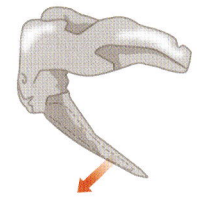

**唾蛇**
*Hemachatus haemachatus*
能远距离喷射毒液。

### ② 游蛇科

头骨前端没有毒牙。一些游蛇无毒，另一些的尖牙上有用于输送毒液的凹槽。

### ③ 眼镜蛇科

头骨上的毒牙位置靠前，但毒牙较小，且只有一个凹槽用于输送毒液，没有管道。

**唾蛇喷出毒液杀死猎物的距离可达**

# 2 米。

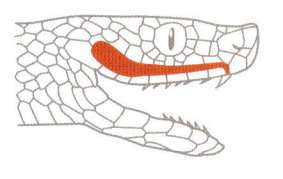

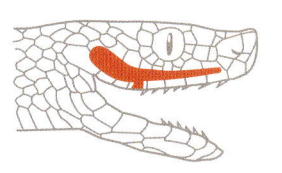

## 毒液系统

由两个达氏腺组成，头骨两侧各一个，达氏腺产生毒液并与毒牙相连。咬合时，肌肉收缩对腺体施加压力并激活毒液注射机制。

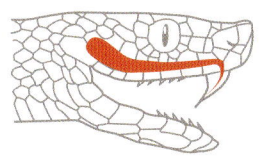

**A 管牙**
中空的毒牙是上颌仅有的牙齿。毒牙长且可以伸缩，能将毒液注入猎物体内。

**B 前沟牙**
颌前部的小毒牙，位置固定，上有一个用于输送毒液的凹槽。

**C 后沟牙**
毒牙在上颌骨后部，没有管道或凹槽。猎物只有被送抵毒牙所在位置，才能将毒液注入其体内。

## 喷射毒液

可以远距离喷射毒液的眼镜蛇有40种。它们如果感受到威胁，就会喷射毒液来自卫。眼镜蛇可以将毒液直接射入敌人的眼睛，对敌人造成严重伤害甚至死亡。毒牙的形状是防御的关键。

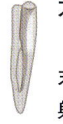

**不喷射状态**
毒液管指向下方，末端有斜边。毒液喷射动力不足。

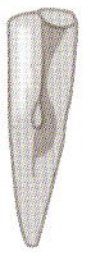

**喷射状态**
管道狭窄，开口朝前，便于更有力地喷出毒液。

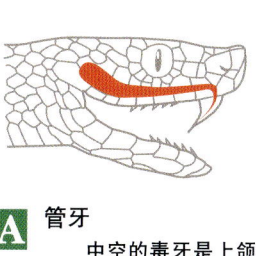

# 眼镜蛇

眼镜蛇是眼镜蛇科中的重要成员，其显著特征是颈部皮褶能够展开。因为耍蛇人多用眼镜蛇，所以它们闻名世界。许多眼镜蛇都有致命的毒液，有的甚至能在几米开外喷射毒液。印度眼镜蛇最广为人知。它们在亚洲广泛分布，直到最近才被确认有十个独立物种。眼镜蛇都是捕猎者，许多眼镜蛇只吃蛇。

**光滑的鳞**
眼镜蛇有光滑的鳞片。

**红射毒眼镜蛇**
*Naja pallida*
40种射毒眼镜蛇中的一种，生活在非洲之角，那里的生物都很害怕这种蛇。红射毒眼镜蛇的颈部下方有一段黑色条纹。

**黑色条纹**
是这种眼镜蛇独有特征。

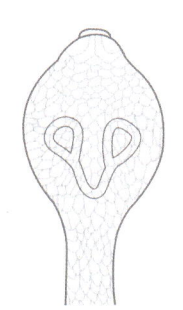

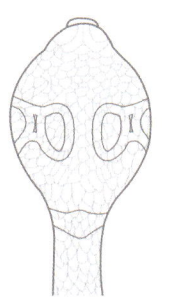

## 眼镜蛇在亚洲的分布示意图

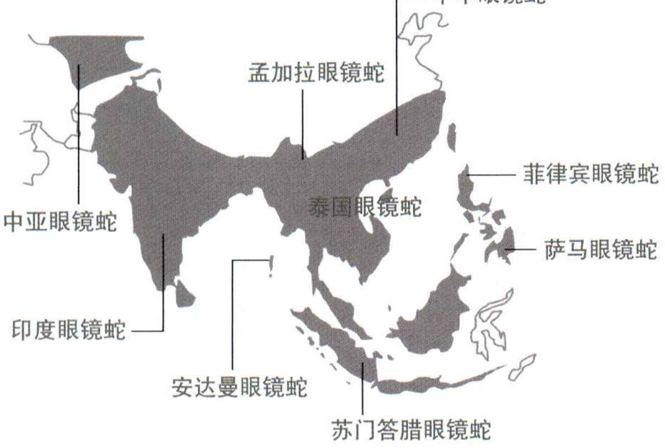

中华眼镜蛇、孟加拉眼镜蛇、菲律宾眼镜蛇、中亚眼镜蛇、泰国眼镜蛇、萨马眼镜蛇、印度眼镜蛇、安达曼眼镜蛇、苏门答腊眼镜蛇

## 如何区分

尽管分布于亚洲的眼镜蛇外观相似，但颜色和鳞片花纹不同。区分它们最简单的方法就是观察其颈部皮褶上的图案（如果你来得及看的话）。

| 印度眼镜蛇 | 中华眼镜蛇 | 安达曼眼镜蛇 | 苏门答腊眼镜蛇 |
|---|---|---|---|
| *Naja naja* | *Naja atra* | *Naja sagittifera* | *Naja sumatrana* |

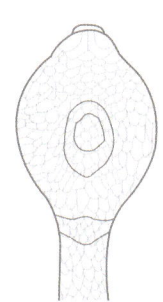

现存的眼镜蛇大约有 **270** 种。

**毒液**
非常致命。能在几分钟内麻痹肌肉，使猎物无法逃脱，最后会死于心脏骤停或窒息。

**印度眼镜蛇**
*Naja naja*
印度次大陆上分布最广的蛇，也是最著名的蛇之一。颈部皮褶上的图案酷似眼镜，所以叫作眼镜蛇。

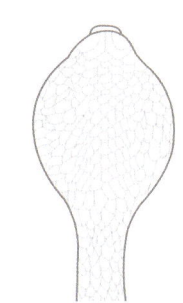

**条纹**
通常在腹部。

## 颈部皮褶

眼镜蛇在感受到威胁或准备发起攻击时，会扩张颈部，展开颈部皮褶，让自己看起来比实际更大。这时肋骨之间的肌肉会使肋骨扩张。这也是眼镜蛇发起攻击前的准备姿态，同时有些眼镜蛇还会发出咝咝声。

**A 皮褶收起**
肋骨在正常位置

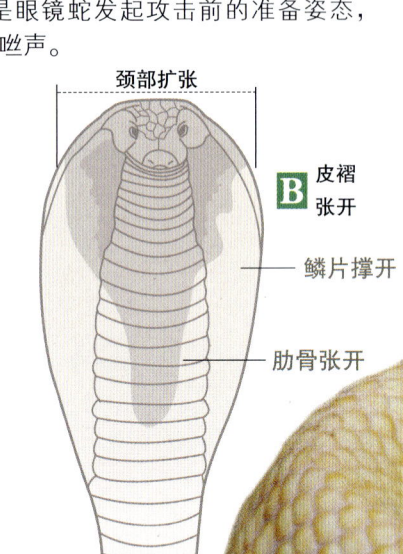

**B 皮褶张开**
颈部扩张
鳞片撑开
肋骨张开

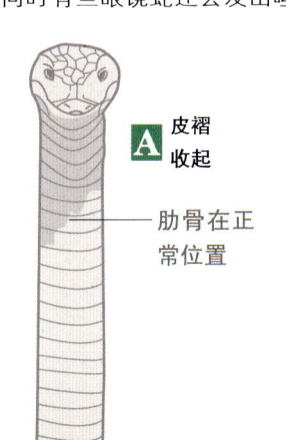

### 孟加拉眼镜蛇
*Naja kaouthia*

这种亚洲眼镜蛇鳞片柔软，颜色因地区而异。孟加拉眼镜蛇的一个显著特征是颈部皮褶上的"单片眼镜"，这就是它的俗名"单眼眼镜蛇"的由来。

3.5~5 米

竖直时的高度：1 米

**单片眼镜**
由两个同心圆组成，因为其颜色为白色，所以非常容易辨认。

### 眼镜王蛇
*Ophiophagus hannah*

最大的眼镜蛇，长 3.5~5 米。眼镜王蛇能向后方攻击，头部抬起高度可以超过 1 米。

**鳞**
摸起来很柔软。

**条纹**
也是这类蛇的特征。

**背部**
鳞片更密。

## 鳞片的分布

通过鳞片的样式可以轻松判断蛇的种类。头顶较大的鳞片排成的一条线，因蛇的种类而异。唇下鳞也是常用的区分方法。蛇通常有 5 片左右唇下鳞，不同种类蛇的数量有所不同。腹鳞可能是最容易识别的，因为不同种类蛇的腹鳞差异显著。腹鳞通常较宽，覆盖整个身体，分为颈部、腹部和尾部三个区域。

**俯视图** — 顶鳞、背鳞

**仰视图** — 唇下鳞、腹鳞

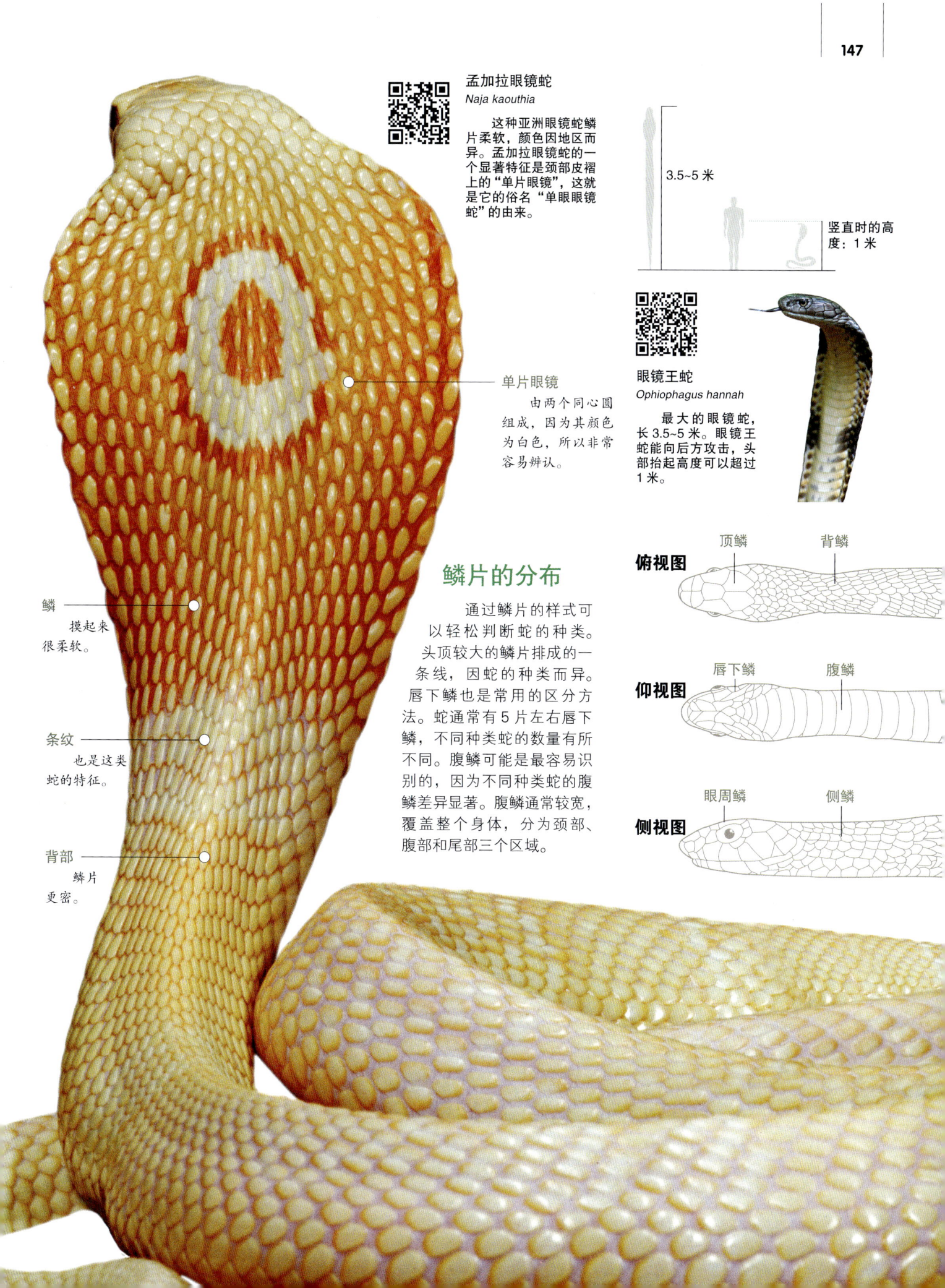

**侧视图** — 眼周鳞、侧鳞

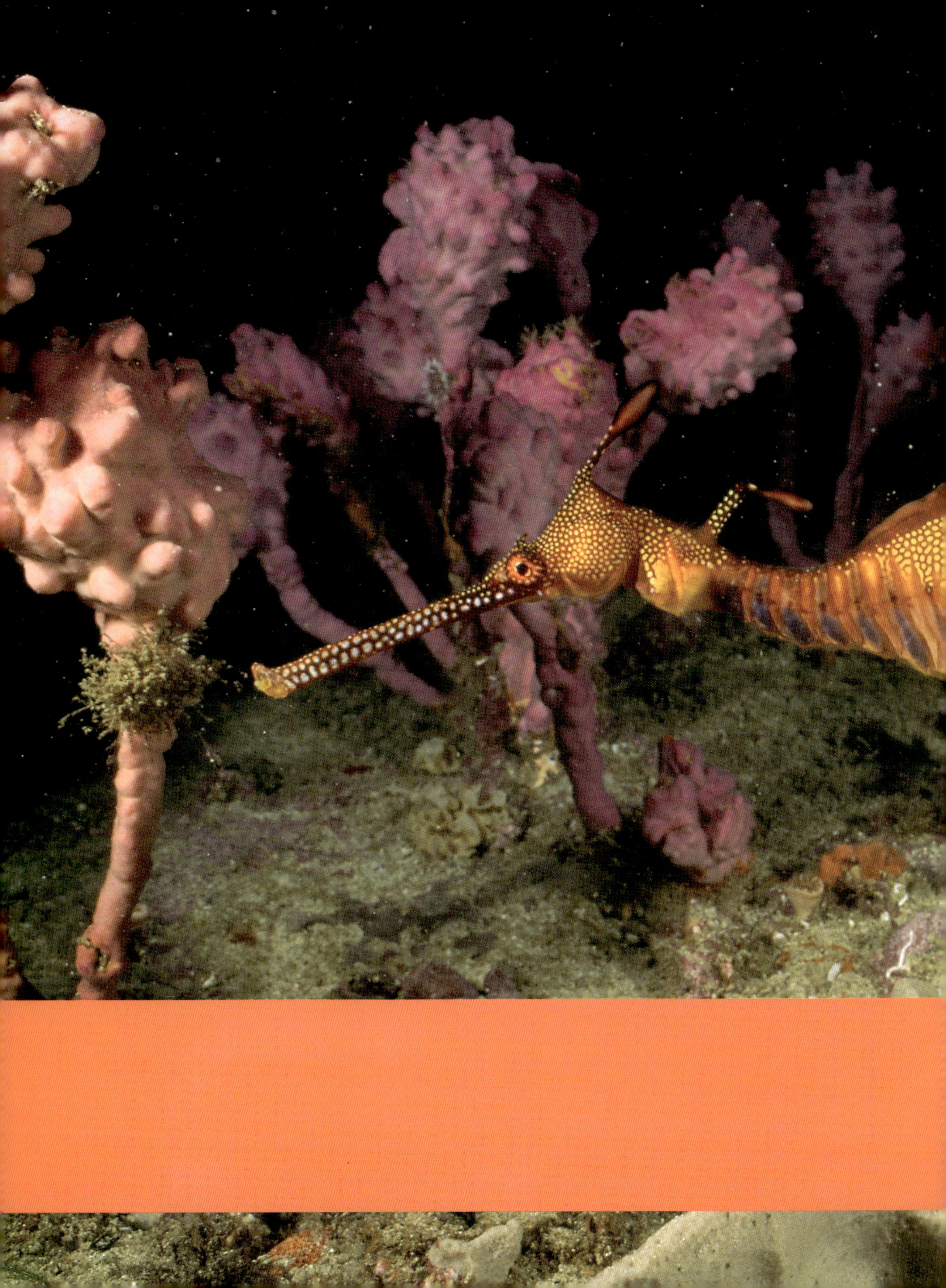

第四节　**鱼类**

共有特征 151

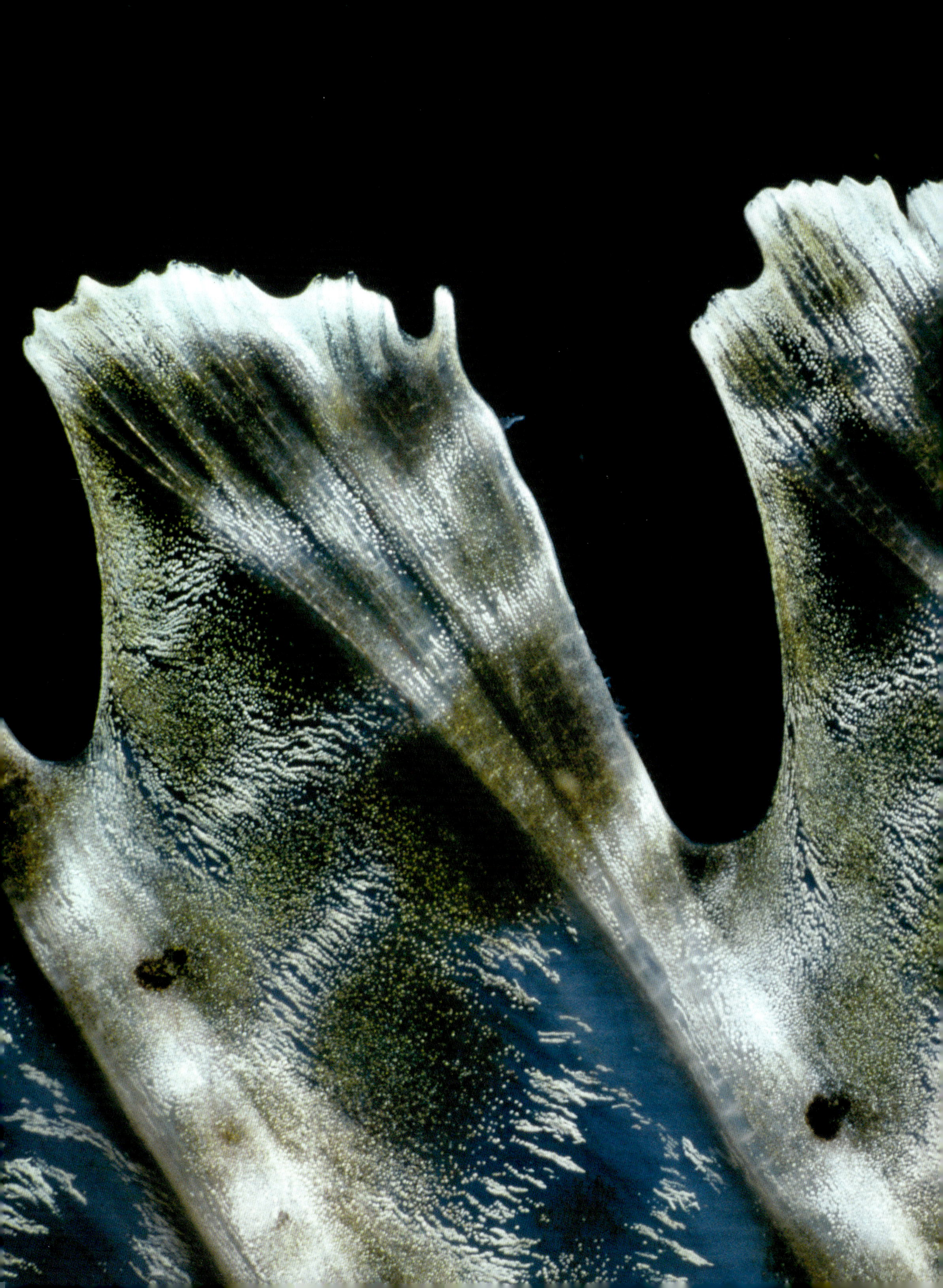

# 共有特征

　　鱼类是地球上最早出现的脊椎动物，也是脊椎动物中种类最多的类群。与现在的鱼不同，最早的鱼没有鳞片、成对的鳍和颌骨，但它们长有一种背鳍。随着时间推移，为了适应淡水、咸水等生活环境，鱼的外形和大小都发生了变化。鱼的身体通常呈流线型，身上覆盖着光滑的鳞片。鱼有鱼鳍，可以在水中快速稳定地游动，并控制方向。这种复杂的生物用鳃而不是用肺呼吸，鳃可以捕捉到在水中溶解的氧气。鱼是冷血动物。

**独有特征 152**　　**事关生死 166**

**硬骨鱼 154**　　　**灵活修长 168**

**软骨鱼 156**　　　**致命武器 170**

**身体结构 158**　　**回家的路 172**

**保护层 160**　　　**栖息地和偏好 174**

**游泳的艺术 162**　**黑暗之王 176**

**生命周期 164**　　**鳗 178**

**鳄鱼鱼的鱼鳍**
　　鳄鱼鱼生活在长有大量珊瑚礁的水域，身长可达54厘米。

# 独有特征

几乎所有鱼都有一些相似之处，只有极少数例外。鱼天生适合在水中生活，它们长有颌骨，没有眼睑，是一种冷血动物。鱼用鳃呼吸，属于脊椎动物——也就是说它们长有脊柱。鱼生活在水里，几乎遍布两极到赤道的所有海域，也在淡水和溪流中生活。一些鱼会迁徙，但只有极少数鱼可以从咸水环境换到淡水环境，反之亦然。它们用鱼鳍游泳和改变方向。海豚、海豹和鲸等动物有时会被误以为是鱼，但它们其实是哺乳动物。

**鼻凹** 又叫作鼻孔，在头部两侧。

**眼睛** 在头部两侧，受脂肪膜保护。

**头** 身体三大主要部分之一。

**胸鳍** 对称分布、相对较小、呈放射状。

**前背鳍** 上有坚硬的鳍条，起到稳定身体的作用。

**嘴** 鱼嘴的角度影响鱼选择食物。

**鳃盖** 覆盖鱼鳃的骨质片状物，能调节水流。

**鳃** 鱼的呼吸器官。

**腹鳍** 使鱼能够上下游动。

## 用鳃呼吸

鳃是鱼的呼吸器官，由鳃弓连接的鳃小片构成了鱼鳃。鱼用鳃吸入溶解在水中的氧气。氧气通过扩散作用被送入血液中，血液中的氧气浓度低于水中的氧气浓度。鱼通过这种方式为血液充氧，氧气随血液到达身体各个部位。对大多硬骨鱼而言，水流从鱼嘴进入，分成两股后从鳃裂流出。

鳃盖边缘的鳃孔　鳃耙　鳃小片　充氧血　水流　毛细管　血液　鳃弓　鳃丝　贫氧血　鳃小片

## 活化石

内鼻孔鱼（肉鳍鱼亚纲）是长有肉质鱼鳍的古老硬骨鱼。它们中的一部分是最早有肺的动物。只有少数种类存活至今。

**矛尾鱼**
*Latimeria chalumnae*

人们原以为矛尾鱼早在几百万年前就已灭绝，但在 1938 年，南非海岸发现了活的矛尾鱼，之后又有更多矛尾鱼被发现。

## 无颌鱼

属于古老的无颌类动物，被认为是最早的脊椎动物，现存的无颌鱼仅有七鳃鳗和盲鳗。

**七鳃鳗**
*Petromyzon marinus*

用长有牙齿的圆嘴吸食各种鱼类的血。在淡水中也有七鳃鳗。

## 只有软骨

软骨鱼（比如鳐和鲨鱼）有着非常柔韧的骨骼，硬骨的数量很少或没有。

**鳐**
*Raja miraletus*

鳐用巨大的鳍将含有浮游生物和小鱼的水流送入嘴中。鳐的游速很快。

## 有脊柱

硬骨鱼是鱼类中数量最大的纲。它们的骨骼有一定程度的钙化。

**大西洋鲭鱼**
*Scomber scombrus*

这种鱼没有牙齿，生活在温带水域，肉质鲜美，寿命超过 10 年。

**鳞**　鳞片呈叠瓦状，像瓦片似的一片盖着一片。

**后背鳍**　背鳍和尾巴之间的一种软结构鳍。

**侧线**　鱼的感觉器官都沿侧线分布。

**臀鳍**　柔软，上有一排小鳍。

**尾部肌肉**　鱼身上最有力的肌肉。

**尾鳍**　左右摇摆，推动鱼向前。

## 游动时

水进入嘴里，然后流过鱼鳃。鱼鳃可以吸收氧气，再通过鳃裂将水排出。

## 鳃盖

出水口。

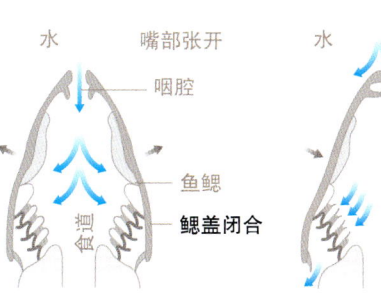

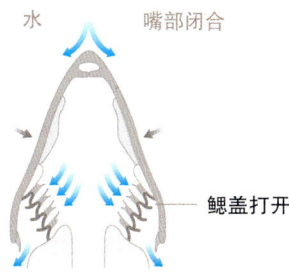

水　嘴部张开　咽腔　鱼鳃　食道　鳃盖闭合

水　嘴部闭合　鳃盖打开

已知的鱼类几乎占到脊索动物数量的一半，约有

# 25 000 种。

# 硬骨鱼

硬骨鱼是过去几百万年里进化和演变程度最大的鱼类，它们长有脊柱和下颌骨。硬骨鱼的骨架通常较小，但十分坚硬，主要由骨骼构成。它们可以用灵活的鱼鳍精准地控制自己的运动。硬骨鱼的种类很多，它们已经适应了各种各样的生活环境，甚至是一些极端环境。

## 坚固的结构

硬骨鱼的骨架分为颅骨、脊柱和鳍三部分。覆盖鱼鳃的鳃盖也是骨质的。颅骨容纳大脑，支撑颌骨和鳃弓。脊柱的椎骨连接在一起，支撑身体并与腹部的肋骨连接。

上颌骨　泪骨

下颌骨

河鲈
*Perca fluviatilis*
骨骼和鱼鳍的骨质结构。

眼窝　鳃盖骨 保护鱼鳃。　锁骨

胸鳍

腹鳍

## 辐鳍亚纲

辐鳍亚纲鱼的主要特征是它们的骨架，鱼鳍上长有骨棘。头骨是软骨（部分钙化），仅有一对被鳃盖覆盖的鳃孔。

辐鳍亚纲有
# 480 多科。

河鲈

鳞片
相互重叠，上有黏液。

圆鳞

栉鳞

硬鳞

**翻车鲀**
*Mola mola*
最大的硬骨鱼，体长可达 3.3 米，体重约 1 900 千克。

## 鳔

鳔是肠道的附属物，可以通过充气或排气来调节浮力。腺体会从名为细脉网的毛细血管网中抽取气体，气体进到鳔里，然后经过一个瓣膜离开鳔，再次融入血液。

**没有气体**
鳔中没有气体时，鱼就会下沉。

**充满气体**
身体密度降低，鱼上浮。

细脉网　背主动脉

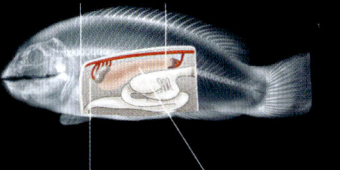

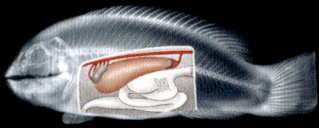

气腺　鳔

第一背鳍

第二背鳍

脊椎
棘突
髓弓
椎体
血管弓（脉弧）
血管棘

脊柱
主要的神经和血管分布在脊柱中心的上方或下方。

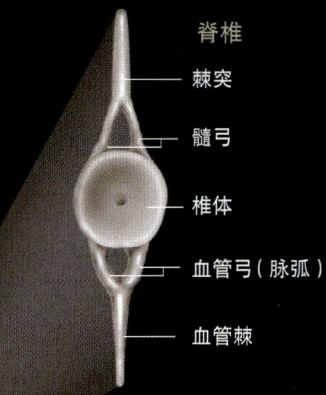

尾鳍骨

肋骨

血管间棘（腹刺）
支撑臀鳍的棘鳍条。

臀鳍的棘鳍条

尾鳍
推动鱼在水中活动。

## 肉鳍亚纲

又名内鼻孔亚纲，是硬骨鱼的一个亚纲。这种鱼的鳍和鲸的鳍类似，通过肉叶与身体连接。肺鱼的肉叶看起来像细丝。

**矛尾鱼**
*Latimeria chalumnae*

肉鳍细节图

# 软骨鱼

顾名思义，软骨鱼的骨骼由软骨构成。软骨比硬骨灵活，更加有韧性。软骨鱼有下颌骨和坚硬锋利的牙齿，身体上覆盖着坚硬的鳞片。然而，软骨鱼却没有大多数硬骨鱼都有的鳔。软骨鱼的胸、尾巴和扁平的头部构成了流线型的外形。

## 鲨鱼

鲨鱼生活在热带水域，不过也有部分鲨鱼生活在温带水域和淡水中。鲨鱼的身体呈细长的圆柱形，吻部突出，嘴在吻的下方，头部两侧各有5~7个鳃裂。

鲨鱼（鲨总目）的常规体重约为 **1.2** 吨。

**轻盈灵活**
骨骼非常灵活，但软骨鱼的脊柱部分钙化坚硬。

脊柱

鼻孔

**血液**
鲨鱼是冷血动物。

**锋利的牙齿**
牙齿呈三角形。所有的软骨鱼都会换牙。

发热肌肉

表皮层
感觉细胞
感觉细胞
神经
胶质物管道
劳伦氏壶腹
探测猎物发出的电信号

**敏锐的感官**
软骨鱼有劳伦氏壶腹、非常敏感的侧线和高度发达的嗅觉。

## 原始鱼类

软骨鱼古老的起源和它们高度进化的感官形成了鲜明的对比。这是在英国肯特的一个化石坑发现的距今2.45亿~5.4亿年前古生代鲨鱼的软骨脊椎骨化石。鲨鱼血液中的尿素浓度很高，人们猜测这是为了适应咸水环境，这是鲨鱼与其淡水祖先之间最基本的区别。

## 蝠鲼和鳐

这两种鱼有两片在身前相交的胸鳍。它们用胸鳍游泳，身体的其余部位像鞭子一样摆动，看起来就像在水里飞翔一样。眼睛在身体上侧；嘴部和鳃在下侧。

**鳐**
*Rajo clavata*
背棘鳐生活在200米深的寒冷海洋中。

镜鳐有5或6排鳃；银鲛只有一排。

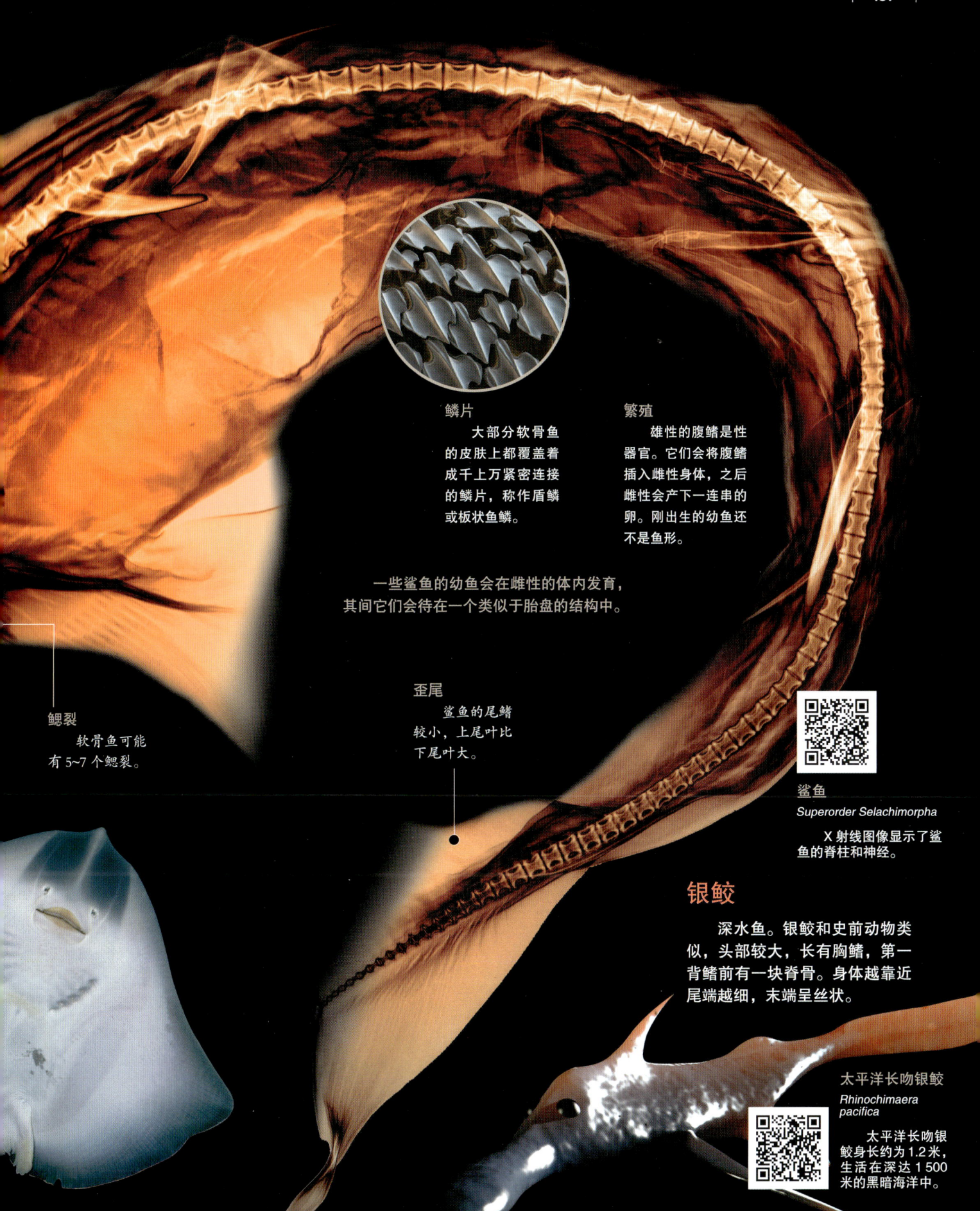

### 鳞片
大部分软骨鱼的皮肤上都覆盖着成千上万紧密连接的鳞片，称作盾鳞或板状鱼鳞。

### 繁殖
雄性的腹鳍是性器官。它们会将腹鳍插入雌性身体，之后雌性会产下一连串的卵。刚出生的幼鱼还不是鱼形。

一些鲨鱼的幼鱼会在雌性的体内发育，其间它们会待在一个类似于胎盘的结构中。

### 鳃裂
软骨鱼可能有5~7个鳃裂。

### 歪尾
鲨鱼的尾鳍较小，上尾叶比下尾叶大。

### 鲨鱼
*Superorder Selachimorpha*
X射线图像显示了鲨鱼的脊柱和神经。

## 银鲛
深水鱼。银鲛和史前动物类似，头部较大，长有胸鳍，第一背鳍前有一块脊骨。身体越靠近尾端越细，末端呈丝状。

### 太平洋长吻银鲛
*Rhinochimaera pacifica*
太平洋长吻银鲛身长约为1.2米，生活在深达1 500米的黑暗海洋中。

# 身体结构

大部分鱼的内脏与两栖动物、爬行动物、鸟类以及哺乳动物的内脏相同。骨骼支撑身体，大脑通过眼睛和侧线接收信息并调节肌肉运动，使鱼能够在水中移动。鱼用鳃呼吸，鱼的消化系统可以将食物转化为营养物质，心脏通过血管网络将血液送到身体各处。

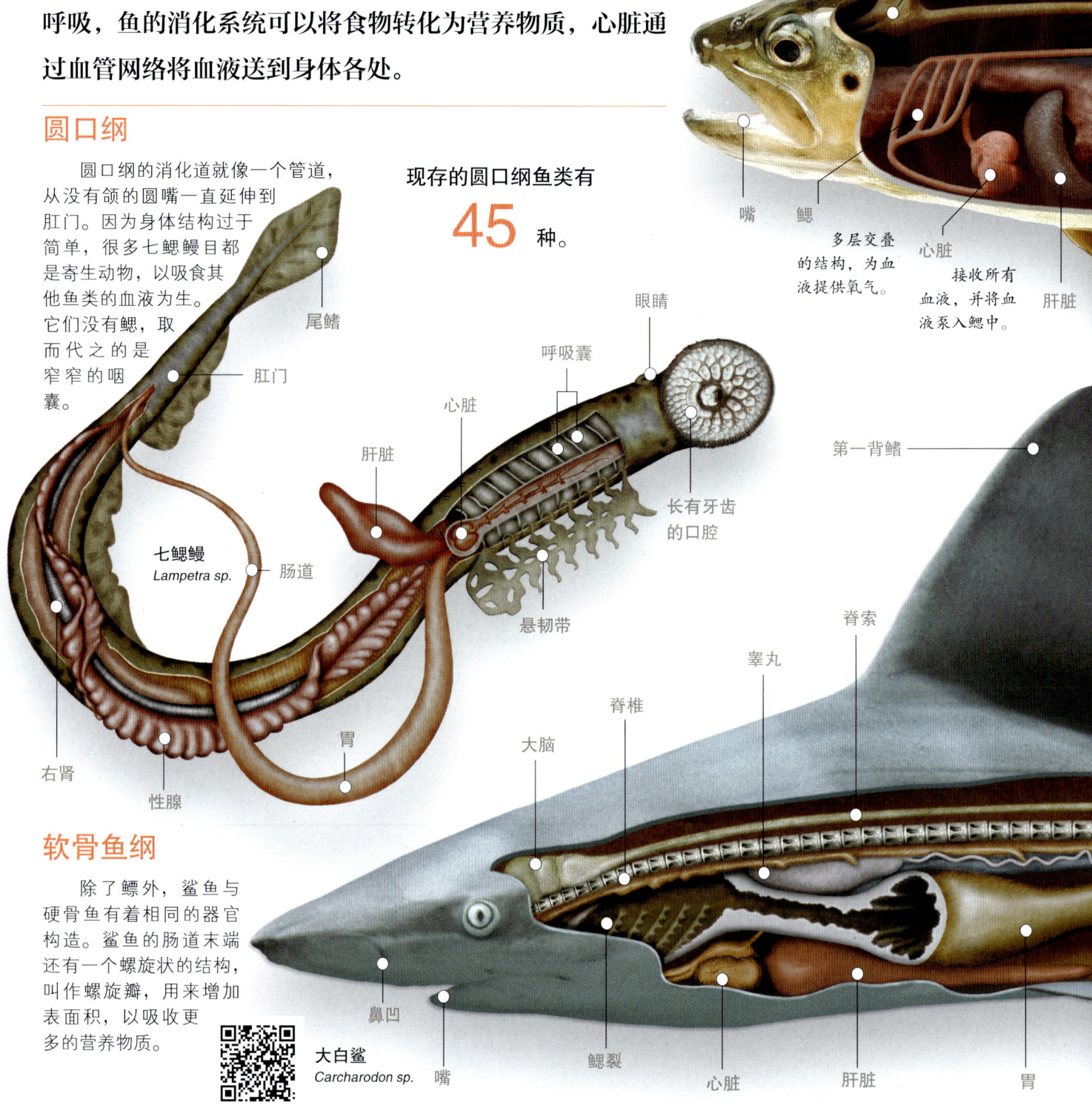

**简单的眼睛**
每只眼睛只聚焦一侧，没有双眼视觉。
- 悬韧带
- 视网膜
- 晶状体
- 视神经
- 虹膜

**大脑**
接收信息，调节鱼的动作和身体机能。

- 嘴
- 鳃
- 多层交叠的结构，为血液提供氧气。
- 心脏：接收所有血液，并将血液泵入鳃中。
- 肝脏

## 圆口纲

圆口纲的消化道就像一个管道，从没有颌的圆嘴一直延伸到肛门。因为身体结构过于简单，很多七鳃鳗目都是寄生动物，以吸食其他鱼类的血液为生。它们没有鳃，取而代之的是窄窄的咽囊。

现存的圆口纲鱼类有 **45** 种。

- 尾鳍
- 肛门
- 七鳃鳗 *Lampetra sp.*
- 肝脏
- 心脏
- 呼吸囊
- 眼睛
- 长有牙齿的口腔
- 悬韧带
- 肠道
- 胃
- 性腺
- 右肾

## 软骨鱼纲

除了鳔外，鲨鱼与硬骨鱼有着相同的器官构造。鲨鱼的肠道末端还有一个螺旋状的结构，叫作螺旋瓣，用来增加表面积，以吸收更多的营养物质。

**大白鲨** *Carcharodon sp.*

- 第一背鳍
- 脊索
- 睾丸
- 脊椎
- 大脑
- 鼻凹
- 嘴
- 鳃裂
- 心脏
- 肝脏
- 胃

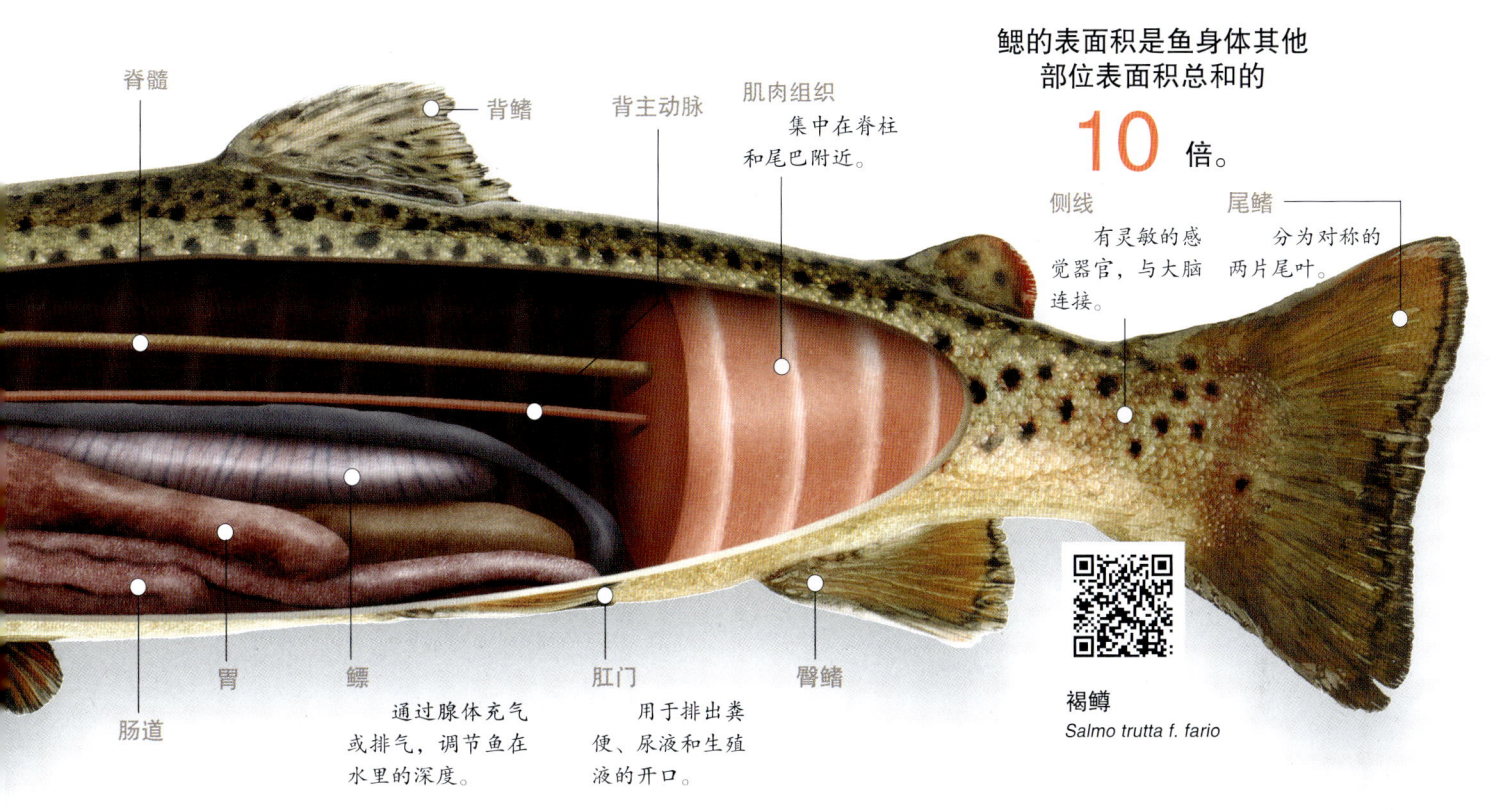

脊髓　　　　　背鳍　　背主动脉　　肌肉组织
　　　　　　　　　　　　　　　　集中在脊柱
　　　　　　　　　　　　　　　　和尾巴附近。

鳃的表面积是鱼身体其他部位表面积总和的 **10** 倍。

侧线
有灵敏的感觉器官，与大脑连接。

尾鳍
分为对称的两片尾叶。

肠道　胃　鳔　　　　肛门　　臀鳍
　　　　　通过腺体充气　用于排出粪
　　　　　或排气，调节鱼　便、尿液和生殖
　　　　　在水里的深度。　液的开口。

褐鳟
*Salmo trutta* f. *fario*

## 硬骨鱼纲

硬骨鱼的内脏一般都在身体下方的前部，其他部位主要是用于游泳的肌肉。一些硬骨鱼没有胃，只有紧紧盘绕的肠，比如鲤鱼。

### 调节盐度

**淡水鱼**
淡水鱼容易流失盐分。因此它们只喝少量的水，从食物中获得额外的盐分。

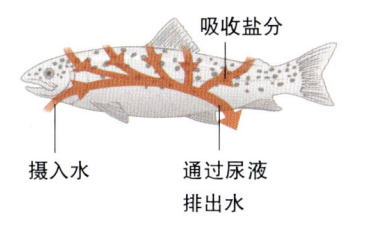

吸收盐分
摄入水　通过尿液排出水

**咸水鱼**
咸水鱼会持续吸收咸水以补充身体的水分，但是它们也必须排出从咸水环境中摄入的过多盐分。

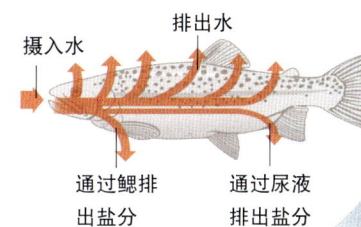

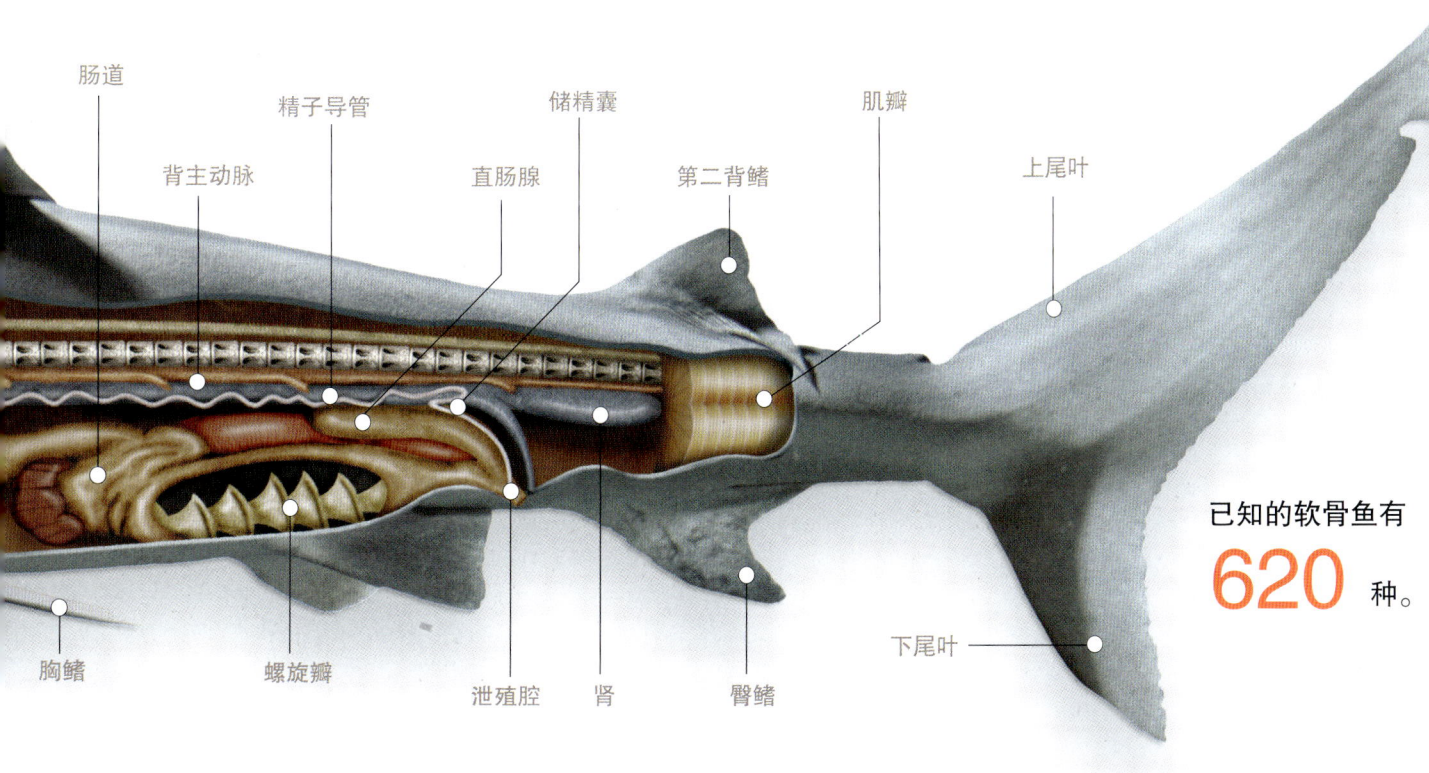

摄入水　排出水
通过鳃排出盐分　通过尿液排出盐分

肠道　精子导管　储精囊　　肌瓣
　　背主动脉　直肠腺　第二背鳍　上尾叶

已知的软骨鱼有 **620** 种。

胸鳍　螺旋瓣　泄殖腔　肾　臀鳍　下尾叶

# 保护层

大部分鱼的身体上覆盖着鳞片，即一层透明的片状物。同一种鱼的鳞片数量相同。不同科和不同属鱼的鱼鳞各有特点。身体侧线上的鳞片有小孔，小孔将表面与一系列感觉细胞和神经末梢相连。我们通过鱼鳞能确定鱼的年龄。

**鳞片化石**

这些厚实、闪亮、釉质的鳞片化石属于一个已经灭绝的物种——鳞齿鱼，这种鱼生活在中生代。

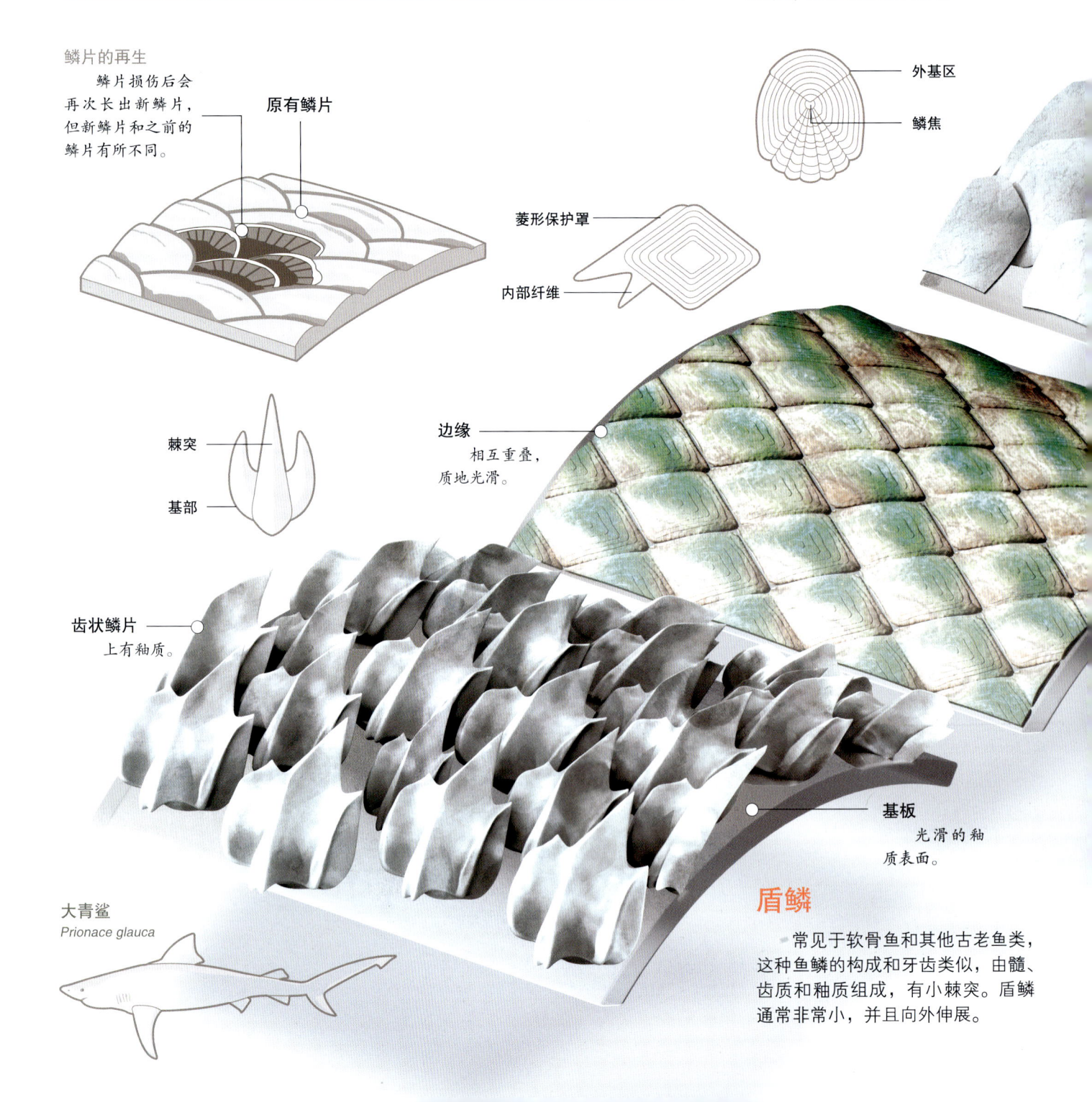

**鳞片的再生**

鳞片损伤后会再次长出新鳞片，但新鳞片和之前的鳞片有所不同。

- 原有鳞片
- 外基区
- 鳞焦
- 菱形保护罩
- 内部纤维
- 棘突
- 基部
- 边缘　相互重叠，质地光滑。
- 齿状鳞片　上有釉质。
- 基板　光滑的釉质表面。

**大青鲨**
*Prionace glauca*

**盾鳞**

常见于软骨鱼和其他古老鱼类，这种鱼鳞的构成和牙齿类似，由髓、齿质和釉质组成，有小棘突。盾鳞通常非常小，并且向外伸展。

基区
齿状辐条

表皮层
有保护性黏液。

表皮层
覆盖大部分身体。

齿状边缘
非常粗糙。

保护层
鲟有5排圆鳞。

**栉鳞**
和圆鳞一样呈覆瓦状排列，常见于硬骨鱼。这种鱼鳞质地粗糙，有锯齿状的小突起。

河鲈

**从鳞片看年龄**
鱼在生长过程中一般不会长出新的鳞片，但是鳞片会不断变大。这样就形成了生长轮，可以以此来判断鱼的年龄。

**圆鳞**
硬骨鱼中最为常见的鱼鳞，呈覆瓦状排列，裸露区域相互重叠，形成了光滑柔韧的表面。这种鱼鳞呈圆形，鳞片表面柔软。鲤鱼和银边鱼的鱼鳞属于圆鳞。

鲑鱼
*Salmonidae*

**鳞片的分布**
大部分鳞片成对排列，向后下方倾斜。根据鱼鳞的列数（沿测线计算）可以精确判断鱼的种类，这种方法比通过其他特征判断更加准确。

角质层
质地黏滑。

冬季生长线
夏季生长线
裸露区域

**硬鳞**
菱形的鳞片相互交织，由纤维连接。鳞片外层是闪亮的釉质，即硬鳞质，所以称作硬鳞。鲟和尖嘴鱼的鳞就是硬鳞。

大西洋鲟
*Acipenser sturio*

红鲷
*Lutjanus campechanus*

横线
侧线

# 游泳的艺术

鱼游泳时需要在三个维度上移动：前后、左右和上下。它们控制方向的主要操纵面是鳍，包括尾部或尾鳍。要改变方向，鱼就会倾斜操纵面，使之与水流形成一定角度。鱼还会在行进的过程中通过活动偶鳍或奇鳍来保持平衡。

**倒立鲶**
*Synodontis nigriventris*

这种鱼游泳时腹部朝上，寻找其他鱼不太容易吃到的食物。

## 肌肉

尾部的肌肉强健有力，使鱼尾能像船桨一样摆动。

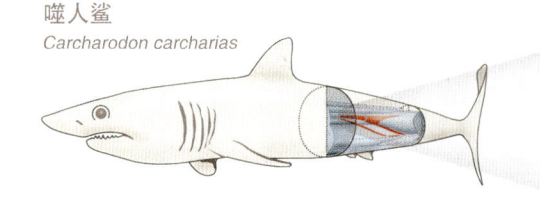

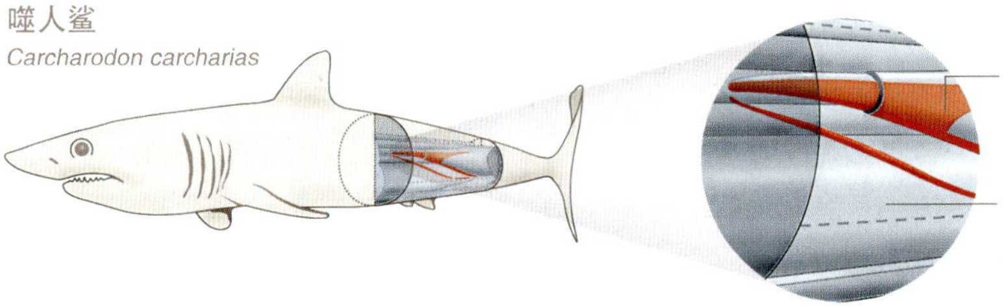

**噬人鲨**
*Carcharodon carcharias*

红色肌肉用于减速或匀速移动。

较大的白色肌肉用于快速游动，但是这种肌肉容易疲劳。

## ❶ 开始游动

鱼在水中的运动方式与蛇的行进方式类似。鱼会轻微摆动头部，然后身体以S形波浪线的方式摆动，使其前进。

波浪线的波峰从后向前移动。

鱼的身体左右摆动时，尾巴会分开水流。

开始游时尾部和头部持平。

### 流线型的身体

鱼的圆润外形就像船的龙骨一样，有着十分重要的作用。除此之外，由于鱼前半身较大，所以在向前游动时，前方水的密度比后方水的密度低，从而减少水的阻力。

头部左右摆动。

## 鱼的龙骨

船沉重的龙骨在船的底部，作用是避免翻船。而鱼的龙骨在身体上部。鱼死亡之后，偶鳍无法再使身体保持平衡。鱼的龙骨，即身体中最重的部分就会下沉，鱼就会肚皮朝上翻过来。

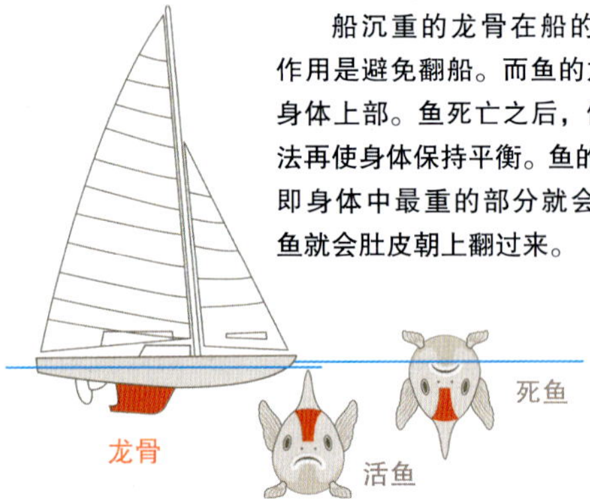

龙骨　活鱼　死鱼

## 速度最快的鱼

有力的**尾鳍**可以分开大量水流。

旗鱼的**背鳍**笔直，宽度可以达到身体宽度的1.5倍。

**旗鱼**
*Istiophorus platypterus*

旗鱼的速度最高可达

**109** 千米/时。

**上颌**很长，可以劈开水流，提升鱼的流体动力。

163

## 向前

围绕脊柱的肌肉同步进行S形曲线运动，推动身体向前。这些肌肉通常交替进行横向运动。胸鳍较大的鱼会用胸鳍推动身体，就像桨一样。

**尾部像桨一样运动**，这是它们向前移动的主要动力。

**背鳍使鱼**保持直立。

**胸鳍使鱼**保持平衡，也能起到刹车的作用。

**腹鳍稳定鱼身**，使其保持平衡。

## 平衡

鱼在水中缓慢移动或不动的时候，也会轻微活动鳍来保持身体平衡。

## 向上和向下

鱼通过改变鳍和身体的角度实现向上或向下移动。在重心前侧的偶鳍就能起到这个作用。

上浮

偶鳍

下潜

## ❷ 有力摆动

脊柱两侧的肌肉（特别是尾部肌肉）交替收缩，使鱼能够以波状运动向前游动。身体的波峰会经过腹鳍和背鳍。

身体的波峰传导至第一背鳍处。

当波峰最高处到达两个背鳍中间时，尾鳍开始向右摆动。

## ❸ 完成循环

在尾巴往回摆动到达最右边时，头部也再次转向右边，开始一个新的周期。

鲨鱼完成一个游泳周期仅需

**1** 秒。

产生的动力使鱼向前移动。

猫鲨
*Scyliorhinus sp.*

## 鱼群

### 成群游动

只有硬骨鱼可以高度协调地成群游动。鱼群中有成千上万条鱼，它们可以像一条鱼一样同步游动。每条鱼会利用视觉、听觉和侧线感觉来调节自己的动作。以群体为单位有很多优势：不容易被捕食，也更容易找到同伴和食物。

同步游动的一群鱼，通常是同一种类的鱼，每条鱼都有自己的职责。

一群鲱鱼占据的空间可达

**4** 立方千米。

外侧的鱼受中央的鱼引导，负责保证鱼群的安全。

中央的鱼控制鱼群。

# 生命周期

在水下环境中，鱼可以将生殖细胞直接排入水中。但是为了保证成功受精，雄性和雌性动作必须同步。许多鱼类（比如鲑鱼）为了寻找配偶会长途跋涉，它们会在找到合适的配偶后才排出生殖细胞。排出细胞的时间和地点都很重要，因为水温决定了卵能否存活。不同种类的鱼对待自己的后代不尽相同，有的鱼产卵之后便对卵置之不理，也有的鱼会一直照顾并保护幼鱼。

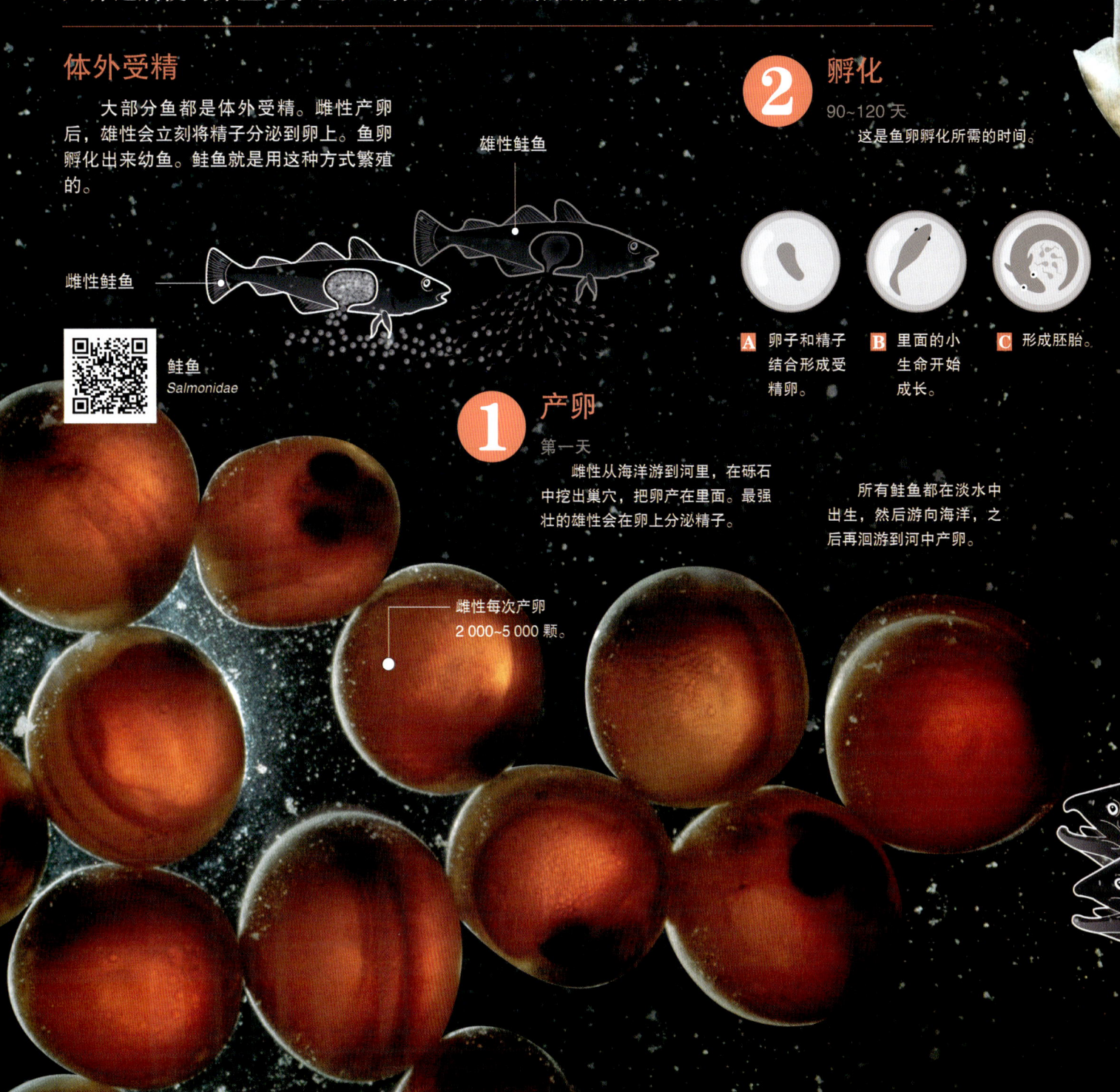

## 体外受精

大部分鱼都是体外受精。雌性产卵后，雄性会立刻将精子分泌到卵上。鱼卵孵化出来幼鱼。鲑鱼就是用这种方式繁殖的。

雌性鲑鱼
雄性鲑鱼

鲑鱼
*Salmonidae*

## 2 孵化

90~120 天

这是鱼卵孵化所需的时间。

**A** 卵子和精子结合形成受精卵。

**B** 里面的小生命开始成长。

**C** 形成胚胎。

## 1 产卵

第一天

雌性从海洋游到河里，在砾石中挖出巢穴，把卵产在里面。最强壮的雄性会在卵上分泌精子。

所有鲑鱼都在淡水中出生，然后游向海洋，之后再洄游到河中产卵。

雌性每次产卵 2 000~5 000 颗。

鱼苗的身体

## ③ 幼鱼（鱼苗）
**121 天**
小鱼苗从卵黄囊中汲取营养。

鱼苗的身体

鱼苗的卵黄囊

## 亲鱼
黄头后颌䲢（téng）
*Opistognathus*
（*aurifrons*）
在嘴里孵卵。

### 口腔孵化
一些鱼在嘴里孕育后代。它们在嘴里孵化鱼卵，然后把卵吐到巢穴中。鱼卵孵化后，父母会再次把小鱼含在嘴里，保护它们的安全。

### 体内受精
胎生鱼产下发育成熟的小鱼。受精过程发生在体内，由雄性的生殖肢完成，生殖肢由鱼鳍演化而来。

卵巢
胎盘与子宫的间隙
脐带
胎盘

鲑鱼的寿命约为
**6** 年。

## ⑤ 成年
**6 岁**
成年鲑鱼有完全成熟的生殖器官，它们会洄游到出生的河流产卵。

卵巢　尿生殖孔

## ④ 幼年
**2 岁**
鲑鱼的鱼苗生长成小鲑鱼。它们迁徙到海里，并会在海里生活 4 年。

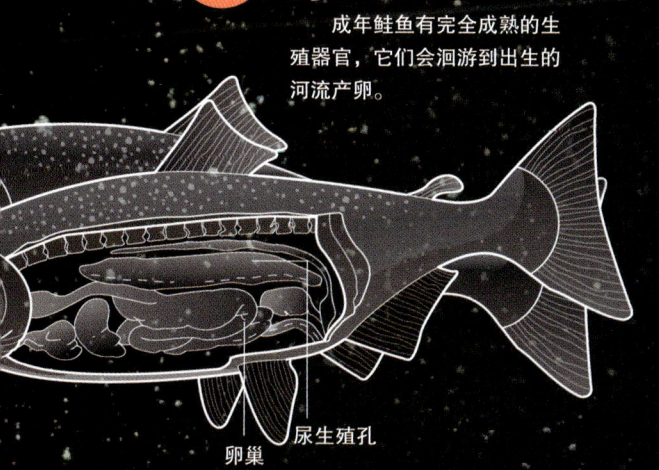

雌性幼鱼　　雄性幼鱼

# 事关生死

为了生存，大部分鱼都必须适应环境，以逃脱敌人的追捕或寻找食物。欧洲鲽将扁平的身体贴在海底，象牙色的身体几乎隐身，而飞鱼发达的胸鳍可以助其从海面上腾空而起逃离敌人。

## 欧洲鲽

欧洲鲽是典型的拟态生物，身体扁平，可以一动不动地贴在海底。欧洲鲽的身体两面完全不同。向上的一面布有小红点，可以在海底伪装自己，它会用鱼鳍掀起沙子盖在自己身上，躲避敌人。

**嘴**
从出生到成年，欧洲鲽的整个身体会发生巨大变化。只有嘴始终保持不变。

**欧洲鲽**
*Pleuronectes platessa*

**腹面**
没有色素沉着，依然还是象牙色。欧洲鲽的腹面通常紧贴海底。

**斑点**
有助于藏在泥沙中躲避捕食者。

**尾鳍**
非常薄，游泳几乎用不上。

**鳍**
背鳍、臀鳍和尾鳍连在一起，围绕着身体。

### 身体变化

欧洲鲽刚出生时身体还不是扁平的，看起来和其他鱼没什么不同。它在靠近海面的地方进食，用鳔游泳。它的身体随着长大而逐渐变得扁平。由于鳔逐渐干瘪，欧洲鲽会慢慢下沉到海底。

**① 5 天**
3.5 毫米
开始长出脊椎
两侧各有一只眼睛

**② 10 天**
4 毫米
鳍褶开始形成，嘴已经张开。

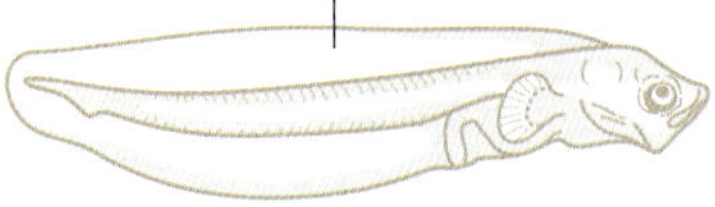

**③ 22 天**
8 毫米
尾部开始分叉。
左眼移动到头顶。

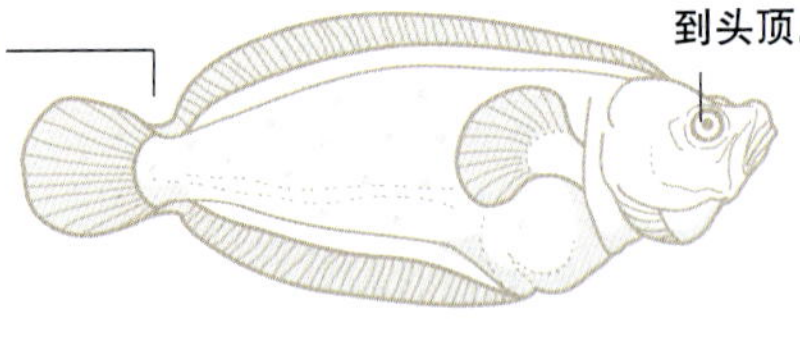

欧洲鲽从典型的流线型鱼苗长成扁平状成鱼需要 **45** 天。

## 飞鱼

飞鱼属于海洋鱼类，有 8 属 52 种。所有的海洋中都有飞鱼，特别是温暖的热带和亚热带海域。飞鱼最明显的特征是胸鳍非常大，所以它们可以短距离飞行或滑翔。

**1 逃跑**
捕食者出现时，飞鱼会跃出海面以躲避捕食者。

**2 起飞**
飞鱼会游到海面，然后尽可能抬高身体，跳出水面。

最高可达 6 米。

**3 滑翔**
飞鱼的平均滑翔距离为 50 米，最远可以滑翔 200 米。

飞鱼身长 18~45 厘米。

飞鱼一般可以在空中滑翔 50 米。

**身体结构**
飞鱼靠坚硬的鱼鳍在水面之上滑翔，能以 65 千米/时的速度滑行 30 秒。

飞鱼的胸鳍和腹鳍十分发达。

飞鱼
*Exocoetus volitans*

## 普氏鲉

普氏鲉生活在墨西哥湾的珊瑚礁中，身体呈棕色，上有斑点，嘴巴和眼睛之间长有很多形似苔藓的附器。因为它的身体形态和颜色与海底几乎融为一体，所以很难被发现。普氏鲉的背鳍有剧毒，可以给捕猎者造成剧烈疼痛。

**眼睛** 两只眼睛都在右侧。

**鳃** 欧洲鲽用鳃呼吸。

普氏鲉
*Scorpaena plumieri*

**鳃盖** 支撑鳃的骨骼。

这只眼睛不再向右看，而是向上看。

**色素细胞集结，形成深颜色的点。**

**4 45 天**
11 毫米

# 灵活修长

海马是一种小型海洋鱼类,与烟管鱼和海龙同属于海龙科。海马之所以叫作海马,是因为它的头和马头很像。海马是唯一一种头和身体呈直角的鱼。海马不能靠速度躲开捕食者的猎杀,但是它可以改变自身颜色来融入周围环境。海马的繁殖过程也很特别。雄性海马长有孵卵囊,雌性海马将受精卵射入其中。

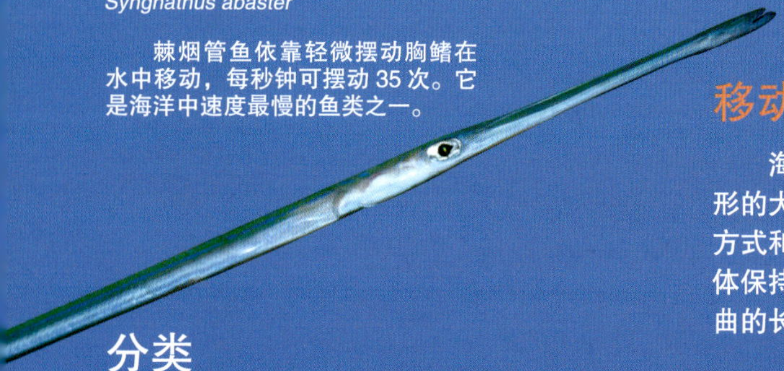

**棘烟管鱼**
*Syngnathus abaster*

棘烟管鱼依靠轻微摆动胸鳍在水中移动,每秒钟可摆动 35 次。它是海洋中速度最慢的鱼类之一。

## 移动

海马的身体覆盖着一层由长方形的大骨板组成的盔甲。它们的游泳方式和其他鱼都不同。海马游动的身体保持直立,用背鳍推进,有一条卷曲的长尾巴用来抓住海底的植物。

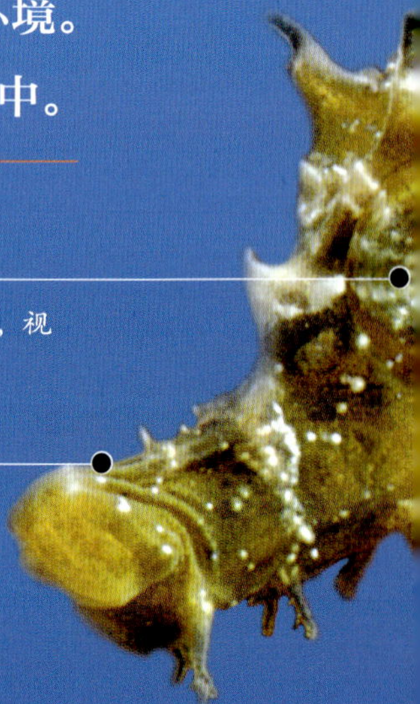

**眼睛** —— 较大,视觉敏锐。

**鼻** —— 管状的鼻子使海马的头部看起来像马的一样。

## 分类

全球现有 35 种海马。给海马分类有时候十分困难,因为同种海马中的一些个体会改变颜色,并长出很长的皮肤纤维。成年海马的体型各不相同,在澳大利亚发现的豆丁海马十分迷你,体长最多只有 1.8 厘米,而生活在太平洋中的太平洋海马身型庞大,身长超过 30 厘米。海马没有腹鳍和尾鳍,但有一片很小的臀鳍。

**草海龙**
*Phyllopteryx taeniolatus*

虽然草海龙的尾巴不像海马一样有缠附功能,身体也更加修长,但草海龙的身型非常典型。它的身体上覆盖着海草。

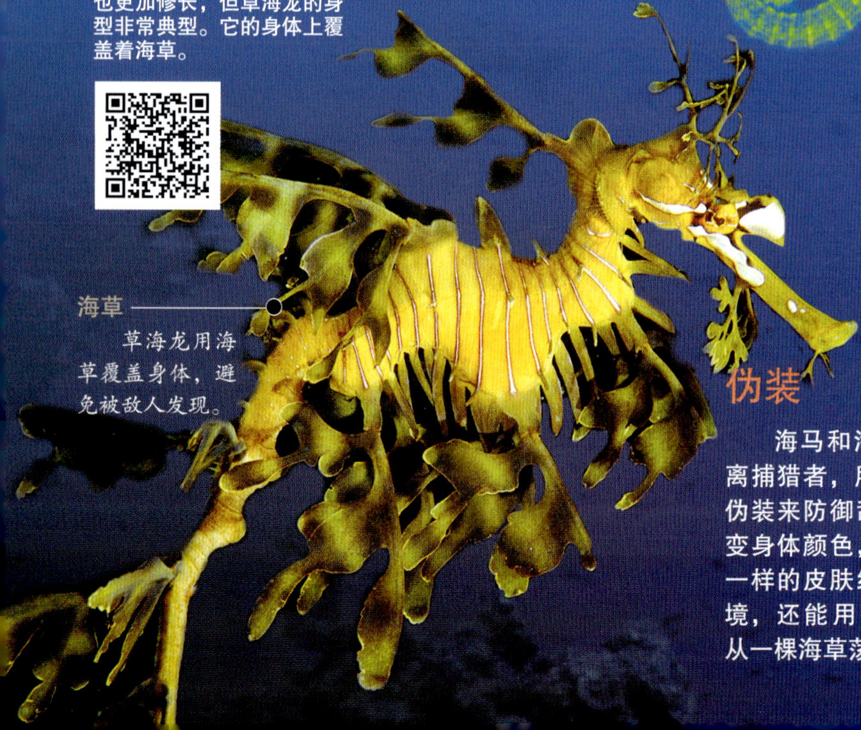

**头部**

**卷起** 尾巴卷成圈。

**伸展** 尾巴展开并伸直。

**有缠附功能的尾** 海马用长尾缠住海床上的植物。

**躯干** 脊柱支撑身体。

**尾部** 可以完全伸直。

**海草** 草海龙用海草覆盖身体,避免被敌人发现。

## 伪装

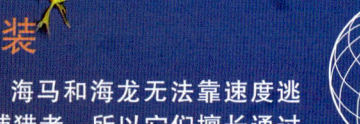

海马和海龙无法靠速度逃离捕猎者,所以它们擅长通过伪装来防御敌人。它们可以改变身体颜色,或者长出像海草一样的皮肤纤维,融入周围环境,还能用头在海草上爬行,从一棵海草荡到另一棵海草上。

**海马**
*Hippocampus erectus*

| 栖息地 | 加勒比海;印度-太平洋海域 |
| --- | --- |
| 物种数量 | 35 种 |
| 身长 | 18~30 厘米 |

鳃
海马用鳃呼吸。

海马生活在加勒比海、太平洋和印度洋中，有

**35** 种。

胸鳍
每侧有一片胸鳍，用于横向移动。

海马出生时的大小约为

**1** 厘米。

骨板
身体上覆盖有同心骨环。

背鳍
海马游泳时保持直立，靠背鳍推动身体前进。

## 繁殖

雄性海马有一个孵卵囊，雌性海马会将卵放入其中。孵卵囊闭合后，胚胎在雄性的照顾下开始发育。小海马发育成熟，可以独立生活后，雄性会多次收缩身体将小海马排出体外。

**1** 繁殖时，雌性用产卵器官在雄性的孵卵囊中产下约 200 个卵。这些卵在孵卵囊中受精。生产来临之前，雄性海马会把尾部缠附在海草上。

**2** 雄性海马前后摇摆身体，仿佛分娩时子宫收缩一样。孵卵囊的开口变宽，小海马准备离开孵卵囊。

**3** 雄性海马的腹部不断收缩，小海马一个接一个出生。小海马身长约1厘米，出生后以浮游生物为食。生产可以持续两天，生产后的雄性海马往往精疲力竭。

# 致命武器

噬人鲨是海洋中最凶猛的捕食者之一。它们通体洁白，眼睛乌黑，牙齿锋利，下颌强壮。很多生物学家认为，攻击人类是噬人鲨的一种探究行为，因为它们经常把头探出水面，咬住东西来进行观察。被它们咬住非常危险，因为它们的牙齿非常锋利，而且双颌很有力。噬人鲨总是鲨鱼致命袭击事件的主角，冲浪和潜水的人最常受到它们的攻击。

## 感官

鲨鱼拥有大多数动物都不具备的敏锐感官。劳伦氏壶腹是鲨鱼头部一个可以探测电流的小裂口，可以帮助它找到藏在泥沙中的猎物。侧线可以感知水下的活动和声音。嗅觉是鲨鱼最发达的感觉官能，2/3 的大脑用来处理嗅觉信息。鲨鱼的听觉也高度发达，可以听到频率极低的声音。

**听觉** 能听到频率极低的声音。
**劳伦氏壶腹** 识别神经脉冲。
**侧线** 识别水下的活动和声音。
**鼻** 嗅觉是鲨鱼最发达的感觉官能。
**电子雷达**

### 鲨鱼袭击事件 1876—2004 年

- 23 起 地中海
- 84 起 美国西海岸
- 8 起 美国东海岸
- 2 起 日本
- 1 起 韩国
- 1 起 墨西哥
- 3 起 南美洲
- 47 起 非洲
- 41 起 澳大利亚
- 10 起 新西兰

**128 年间共计 220 起。**

**噬人鲨**
*Carcharodon carcharias*

| 栖息地 | 海洋 |
| --- | --- |
| 体重 | 约 2 000 千克 |
| 身长 | 约 7 米 |
| 寿命 | 30~40 年 |

**鼻凹**

**眼睛** 鲨鱼的视力很差，主要靠嗅觉捕猎。

**颌** 发起攻击时，鲨鱼向前伸出颌。

**背鳍**

**臀鳍**

**尾鳍** 噬人鲨长有极大的歪尾鳍。

**胸鳍** 非常发达，在游泳时发挥非常重要的作用。

**腹鳍**

吻 ———— 识别附近猎物的气味。

**1 吻部抬起**
头部抬起，嘴部大张。

**2 双颌前伸**
鲨鱼用牙齿紧紧咬住猎物，直到猎物死亡。

**牙**
如果前牙掉落或缺失，后面的牙会前移补上。

锯齿状边缘

## 换牙
鲨鱼一生会脱落几千颗牙齿，每颗牙齿脱落后都会长出新牙。

—— 吻

—— 牙齿

—— 喉咙

—— 新牙

—— 下颌

## 颌
鲨鱼的双颌由软骨而非硬骨构成，软骨在头骨下方。鲨鱼靠近猎物时，会抬起吻部，颌前伸，远离头骨，这样能更紧地咬住猎物。鲨鱼的大部分牙齿都呈锯齿状，可以撕下猎物的肉。鲨鱼会先用尖牙咬穿猎物的身体，然后用较平的牙齿碾碎猎物。

**和其他鲨鱼对比**
噬人鲨身长约7米，是体型最大的鲨鱼。

约3米 公牛真鲨

约3.4米 柠檬鲨

约7米 噬人鲨

# 回家的路

太平洋红鲑鱼在大海中生活 5~6 年后，会回到出生地繁殖后代。这趟旅程十分艰辛，需要 2~3 个月。它们必须逆流而上，攀爬瀑布，还要躲开熊和鹰等捕食者。雌性太平洋红鲑鱼回到出生的河流后会立刻产卵，然后雄性给鱼卵受精。它们在出生地的同一条河流的同一个位置产卵。繁殖周期结束后，太平洋红鲑鱼就会死去。这点与大西洋鲑不同，大西洋鲑一生可以繁殖 3~4 次。当鱼苗孵化出来时，就意味着新的繁殖周期开始了。

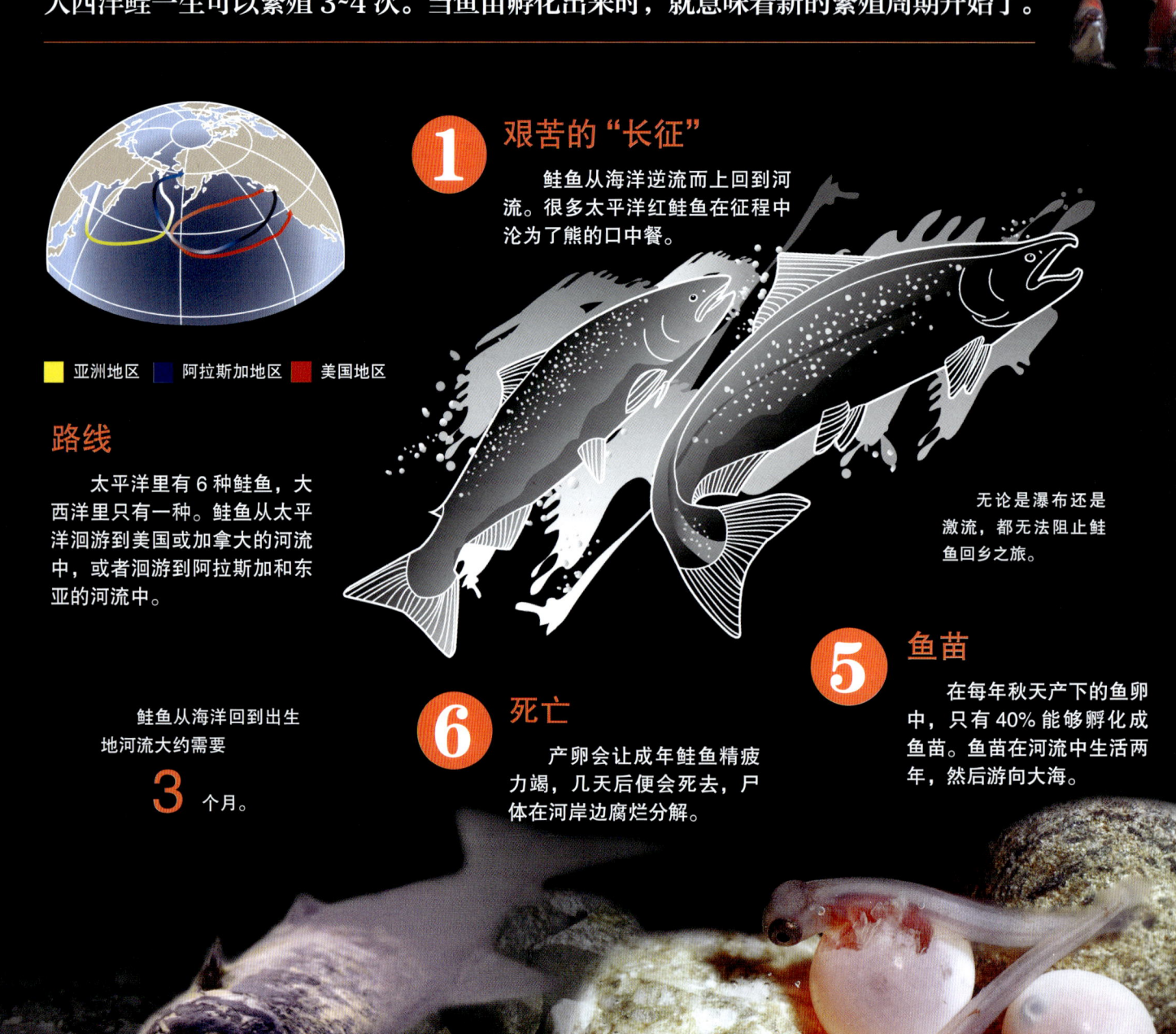

■ 亚洲地区　■ 阿拉斯加地区　■ 美国地区

## 路线

太平洋里有 6 种鲑鱼，大西洋里只有一种。鲑鱼从太平洋洄游到美国或加拿大的河流中，或者洄游到阿拉斯加和东亚的河流中。

鲑鱼从海洋回到出生地河流大约需要

**3** 个月。

### 1 艰苦的"长征"

鲑鱼从海洋逆流而上回到河流。很多太平洋红鲑鱼在征程中沦为了熊的口中餐。

无论是瀑布还是激流，都无法阻止鲑鱼回乡之旅。

### 6 死亡

产卵会让成年鲑鱼精疲力竭，几天后便会死去，尸体在河岸边腐烂分解。

### 5 鱼苗

在每年秋天产下的鱼卵中，只有 40% 能够孵化成鱼苗。鱼苗在河流中生活两年，然后游向大海。

## 生存

两条雌性鲑鱼可以产下超过 7 500 颗鱼卵，但在孵化出来的鱼苗中，大约只有两条能够活到生命周期的最后两年。很多鱼卵在孵化出来前就会死去，成功孵化的鱼苗也很容易被其他鱼吃掉。

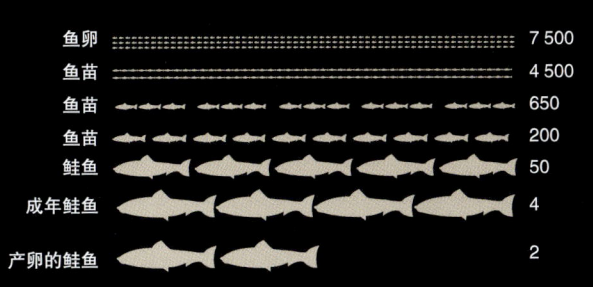

| | |
|---|---|
| 鱼卵 | 7 500 |
| 鱼苗 | 4 500 |
| 鱼苗 | 650 |
| 鱼苗 | 200 |
| 鲑鱼 | 50 |
| 成年鲑鱼 | 4 |
| 产卵的鲑鱼 | 2 |

### ② 红色的河流

鲑鱼回到出生地产卵。雄性鲑鱼颜色鲜艳，头部为绿色。

从上往下看，鲑鱼就像一个个大红点。

### ③ 配偶

雌性鲑鱼忙着在泥沙中筑巢，准备产卵；雄性则为了争夺配偶展开斗争。

一条雌性鲑鱼可以产卵 **5 000** 颗。

鲑鱼从出生到成年大约需要 **6** 年。

**嘴**
繁殖期间，雄性鲑鱼的下颌向上翘起。

**背**
背部会隆起。

**颜色**
蓝背的鲑鱼变成火红色。

### ④ 产卵

雌性鲑鱼在一连串的巢穴中产下 2 500~5 000 颗鱼卵。在鱼卵落入岩石中间时，雄性鲑鱼会给卵受精。

太平洋红鲑鱼
*Oncorhynchus nerka*

# 栖息地和偏好

海洋约占据了地球表面积的70%，是地球生命的起源地。在海洋里，最原始的物种和高度进化的物种比邻而居。海洋中物种种类丰富，其中一部分原因在于海洋环境多种多样。随着深度的增加，温度变低，光线也变暗。海洋中由此形成了各种各样的生态系统，鱼类也随之进化出了不同的饮食结构和环境适应方式。

## 生命保护区

**珊瑚礁**
珊瑚生活在温暖的水中，需要大量光照。珊瑚由珊瑚虫聚集形成，珊瑚虫分泌的钙质，年复一年不断地累积，最终形成巨大的珊瑚礁，这一微生环境成了许多种动物的居所。

仅形成于非常浅的热带水域中。

## 0～200米

**光合作用层**
表层海藻和以海藻为食的动物在这里生活。阳光能够照射进这一层，所以这一层存在光合作用。

## 150米

这里没有浮游生物。生活在这个深度以下的很多动物会在夜晚游到这个深度以上寻找食物。

**9米** 潜水者无须专业设备。

**15米** 采珠人在这一深度采珠。

**50米** 潜水员需佩戴水肺。

**浮游生物**
因为浅水中有浮游生物，所以草食鱼只在浅水中生活。

200米

旗鱼
飞鱼
管口鱼
小丑鱼
双髻鲨
蝠鲼
鲷鱼
鳕鱼
金枪鱼
副刺尾鱼
半环刺盖鱼
条纹鲈
梭鱼
海鳗
太平洋沙丁鱼
翻车鲀
尖鼻豚
虎鲨

## 200~1000米

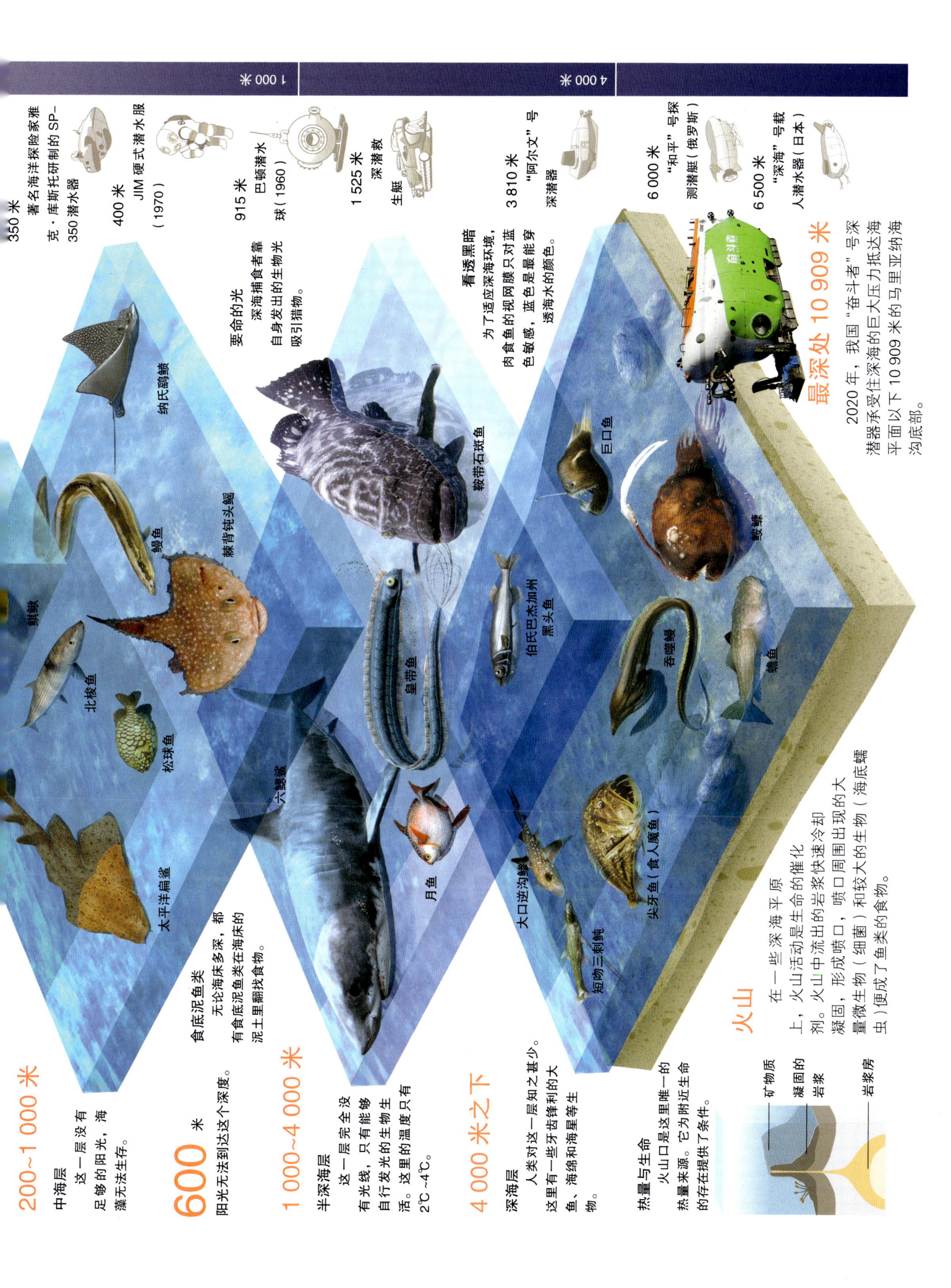

**中海层**
这一层没有足够的阳光，海藻无法生存。

## 600米

阳光无法到达这个深度。

**食底泥鱼类**
无论海床多深，都有食底泥鱼类在海床的泥土里翻找食物。

## 1000~4000米

**半深海层**
这一层完全没有光线，只有能自行发光的生物生活。这里的温度只有2℃~4℃。

## 4000米之下

**深海层**
人类对这一层知之甚少。这里有一些牙齿锋利的大鱼、海绵和海星等生物。

**热量与生命**
火山口是这里唯一的热量来源，它为附近生命的存在提供了条件。

### 火山

在一些深海平原上，火山活动是生命的催化剂。火山中流出的岩浆快速冷却凝固，形成喷口。喷口周围出现的大量微生物（细菌）和较大的生物（海底蠕虫）便成了鱼类的食物。

- 矿物质
- 凝固的岩浆
- 岩浆房

---

- 350米 著名海洋探险家雅克·库斯托研制的SP-350潜水器
- 400米 JIM硬式潜水服（1970）
- 915米 巴顿潜水球（1960）
- 1525米 深潜救生艇
- 3810米 "阿尔文"号深潜器
- 6000米 "和平"号探测潜艇（俄罗斯）
- 6500米 "深海"号载人潜水器（日本）

**最深处 10 909 米**

2020年，我国"奋斗者"号深潜器承受住深海的巨大压力抵达海平面以下10 909米的马里亚纳海沟底部。

---

**鱼类：**
- 纳氏鹞鲼
- 鳗鱼
- 鲱鳅
- 北梭鱼
- 松球鱼
- 太平洋鳊鲨
- 棘背钝头鳙
- 皇带鱼
- 六鳃鲨
- 月鱼
- 伯氏巴杰加州黑头鱼
- 毅带石斑鱼
- 巨口鱼
- 鲛鳞
- 大口逆沟鳗
- 尖牙鱼（食人魔鱼）
- 吞噬鳗
- 鳙鱼
- 短吻三利鲀

# 黑暗之王

几乎没有光线能够穿透 2 500 米的深海，这里生活着稀有的深海鱼。在这样的环境中，只有海床上的火山口附近比较温暖，可能会有生命。尽管有火山口，很多地方的温度仍不会超过 2℃。生活在这里的鱼外形奇特，头很大，牙齿锋利。这里没有植物，所以它们都以其他鱼类为食。为了吸引猎物，很多深海鱼都长有"诱捕"器官——发光器，能够在黑暗中闪发光。为了隐藏自己，它们通常呈黑色或深褐色。

**乔氏茎角鮟鱇**
*Caulophryne jordani*
身体深褐色，头上的发光器可以照亮黑暗。

**丝状物**
覆盖全身，起到防御作用

**蝰鱼**
*Chauliodus sloani*
身长 30～50 厘米，身体深蓝色或银色，生活在温暖的海域。

**尖利的牙齿**
先靠巨大的牙齿和强大的咬合力捕获猎物，再将猎物咬碎后吞下。

**发光器**
它和大部分深海鱼一样长有发光器。

**角高体金眼鲷**
*Anoplogaster cornuta*
这种鱼十分凶猛，它们用强有力的下颌和尖利的牙齿咬住并杀死猎物。

**能在微弱光线下看见东西的眼睛**

胼胝体毯部
像镜子一样反射光线。每束光线通过视网膜两次，使视网膜敏感性加倍

光线

视网膜
无法看到红光，只接受蓝色光波，蓝色光波更易在水中传播。

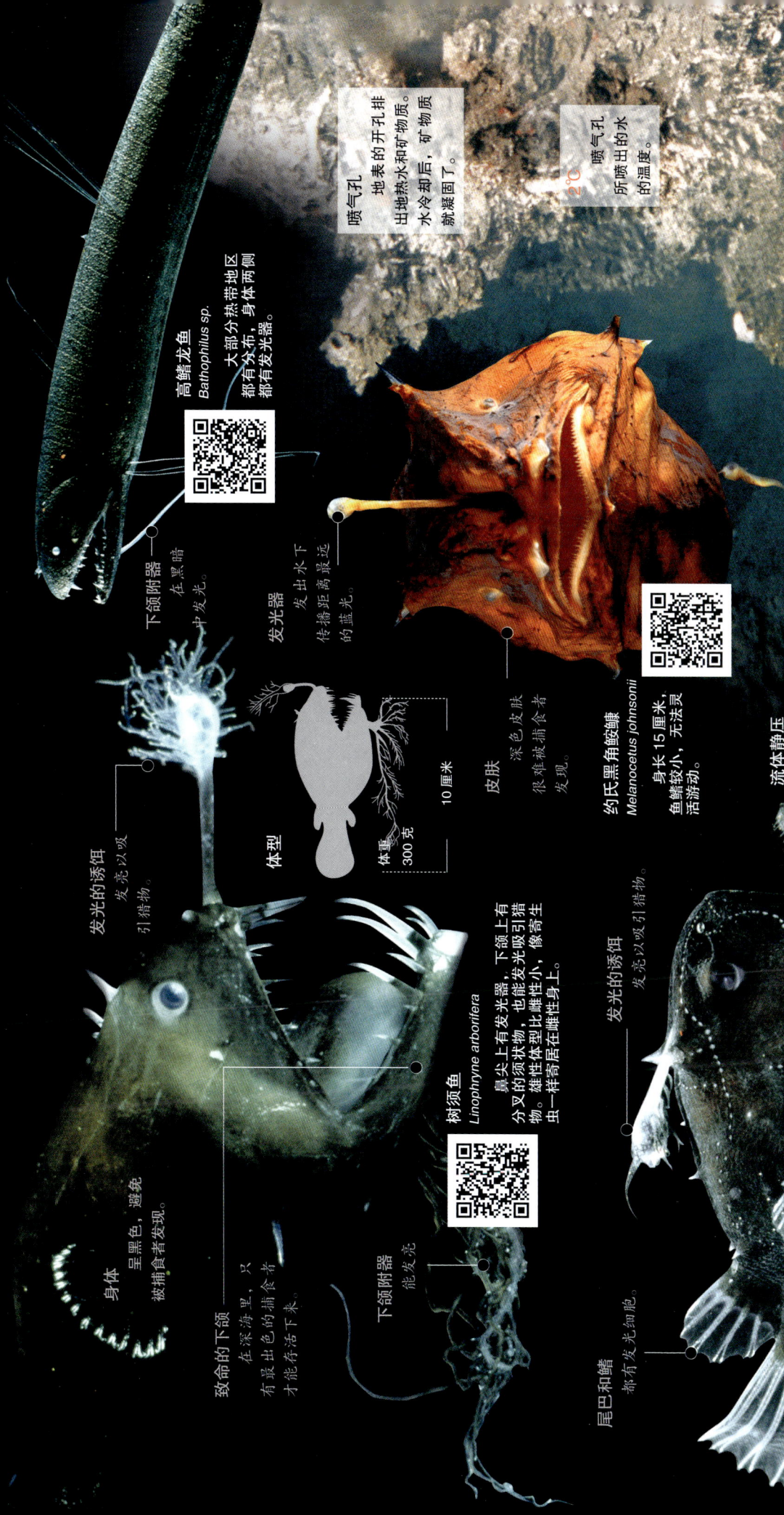

**喷气孔**
地表的开孔排出地热水和矿物质。水冷却后，矿物质就凝固了。

**喷气孔所喷出的水的温度。**
2℃

**管状蠕虫**
管状蠕虫既没有嘴，也没有消化道，有化能合成细菌能将水中的元素转化成有机细胞，以此维持生命。

**高鳍龙鱼** *Bathophilus sp.*
大部分热带地区都有分布，身体两侧都有发光器。

**下颌附器** 在黑暗中发光。

**发光器** 发出水下传播距离最远的蓝光。

**皮肤** 深色皮肤很难被捕食者发现。

**约氏黑角鮟鱇** *Melanocetus johnsonii*
身长15厘米，鱼鳍较小，无法灵活游动。

**体型** 体重300克 10厘米

**流体静压**
一定体积的水的重量。水压随深度的增加而增加。在马里亚纳海沟（世界上最深的海沟），每平方厘米的平面承受了1.2吨水的重量。

1立方米水＝1000千克

水深 **2 500** 米。

**发光的诱饵** 发光以吸引猎物。

**致命的下颌** 在深海里，只有最出色的捕食者才能存活下来。

**身体** 呈黑色，避免被捕食者发现。

**树须鱼** *Linophryne arborifera*
鼻尖上有发光器，下颌上有分叉的须状物，也能发光吸引猎物。雄性体型比雌性小，像寄生虫一样寄居在雌性身上。

**下颌附器** 能发光。

**尾巴和鳍** 都有发光细胞。

**发光的诱饵** 发光以吸引猎物。

**疏刺鮟鱇** *Himantolophus gronlandicus*
雌性身长可达60厘米，但雄性只能勉强达到4厘米，雄性像寄生虫一样寄居在配偶身上。

# 鳗

鳗（鳗鲡目）属于辐鳍亚纲，它们身体修长，外形像蛇。世界上约有 600 种鳗，包括海鳝、康吉鳗、蛇鳗等。鳗身体的颜色和花纹多种多样，有的是纯灰色，有的是带有斑点的黄色。它们的身体上没有鳞片，取而代之的是一层保护性黏膜。绿海鳝是最奇特的鳗之一，它们生活在加勒比海中，通常藏在珊瑚礁中等待猎物。潜水的人最怕遇上绿海鳝，虽然它没有毒，但若被它咬到，会受非常严重的伤。

**绿海鳝**
*Gymnothorax funebris*

| 栖息地 | 加勒比海 |
| --- | --- |
| 深度 | 8~60 米 |
| 体重 | 约 29 千克 |

体重约 29 千克
约 2.5 米

## 绿海鳝

和大部分鱼类不同，绿海鳝没有鳞片。粗壮的身体上有一层黏膜，使寄生虫无法侵入。绿海鳝在夜晚捕猎，靠出色的嗅觉寻找猎物。

**康吉鳗**
*Conger conger*

世界上约有 100 种康吉鳗。

体重约 65 千克
约 2.7 米

视觉
非常差

嗅觉
高度发达，靠嗅觉搜寻猎物。

## 攻击猎物

**A 藏身之处**
绿海鳝生活在珊瑚礁的裂缝和洞穴中，并时刻注意外面的动静，等待猎物路过，然后予其致命一击。

**B 发起攻击**
绿海鳝通常在夜晚捕猎，鱼和章鱼都是它们的猎物。它用锋利的牙齿咬住猎物，牙齿向后倾斜，避免猎物逃脱。

**C 盘绕**
将猎物囫囵吞下后，绿海鳝的身体会盘成两个圈，把消化道中的猎物挤碎碾平。

猎物

用牙齿撕开猎物

用身体碾碎猎物

嘴部

上颌有两排牙齿。

下颌仅有一排牙齿。

牙齿总数为 **27** 颗。

世界上的鳝约有 **600** 种。

管鼻鯙
*Rhinomuraena quaesita*
生活在印度洋和太平洋中，以小鱼为食。雌性长有黄色背鳍。

身体上有两种颜色，没有鳞片。

体重约 3.6 千克
约 1 米

**无鳍**
绿海鳝身体修长，肌肉发达，没有胸鳍和腹鳍。背鳍和臀鳍很长，尾鳍短。

体重约 24 千克
约 80 厘米

雪花蛇鳝
*Echidna nebulosa*
雪花蛇鳝的生长速度非常慢，两岁才算成年。

身体上有深褐色和黄色花纹，覆盖着一层保护性黏膜。

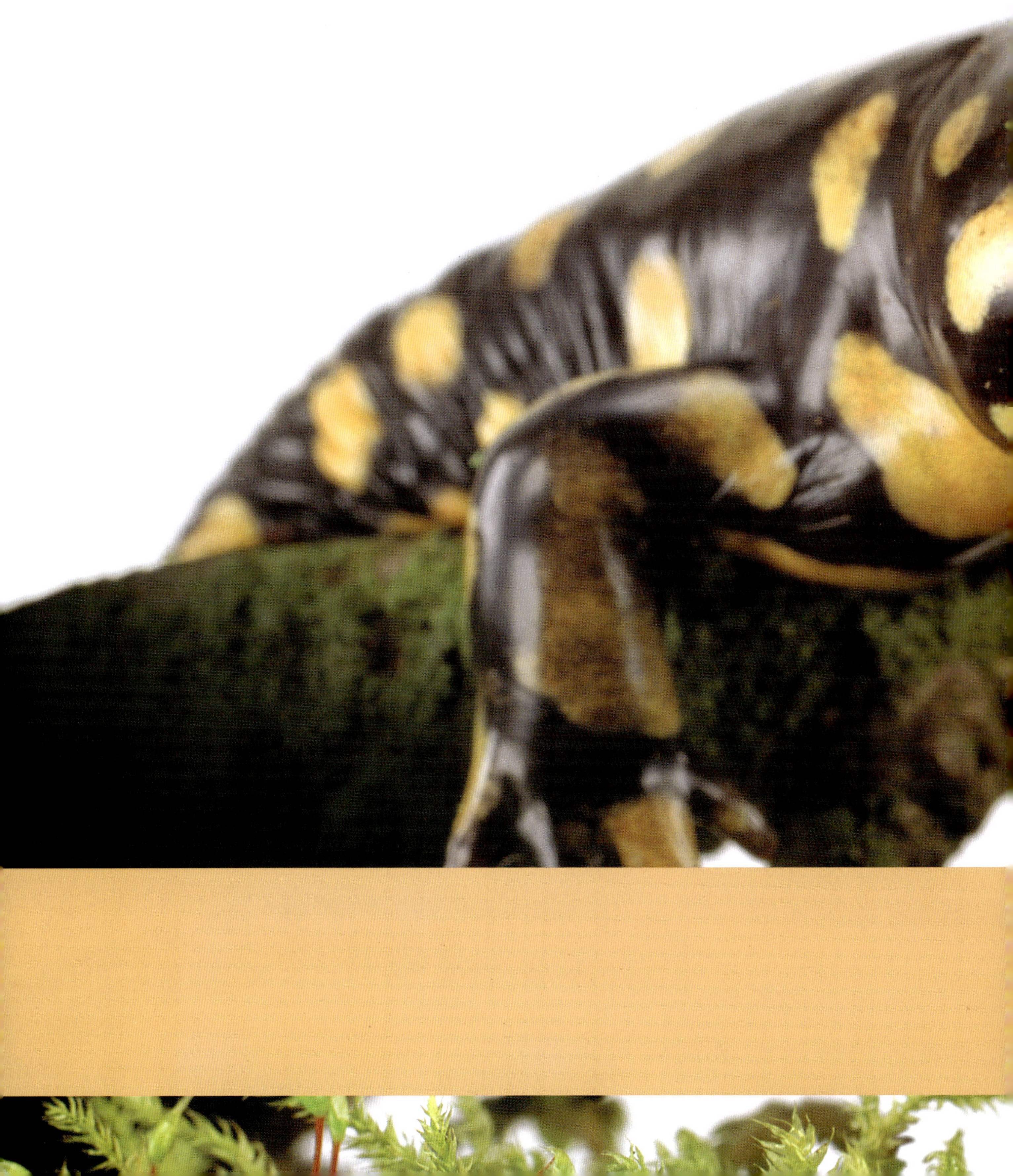

# 第五节 两栖动物

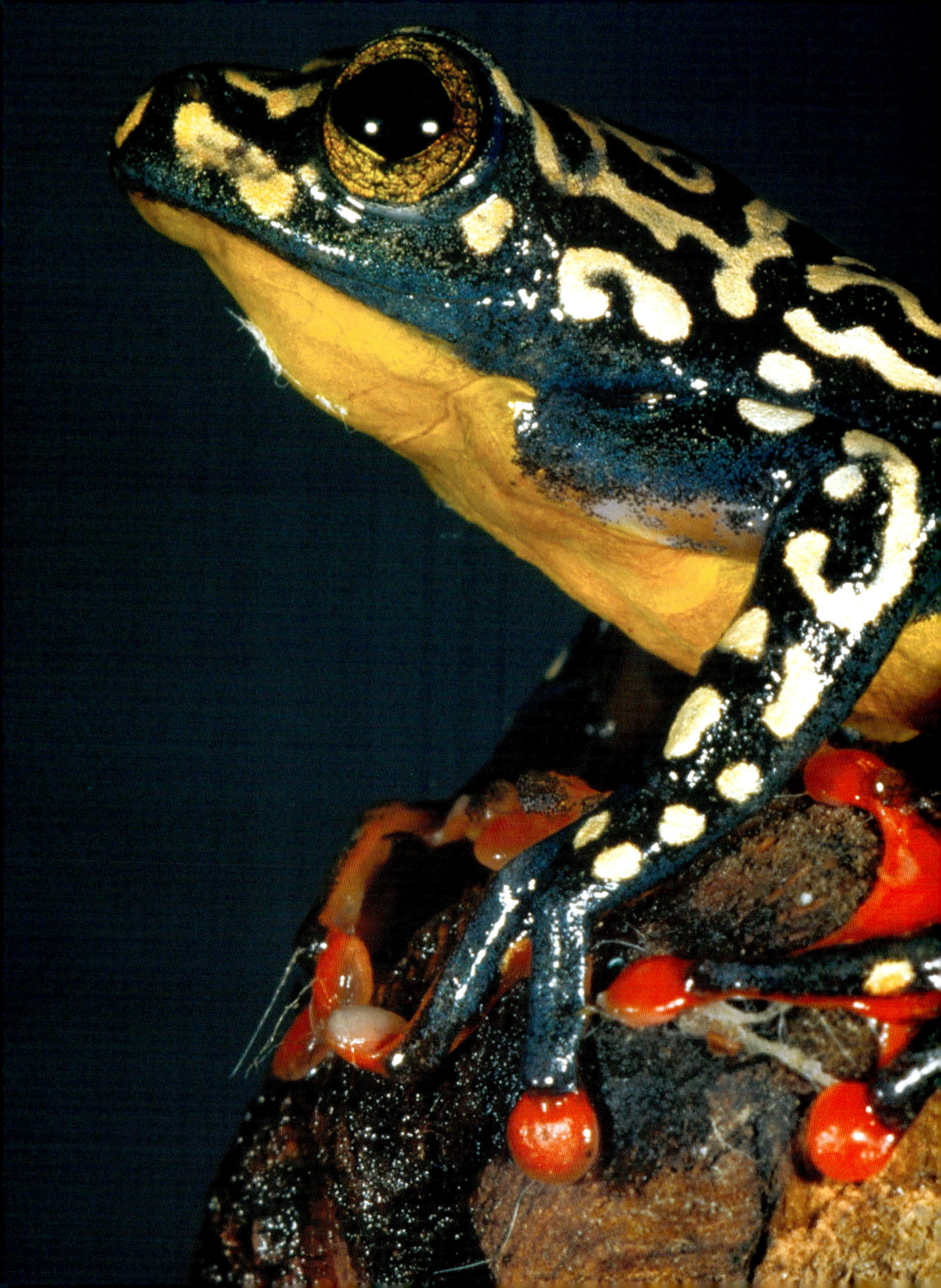

# 两栖动物

　　很少有两栖动物能像箭毒蛙一样引起科学家的兴趣。所有箭毒蛙属的蛙类的皮肤都能分泌有毒物质，它们颜色鲜艳，用来警告捕食者保持距离。两栖动物（蝾螈、蛙、蟾蜍、蚓螈等）最大的特点就是它们征服了陆地。为此，它们的四肢进化得更适合在陆地上爬行。它们还能通过皮肤和肺获得氧气。你还能在本单元了解青蛙和蟾蜍如何繁殖、蝾螈如何进食，以及其他有趣的知识。

**水陆之间** 184
**跳跃健将** 186
**深深拥抱** 188
**变形记** 190
**神奇的尾巴** 192
**蝾螈** 194

**箭毒蛙**
　　箭毒蛙能分泌攻击神经系统的特殊毒物。

# 水陆之间

两栖动物小时候生活在水里，成年后离开水到陆地上生活，但大部分两栖动物必须生活在水边或是非常潮湿的地方，以保持皮肤湿润，这是因为两栖动物还用皮肤呼吸，只有湿润的皮肤才能汲取氧气。成年青蛙和蟾蜍的典型特征是无尾、后肢很长、眼睛大且突出。

## 两栖动物的身体结构

两栖动物的身体有一些奇特之处。幼体（比如蝌蚪）的呼吸系统有鳃。大部分两栖动物成年后会长出肺。虽然很多时候用皮肤呼吸比用肺呼吸更重要，但它们还是有气管、咽腔以及像气囊一样的肺。心脏有两个心房和一个心室，消化系统和排泄系统与大部分哺乳动物相似。

### 声囊

蟾蜍和青蛙都能发声。虽然声音来自声带，但雄性可以利用喉咙两侧可膨胀的气囊放大声音。

### 皮肤

两栖动物可以通过皮肤呼吸。它们的皮肤上面没有毛或鳞片，因此必须时刻保持皮肤湿润。虽然黏液腺有助于保持皮肤湿润，但它们还是必须待在潮湿的环境中。大部分两栖动物的皮肤有保护功能，皮肤上毒腺的分泌物会让其他动物感到不舒服甚至中毒。

二氧化碳　氧气
静脉
动脉
毒腺
黏液腺

声囊
肺
心脏
肾
胃
肝
直肠
膀胱

### 后肢
肌肉发达，5个长长的脚趾间有蹼，便于游泳。

## 适应性演变

脚的形态取决于环境。

**1 跳跃** 双腿肌肉发达，适宜跳跃。

**2 游泳** 延伸到趾尖的膜有助于游泳。

**3 吸盘** 趾尖上的圆形吸盘有助于抓握和攀爬。

**4 铲状** 凸起的结节有助于挖掘。

## 青蛙和蟾蜍的区别

青蛙和蟾蜍之间区别很大。蟾蜍的皮肤有褶皱，腿更短，是陆栖动物。青蛙的体型更小，有蹼，生活在水中或树上。

**皮肤** 柔软光滑，颜色明亮鲜艳。

**眼睛** 青蛙的瞳孔是水平的。

**眼睛** 瞳孔通常是水平的，部分蟾蜍的瞳孔是竖直的。

**皮肤** 蟾蜍的皮肤有褶皱，皮肤较硬、粗糙且干燥。

**非洲树蛙** *Hyperolius tuberilinguis*

**体态** 蟾蜍是陆栖动物，行动比青蛙缓慢，身体比青蛙更宽。青蛙主要生活在水里，所以它们长着便于游泳的蹼趾。

**双腿** 修长，适宜弹跳。青蛙有蹼，便于游泳。

**双腿** 比青蛙的腿更短更粗，适宜行走。

**蟾蜍** *Bufo bufo*

**捕食** 蟾蜍会将猎物整个吞下。

**吞食** 蟾蜍闭上眼，把眼睛向内转动时，眼球向后，增加嘴里的压力，迫使食物滑下食道。

### 食物

幼体时期以生活环境中的植物为食，成年后的主要食物来源是一些节肢动物（比如鞘翅目和蛛形纲类）和其他一些无脊椎动物（比如蝴蝶、毛毛虫和蚯蚓）。

**环状蚓螈** *Siphonops annulatus* 形似粗大的蠕虫。

## 两栖动物的分类

两栖动物可以根据尾巴和双腿分为三类：有尾目两栖动物、无尾目两栖动物和无足目两栖动物。有尾目两栖动物包括蝾螈和火蝾螈。青蛙和蟾蜍成年后没有尾巴，属于无尾目两栖动物。既没有尾巴也没有腿，和蠕虫类似的蚓螈，属于无足目两栖动物。

**欧洲树蛙** *Hyla arborea* 性情温和，生活在建筑物附近。

❶ **无尾目两栖动物** 没有尾巴。

❷ **无足目两栖动物** 没有腿。

## 腿

青蛙和蟾蜍的前肢都有4根脚趾，后肢有5根脚趾。在水里生活的青蛙有蹼，树蛙的指尖上有吸盘，可以吸附在垂直的表面上；穴居蛙的后腿上有名为结节的坚硬凸起，可以用于挖掘。

❸ **有尾目两栖动物** 有尾巴。

**虎纹钝口螈** *Ambystoma tigrinum* 美洲颜色最为鲜艳的蝾螈之一。

# 跳跃健将

无尾目两栖动物能跳得又高又远。青蛙和蟾蜍的身体结构非常适于跳跃。青蛙通过跳跃来逃离敌人的追击,一次跳跃的距离是身长的 10~44 倍。在感受到威胁时,青蛙会跳入最近的水中躲藏起来,或是在陆地上用不规律地跳跃迷惑敌人。

## ❷ 进食

无尾目两栖动物的食物多样。它们以昆虫和小型无脊椎动物为食,比如蚯蚓、蜗牛、甲壳纲动物,还有蜘蛛。蝌蚪是植食性动物。

## 青蛙

青蛙的眼睛很大,可以轻易锁定猎物。眼睑可以避免空气中的颗粒伤害眼睛,并且在水下也能看见东西。青蛙的皮肤光滑,上面的腺体可以湿润皮肤,或者分泌有毒或刺激性物质。青蛙用肺和皮肤呼吸。青蛙的鼓膜(即耳膜)很大,在头部两侧,嘴巴也很大,有的青蛙有牙齿,有的没有。

## ❶ 跳跃

起跳前,后腿肌肉绷紧,双脚紧蹬地面。接着双腿伸展,将身体推出,向前跃起。

**明显凸起**

**身体伸展**

**腿部肌肉** 绷紧以便跳跃。

**后脚** 有 5 个脚趾,脚趾间有蹼。

**可食蛙**
*Pelophylax esculentus*

常见于欧洲地区,在北美地区和亚洲地区也有分布。

## 蟾蜍

蟾蜍在一些方面和青蛙很像,但可以通过一些特征把它们和青蛙区分开来。通常说来,蟾蜍体型更大,特征不明显,更适应陆地生活。蟾蜍的皮肤比青蛙更厚,这是为了避免皮肤变干,蟾蜍身体上通常覆盖着瘤突。

**亚洲树蟾蜍**
*Pedostibes tuberculosus*

## 如何进食

**1 粘住**
用有黏性的舌尖粘住昆虫。

**2 无处可逃**
舌头卷起，将昆虫带进嘴里。

**眼睛**
跳跃时双眼紧闭。

植物上的昆虫是青蛙最爱的食物。

**前脚**
有4个脚趾，不如后脚强壮。

## 在高处

巨雨滨蛙身体最长可达10厘米，擅长爬高、跳跃以及在平地上移动。它们的每个趾尖上都有吸盘，能吸附在各种平面上。

脚趾上有一层黏性物质。

**巨雨滨蛙**
*Litoria infrafrenata*

**脊柱**
脊椎数量不多，有助于灵活跳跃。

## 9块脊椎

巨雨滨蛙有一根长尾椎骨——由椎骨融合形成的圆柱状骨骼。

**腿**
适宜跳跃和游泳。

**③ 下落**
下落时，青蛙会伸展后腿，这样不仅可以减少空气阻力，还能更顺利地入水。

非洲蛙的跳跃距离约为

# 5.35 米。

**下落**
后腿像箭一样向后弹出。

**潜水**
进入水中时，身体向上弯曲。

## 跳跃

因为蟾蜍的体重更大，腿部没有青蛙灵活，所以它们跳跃的距离短。

后腿为跳跃提供动力。　双眼紧闭，以保护眼睛。　前腿着地。

静止　起跳　跃起　落地

# 深深拥抱

两栖动物通常在水中繁殖，雌性在水中产卵，不过也有一些两栖动物在陆地上产卵。春季是最佳繁殖季节，雄性会高歌一曲来彰显自己的存在。交配时，雄性会趴在雌性身上，在雌性产卵时为卵受精，这叫作抱合行为。胶质层吸水后体积变大，将卵集聚在一起。

### 浪漫的歌曲
雄性高歌一曲来吸引雌性。

## 抱合

绝大部分两栖动物都是体外受精。这一过程十分危险，雄性会紧紧抱住雌性，在雌性排出卵子的同时排出精子。为了确保繁殖成功，雄性和雌性必须排出大量精子和卵细胞。抱合持续 23~45 分钟。

约 7 厘米

雌性体型一般比雄性大。

体重 50~100 克

### 婚垫
雄性靠婚垫紧贴在雌性身上。

4 根圆柱形脚趾

雄性的前脚

雌性的前脚

雌性体内有卵。

**佩雷斯蛙**
*Pelophylax perezi*

| 食性 | 食肉 |
| --- | --- |
| 繁殖 | 卵生 |
| 繁殖季 | 春季 |

一些无尾目两栖动物一次可以产卵

## 2万 颗。

## 生命周期

青蛙的生命周期分为三个阶段：卵、幼体和成年。胚胎在卵中开始发育；6~9 天后卵孵化出小蝌蚪，蝌蚪的头部很圆、尾巴很大，长有鳃。在蝌蚪开始用肺呼吸并且尾巴消失之后，它就变成了小青蛙，进入了成年阶段。

精子
卵子
精子 雄性配子
原生质 胚细胞
卵子雌性配子
受精卵
桑葚胚
囊胚
囊胚腔
囊胚孔
外胚层
中胚层
内胚层

**16 周**
周期长度

性成熟的雄性
性腺
幼体
出生

# 有责任心的亲蛙

一些雄性青蛙或蟾蜍会非常小心地保护雌性产下的卵，它们会帮助雌性将卵收集起来。有一些雄性甚至将卵背在背上，直到幼体出生。

### 产婆蟾
*Alytes obstetricans*

雌性在雄性后腿上产卵，雄性将卵集中起来背在背上。雄性会在接下来的一个月里，为卵提供一个湿润的环境，最后把卵放进水中，便于蝌蚪出生后游走。

**雄性蟾蜍可以背 35~60 颗卵。**

- 卵的内部
- 蝌蚪在水里出生。

### 雄性
牢牢抓住雌性，排出精子。

### 负子蟾
*Pipa pipa*

雌性会边转圈边产卵。雄性把卵放在雌性背上，雌性凹陷的皮肤可以保护卵安全孵化。

- 幼体和父母一模一样
- 正在孵化的卵
- 出生的蝌蚪
- 蝌蚪需要氧气

### 雌性
将卵成串排出。

后脚

# 变形记

变态发育指无尾目两栖动物从卵到成年的变化过程（有尾目两栖动物和蚓螈也会经历变态发育）。刚孵化出来的两栖动物呈幼体形态，完全在水里生活，之后它们的身体结构、饮食习惯和生活方式会逐渐经历巨大变化，直到完全适应陆地生活。

## ① 幼体

**3 天**

幼体有着大大的头和细长的身体，还有鳃和能张开的嘴，可以觅食。

**外鳃**

孵化 3 天后，蝌蚪长出鳃。

## 技巧

由于缺少足够的（或适合繁殖的）水域，很多青蛙和蟾蜍会聚集在一起形成大繁殖群。大量的卵聚在一起更有利于保暖，并且能更快孵化。大部分时候，青蛙和蟾蜍产卵的湖泊或河床会在每年固定的时间干涸，这样可以避免其他动物来这里吃掉卵和蝌蚪。

## 凝胶状胶囊

每一颗卵都被果冻一样的胶质包裹，胶质遇水膨胀，能更好地保护胚胎。

**内鳃**

## ② 鳃

**4 周**

外鳃被身体皮肤覆盖，被内鳃取代。它们以藻类为食。

**后腿**

看起来像小芽。

**长尾巴**

**后腿**

## ③ 小青蛙

**6 周**

蝌蚪慢慢变成看起来像是长着长尾巴的小青蛙，它们在河岸边成群游泳。

**尾巴逐渐消失**

（融合锁骨）形似回力镖。

**前腿**

# 周期

## 变态

欧洲蛙从卵到成年大约需要 16 周。

## 蛙妈妈和它的卵

虽然无尾目两栖动物的生存本能并不强，但青蛙和蟾蜍都会照顾自己的后代。它们大量产卵，以确保许多蝌蚪不会沦为其他动物的食物。胶质层也能保护卵不被其他动物吃掉。一些蛙类甚至会把蝌蚪背在身上来保护它们，比如负子蟾。

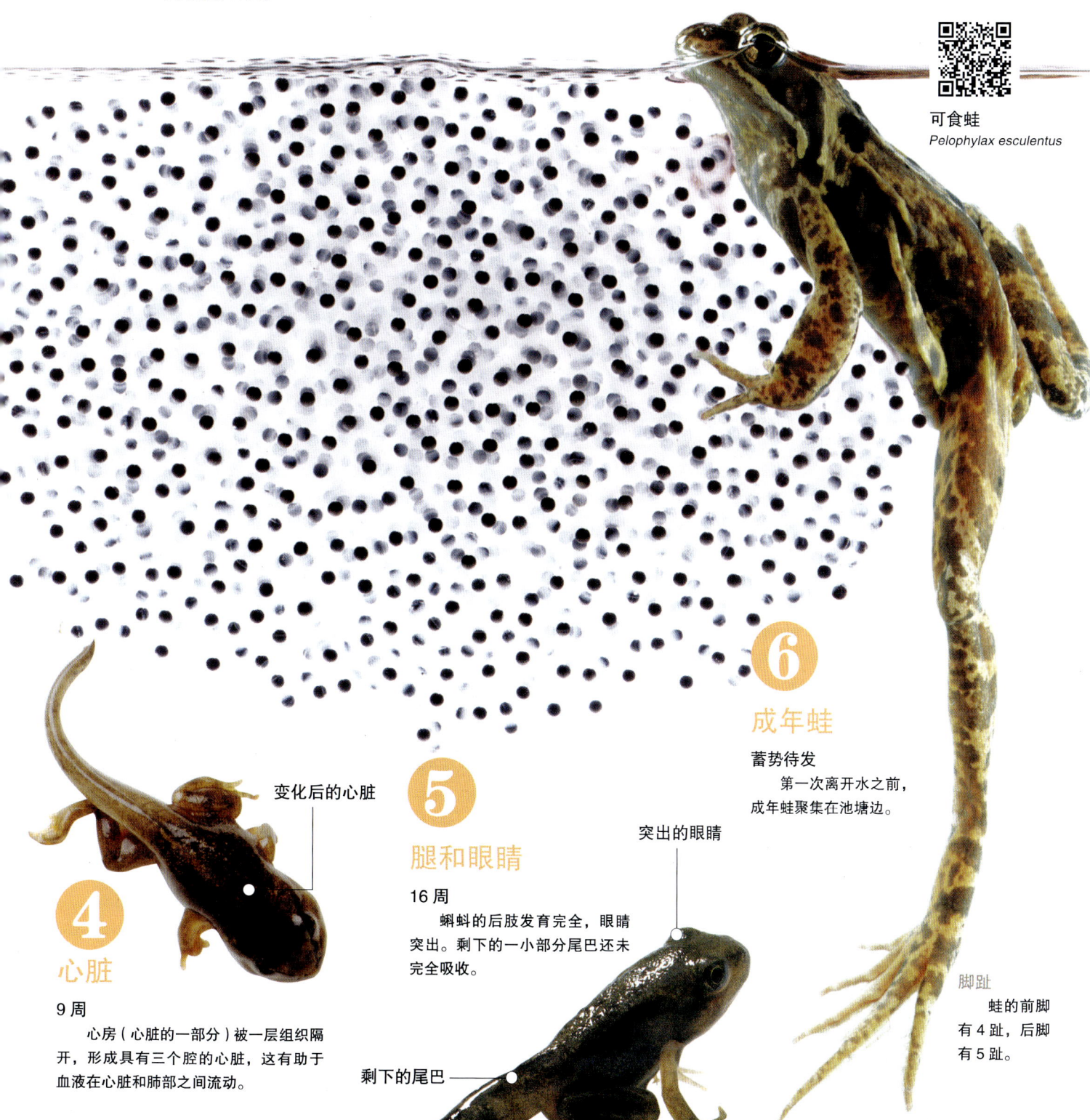

**可食蛙**
*Pelophylax esculentus*

### ❹ 心脏

**9 周**

心房（心脏的一部分）被一层组织隔开，形成具有三个腔的心脏，这有助于血液在心脏和肺部之间流动。

变化后的心脏

### ❺ 腿和眼睛

**16 周**

蝌蚪的后肢发育完全，眼睛突出。剩下的一小部分尾巴还未完全吸收。

突出的眼睛

剩下的尾巴

### ❻ 成年蛙

**蓄势待发**

第一次离开水之前，成年蛙聚集在池塘边。

**脚趾**

蛙的前脚有 4 趾，后脚有 5 趾。

# 神奇的尾巴

火蝾螈属于有尾目两栖动物,生活在潮湿的环境中。它们生活的区域非常有限,而且对周围环境的变化格外敏感。火蝾螈与青蛙和蟾蜍不同,成年后依然长有尾巴。尾巴的长度几乎占到身体总长度的一半。火蝾螈(尤其是成年火蝾螈)是纯粹的夜行性动物,它们会缓慢地在地面行走或爬行。白天它们躲在岩石下或是地下的洞穴里,也可能待在树干上。

**火蝾螈**
*Salamandra salamandra*

| 栖息地 | 欧洲 |
|---|---|
| 目 | 有尾目 |
| 科 | 蝾螈科 |

18~28厘米

火蝾螈可能在春季繁殖,具体时间取决于栖息地和蝾螈种类。

**湿润的皮肤**
对于用皮肤呼吸的蝾螈来说非常必要。

## 身体结构

头部较窄,嘴巴和眼睛比青蛙和蟾蜍小,不过身体更长,4只脚的大小和长度基本一致。火蝾螈行动缓慢,四肢和身体呈合适的角度。

**尾巴**
与青蛙和蟾蜍不同,火蝾螈始终长有尾巴。

**头部**
由软骨构成,缺少骨骼结构,所以火蝾螈的头部比青蛙和蟾蜍都小。

**身体**
身体修长,有16~22块胸椎,每块胸椎上都有一对肋骨。

**皮肤**
背部和身体两侧的皮肤光滑发亮。咽部和腹部的黄色斑点颜色更淡,数量更少。

**脚**
火蝾螈的每只脚上都有4根脚趾,通过推压地面使身体向前。

**眼睛**
大而突出，虹膜呈深棕色。

**舌垫**
**舌头肌肉收缩**
**舌头外侧**
**缩肌**

## 食性

火蝾螈舌头很长，可以快速弹出舌头抓住猎物，然后把猎物囫囵吞下。它们是食肉动物，主要靠视觉和嗅觉捕猎。因为行动缓慢，火蝾螈不需要太多食物。如果它们吃得比实际需要的多，就会将食物转化为脂肪储存起来，以备不时之需。

御洞火蝾螈

## 防御

御洞火蝾螈有两种方式躲避敌人：装死或是向前弯曲尾巴。其他种类的蝾螈靠腺体分泌的有毒物质保护自己，它们还能断尾，断掉的尾巴还能继续摆动以迷惑敌人。

## 生命周期

火蝾螈的生命周期可以分为三个阶段：卵、幼体和成年。卵的大小取决于火蝾螈的种类。幼体长有羽状外鳃。变态发育会一直持续到成年，届时火蝾螈的鳃消失，开始用肺呼吸。

**1 卵** 孵化出幼体。

**2 出生** 幼体长有羽状外鳃。

**幼体** 变态发育开始：火蝾螈的鳃逐渐消失，开始用肺呼吸。

**变化** 身体变长；开始用皮肤和肺呼吸。

**3 成年** 变态发育结束；性成熟。

一些火蝾螈的寿命可以达到 **55** 年。

**妊娠期**
**38** 个月。

**兰氏真螈**
*Salamandra lanzai*
兰氏真螈的妊娠期是所有动物中最长的，甚至比大象还长。

# 蝾螈

在现存的三种主要原始两栖动物中，蝾螈与所有两栖动物的祖先最为相似。蝾螈的栖息地非常复杂多变。它们大部分时间在地面生活，在繁殖期回到水里。和青蛙与蟾蜍不同，蝾螈成年后依然保留着尾巴。它们生活在北半球的温带地区。

**前脚**
蝾螈的每只前脚长有4根脚趾。

## 求偶与繁殖

在求偶和繁殖过程中，雌性和雄性都会展示自己。雄性将精子包排在地面上或是水池中，然后它必须找到雌性，将精子包献给雌性。蝾螈是体内受精，雌性会将精子包收集起来，放入自己的泄殖腔。

**1 舞蹈**
雄性会被雌性满是卵的腹部吸引，之后它们会用艳丽的颜色以及背部和尾巴上的冠脊吸引雌性的注意。

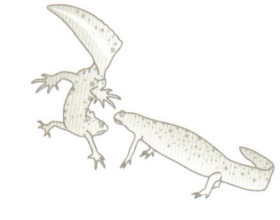

**2 展示**
雄性游到雌性面前，向它展示自己的"新婚礼服"。它立起背部锯齿状的冠脊，在泄殖腔腺产生分泌物的同时摆动尾巴。

**3 连接**
雄性排出精子，然后用身体温柔地把雌性推到精子所在的地方。雌性将精子收集起来，放入泄殖腔。

**4 产卵**
卵受精后，雌性找一个地方产卵，把卵附着在水下植物或岩石上。

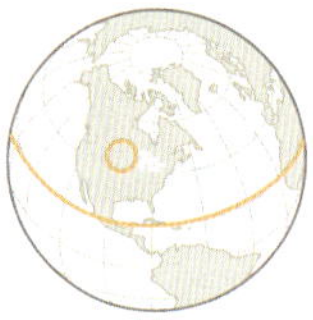

**卵**

**蝾螈**

| 栖息地 | 北半球 |
|---|---|
| 物种数量 | 360 |
| 目 | 有尾目 |

## 蝾螈的种类

两栖动物可以根据尾巴和腿分为三类。蝾螈有尾巴，属于有尾目，其中一些可以分泌有毒物质保护自己。它们的体型很小，最大的蝾螈身长也不过15厘米。

**绿红东美螈**
*Notophthalmus viridescens*
幼体会经历一个特别的幼态阶段，称为"红色阶段"。

**大冠蝾螈**
*Triturus cristatus*
每年有3~5个月待在水里。

**防御**
一些蝾螈非常危险，在受到攻击时会分泌有毒物质，比如加州渍螈。它们颜色鲜艳，这是对捕食者的警示。

雄性有冠脊，雌性背部只有一条黄色条纹。

## 蝾螈的身体结构

成年蝾螈一般身长 8~10 厘米，尾巴发达。它们长有四肢，前脚有 4 根脚趾，后脚有 4 或 5 根脚趾。蝾螈的另一个特征是上下颌都有牙齿。蝾螈的头和眼睛相对较小，主要依靠嗅觉寻找食物和社交。

**掌滑蝾**
*Lissotriton helveticus*
身长约9厘米，腹部颜色较浅。

**尾巴**
成年的蝾螈保留了尾巴。

### 进食

蝾螈通常在夜晚活动。最小的蝾螈以小型无脊椎动物为食，大一点儿的蝾螈可以吃鱼、两栖动物和卵。

**腹部**
白色或浅色腹部是掌滑蝾的特征之一。

**后脚**
雄性的后脚有蹼，雌性没有。

### 蝾螈与水

蝾螈是半水栖动物，繁殖期会回到水中。它们生活在北美地区、欧洲地区、亚洲大陆和日本诸岛。蝾螈能适应各种环境，不仅可以在水中生活，还能爬树和挖洞。

雄性的冠脊

**斑纹蝾螈**
*Triturus marmoratus*
无论幼年还是成年，它们都在水中生活。

**滑蝾**
*Lissotriton vulgaris*
它们是颜色最为鲜艳的蝾螈之一。

# 第二章
# 无脊椎动物

生命至简 199
甲壳动物 215
蛛形动物 223
昆虫 227

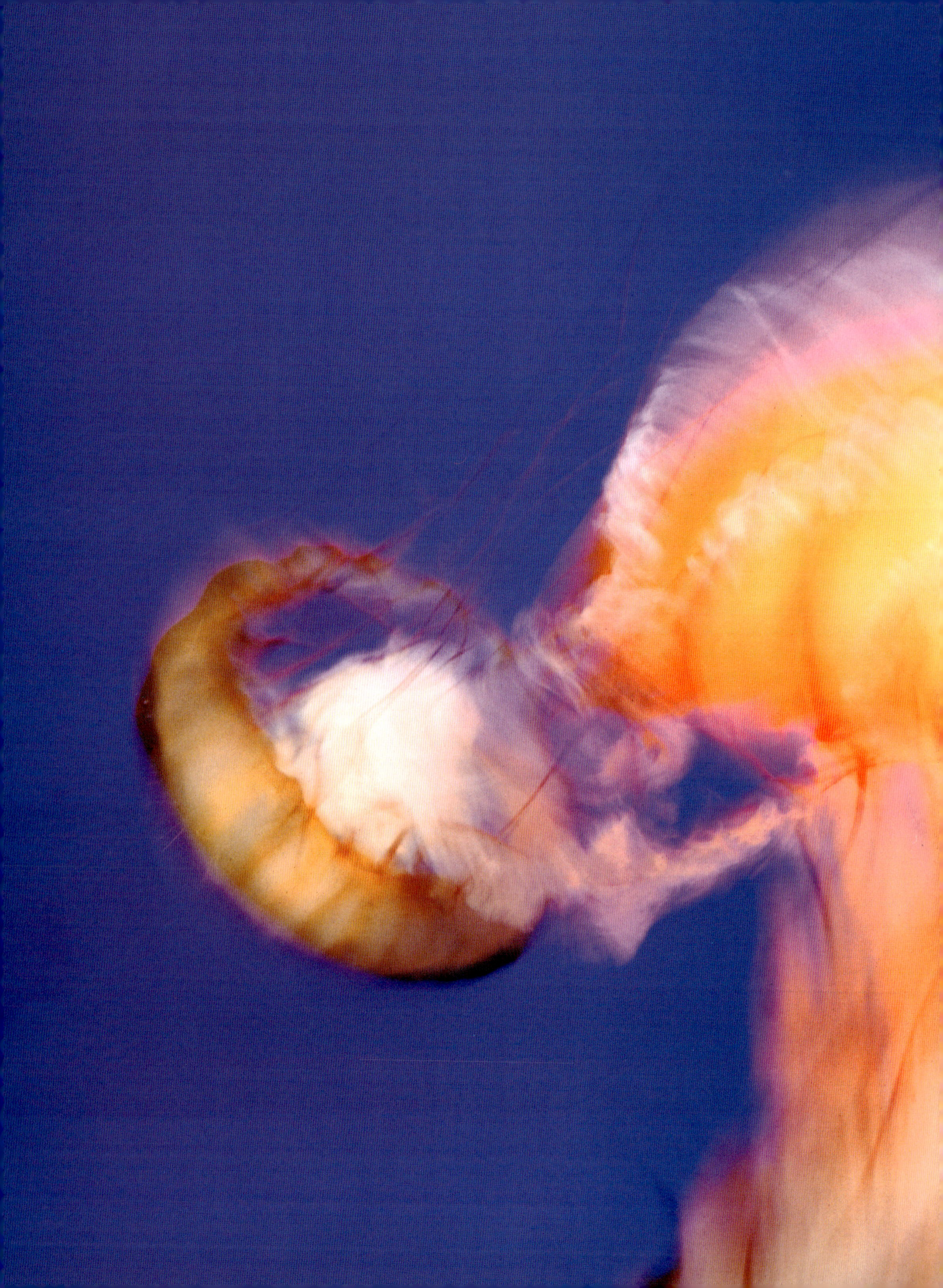

# 生命至简

很多动物看起来像植物，比如海绵动物、水母和海葵。这些简单的无脊椎动物大都不能移动位置，有的还缺少一些特定组织甚至整个呼吸系统和消化系统。另一些较为发达的无脊椎动物（比如鱿鱼和章鱼）可以自由移动，还是熟练的海中猎手。头足纲动物是进化程度最高的软体动物。它们的头上有长着一对角状颚的嘴和高度发达的眼睛，触角上有吸盘，可以困住猎物。一些头足纲动物生活在深海中，另一些则待在靠近岸的水里。

**辐射对称 200**
**海中嘉年华 202**
**水生动物 204**
**没有腿的动物 206**
**没有关节 208**
**长出来的珍宝 210**
**强有力的触手 212**

**极简的水母**
　　水母是非常简单的动物，身体呈凝胶状，没有呼吸系统、消化系统和排泄系统。它们在温暖的海水中随波逐流。

# 辐射对称

地球的海洋里生活着数不清的无脊椎动物。一些无脊椎动物呈辐射对称，比如珊瑚虫和水母，它们的身体围绕一根轴线对称。海星是典型的棘皮动物，管状的腕足小而灵活，就像车轮的辐条一样排列。海星用腕足抓住物体表面来移动。海绵则是非常简单的多细胞动物，身上有很多用于进食的小孔。

## 辐射对称

身体各部位围绕一根中心轴分布，就像自行车车轮的轮辐一样，切过身体的任意平面可将身体分为镜像对称的两部分。

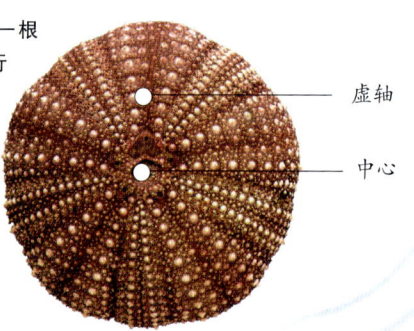

虚轴
中心

海胆
*Strongylocentrotus franciscanus*

水母
*Pelagia noctiluca*

## 棘皮动物

棘皮动物包括海百合、海参、海胆、海星等。钙化骨板构成了它们的内骨骼，上有成排管足的步带沟构成了它们的运动系统。大部分棘皮动物的内骨骼都是由皮肤和肌肉组织连接的钙质小骨板构成的。

棘皮动物
皮肤上有刺的动物。

## 棘皮动物门

海胆纲
海胆

海星纲
海星

蛇尾纲
海蛇尾

海百合纲
海百合

海参纲
海参

棘皮动物现存
**6 000** 多种。

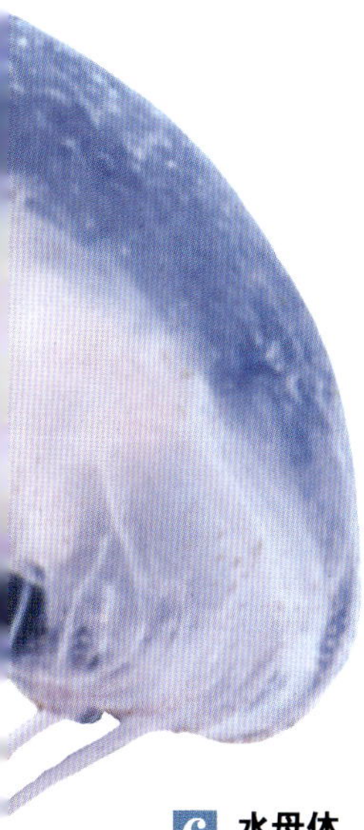

## 刺胞动物

刺胞动物门包括很多水生动物，比如水母、水螅、海葵、珊瑚虫等。它们用刺细胞蜇刺猎物和自我防御。珊瑚虫和水母是非常简单的刺胞动物。

## 分类

**水螅纲**：无性生殖的水螅

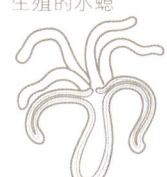

**珊瑚纲**：海葵和珊瑚虫

**钵水母纲**：水母
- 中胶层
- 消化
- 循环腔
- 口
- 肠表皮
- 表皮

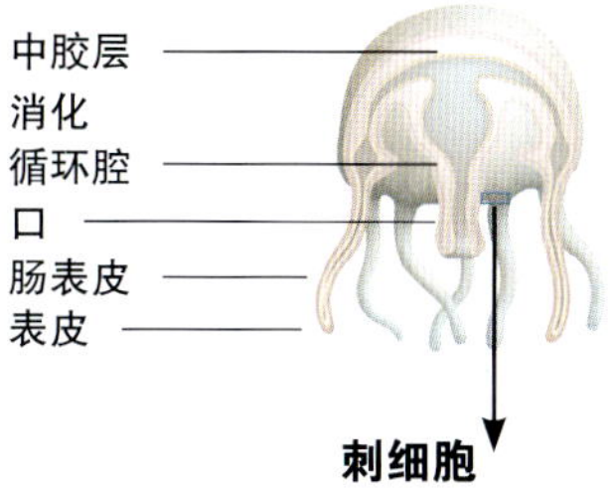

**刺细胞** 用于防御

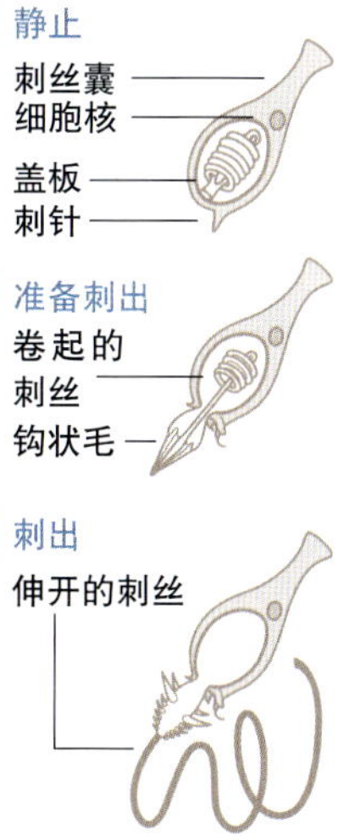

**1 静止**
- 刺丝囊
- 细胞核
- 盖板
- 刺针

**2 准备刺出**
- 卷起的刺丝
- 钩状毛

**3 刺出**
- 伸开的刺丝

## 繁殖

幼年水母 — 成年水母

**1 配子**
成年水母通过减数分裂产出精子和卵子，然后将其排出体外。

**2 受精**
受精在水母附近的水中进行。

**3 囊胚**
受精卵通过多次细胞分裂变成细胞的囊胚，囊胚就像一个空心球体。

**4 浮浪幼体**
囊胚变长，成为叫作浮浪幼体的纤毛幼虫。

**5 水螅体**
浮浪幼体附着在水底物体的表面上，接着长出口和触手，成为水螅体。

**6 水母体**
水螅体长大，逐渐变成水母，它们就像盘子一样摞在一起。

**最常见的栖息地**
美国海岸

世界上的刺胞动物约有 **11 000** 种。

## 多孔动物

固着水栖动物，大部分生活在海底，也有部分生活在淡水中。多孔动物没有器官或软细胞组织，是最简单的动物，它们的细胞在某种程度上相互独立。多孔动物的身体由多个空腔构成，水可以从中穿过。大部分多孔动物的形状不固定，但也有一些的身体呈辐射对称。

多孔动物约有 **5 000** 种（淡水中有 150 种，其余都在海水中）。

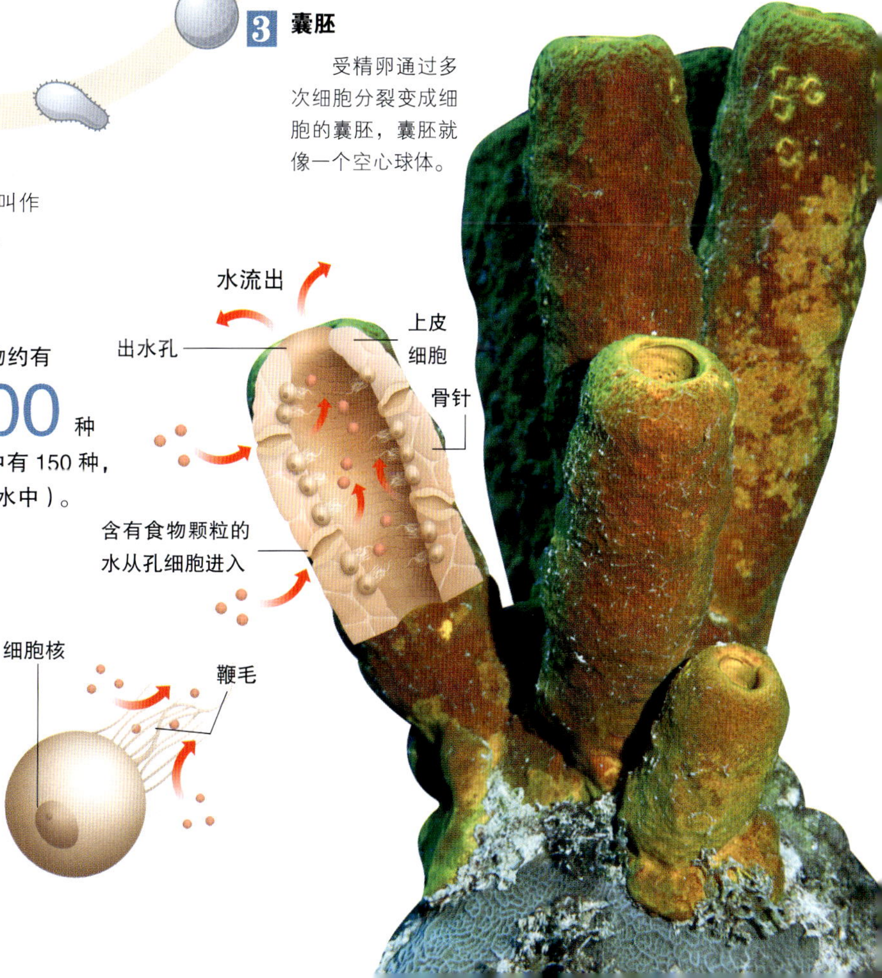

**根据身体结构划分的多孔动物种类**
- 单沟型
- 双沟型
- 复沟型

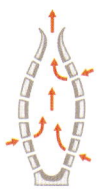

→ 水流方向

- 水流出
- 出水孔
- 上皮细胞
- 骨针
- 含有食物颗粒的水从孔细胞进入
- 细胞核
- 鞭毛

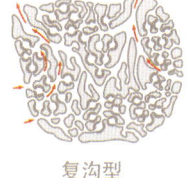

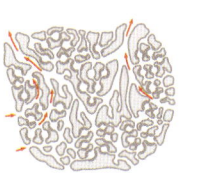

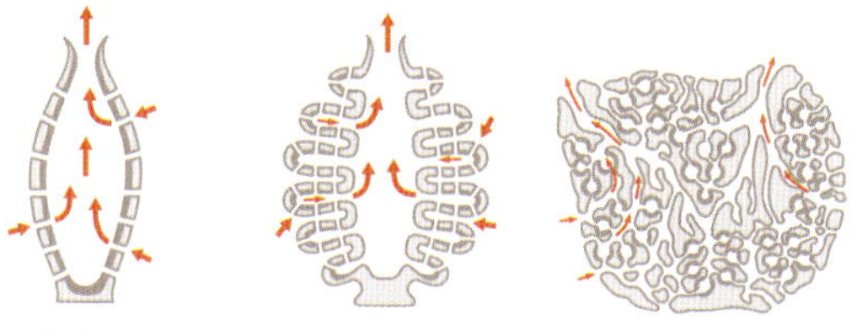

# 海中嘉年华

刺胞动物包括珊瑚虫、海葵、水母等。它们有一些共同特点：颜色鲜艳，触手能分泌刺激性物质，消化系统通过同一个开口进行摄入和排泄（动物世界里最简单的消化系统）。它们的各个系统都很简单。珊瑚通常聚居，一大群小珊瑚聚在一起一动不动，以水流带来的微生物为食；海葵却选择独居，虽然它们的活动范围有限，但是能够捕捉住猎物。

珊瑚虫

## 珊瑚礁

珊瑚虫分泌出块状或是树枝状的钙质外骨骼形成珊瑚。珊瑚大都成群，它们的骨骼形成巨大的钙质固体，也就是珊瑚礁。大部分珊瑚生活在温暖的浅海中。它们可以有性生殖，也可以通过分裂或出芽进行无性繁殖。珊瑚以浮游生物为食。

**硬珊瑚**
长在含有石灰的基底表面。

**软珊瑚**
能够分叉。骨骼不含石灰，而是像角一样可以弯曲。

珊瑚生长的深度一般为

## 50 米。

### 珊瑚

虽然有的珊瑚单独存在，但大部分都会聚集起来，每年最多生长1米。

**触手**
长有刺细胞。

**口**
珊瑚用口摄入食物，也用口排出废物。

**活体组织**

**硬质骨骼**
由死掉的珊瑚虫累积形成。

**结缔组织**
将珊瑚虫连接起来。

**胃腔**
珊瑚有多个胃腔。

**碳酸钙**

## 美丽至极，毒可致命

海葵外形美丽，颜色鲜艳，即便是同一种海葵也会有不同的颜色，但是它们十分危险，能在蜇刺猎物或捕猎者的同时释放出致命的毒物。海葵一般生活在海洋中，但所在的深度有所不同。热带海域的海葵可以高达1米。海葵有一个基盘，有的海葵靠基盘附着在岩石上，有的靠基盘滑动，还有的将基盘刺入海床。它们用口附近的触手困住活的猎物，甚至可以困住鱼。

### 形状变化

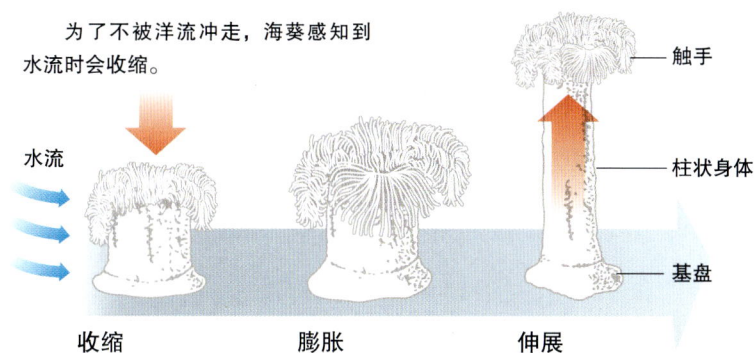

为了不被洋流冲走，海葵感知到水流时会收缩。

**收缩** 海葵体积变小。

**膨胀** 靠收缩肌膨胀。

**伸展** 水流恢复平静时伸展身体。

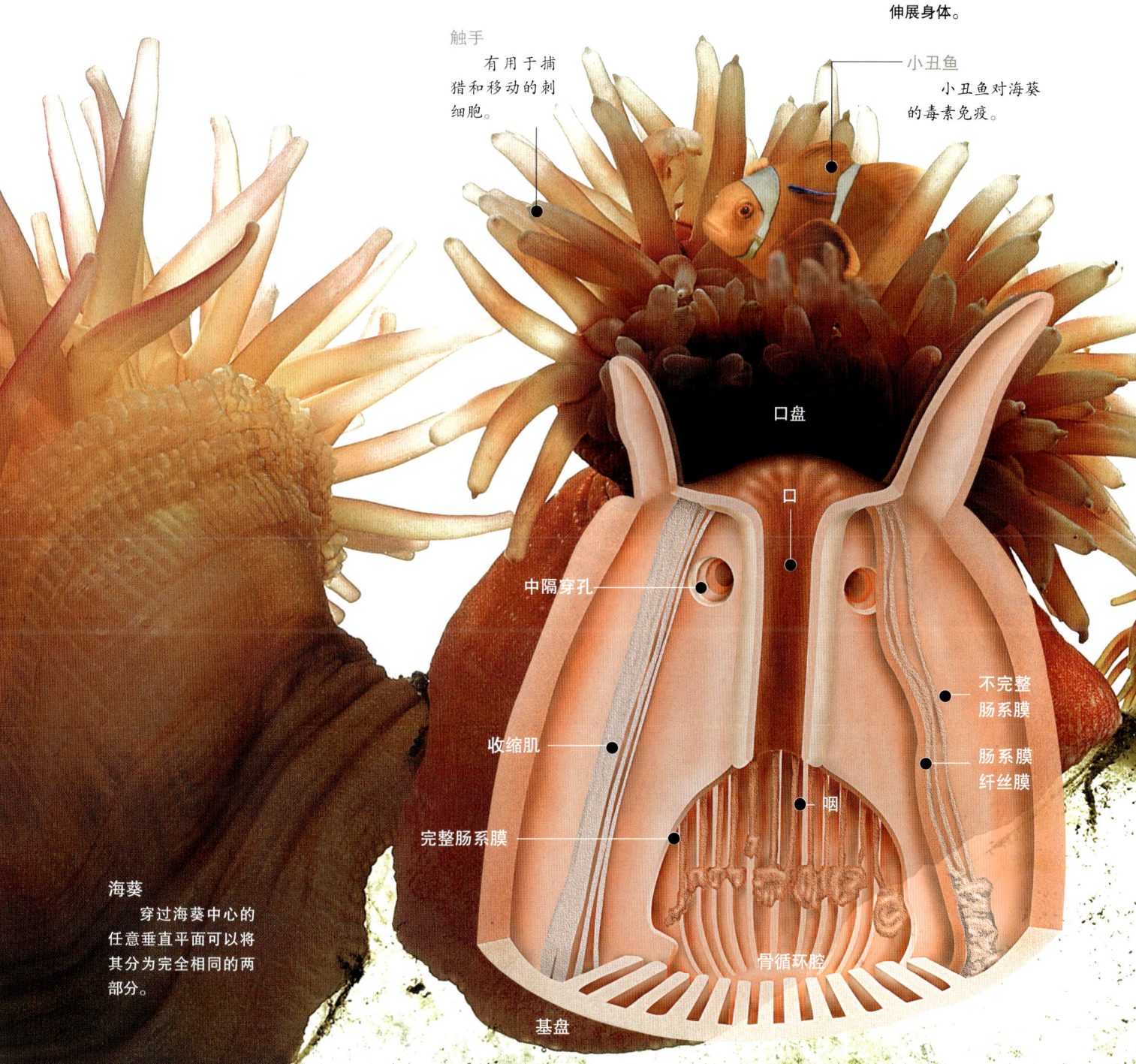

- 触手
- 柱状身体
- 基盘

**触手** 有用于捕猎和移动的刺细胞。

**小丑鱼** 小丑鱼对海葵的毒素免疫。

- 口盘
- 口
- 中隔穿孔
- 收缩肌
- 完整肠系膜
- 不完整肠系膜
- 肠系膜纤丝膜
- 咽
- 骨循环腔
- 基盘

**海葵** 穿过海葵中心的任意垂直平面可以将其分为完全相同的两部分。

# 水生动物

棘皮动物（棘皮动物门）是最广为人知的海洋无脊椎动物。海胆和海星虽然外表大不相同，但都是棘皮动物，并且有一些共同特征，比如它们都呈五辐对称。棘皮动物的水生血管系统中有很多步带沟，上有用于移动、捕猎和呼吸的管足。棘皮动物的内骨骼由钙质骨板构成。它们没有大脑和眼睛，靠感光器感知运动。

## 步带沟

步带沟形似空心圆柱，外壁很厚。海星将水注入管足内的坛囊时，外壁随之伸直或移动。步带沟一直延伸到吸盘的位置，海星用吸盘吸附在物体上，这样就能以惊人的速度移动。如果被突然碰触，敏感的管足会缩到坚硬的脊椎边缘后面，以免受到伤害。

棘皮动物已经存在

# 5.7 亿年了。

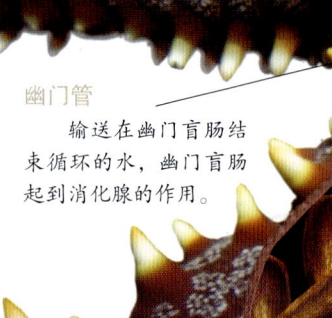

**皮肤**
下侧长有棘突。

**幽门管**
输送在幽门盲肠结束循环的水，幽门盲肠起到消化腺的作用。

**胃**

**食道**

**口**
包裹食物，并用胃液将其分解。

**辐水管**
水通过辐水管循环进入坛囊。

**坛囊**
里面充满水后扩张，紧抓物体表面。

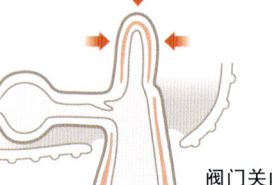

## 吸附

坛囊收缩，向步带沟施加压力。肌肉紧绷，迫使水回到坛囊，让步带沟和其接触的表面之间产生吸力。

吸盘　　阀门关闭

坛囊

表面

## 防御系统

海胆呈完全的五辐对称，身体上覆盖着大量可活动的棘刺，看起来十分可怕。刺毛在骨骼表面均匀铺开，用于自我保护。

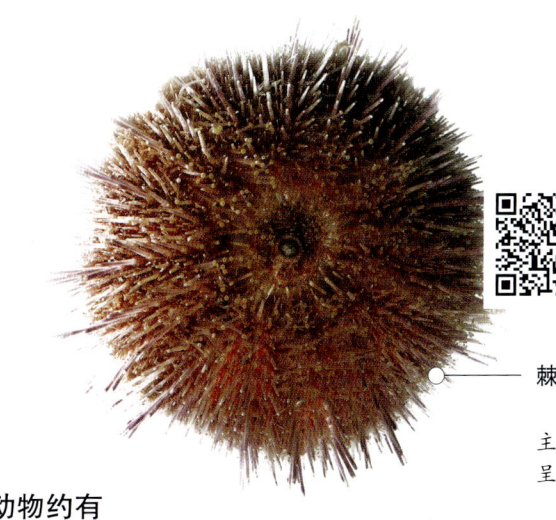

**海胆**
*Astropyga radiata*

**棘刺**
棘刺分两种：较大的主棘和较短的次棘，通常呈圆锥形。

**棘突**
用于自卫。

世界上的棘皮动物约有 **6 000** 种。

**幽门管**
输送在幽门盲肠结束循环的水，幽门盲肠起到消化腺的作用。

**飞白枫海星**
*Archaster typicus*

**③** 肌肉可以控制管足移动，并调控所有管足向同一方向移动，让海星向前行走。

**②** 吸盘附近的区域会分泌黏性物质，帮助海星吸附在物体上。步带沟后侧肌肉收缩，液体回到壶腹中。海星可以移动。

**①** 坛囊的肌肉收缩，迫使液体流向步带沟，步带沟伸长并接触附近物体的表面或海底。

## 活动步骤

海星通过步带沟和管足来移动位置。管足沿腕排列成两条平行线，另一端的管足有感知功能，可以监测海星活动的地面。

205

# 没有腿的动物

蠕虫是无脊椎动物，身体又长又软，并且没有腿。蠕虫分为三个门：扁形动物门是最简单的蠕虫，大部分扁虫是寄生虫，也有一部分可以独立存活；线形动物门的蠕虫的身体呈圆柱形，外面有一层硬壳；环节动物门的蠕虫要复杂一些，包括水蛭、蚯蚓和海虫。很多蠕虫都会对植物、动物产生影响。

## 蠕虫的分类

- 扁平的身体 — 扁形动物门
- 圆形的身体 — 线形动物门
- 分节的身体 — 环节动物门

## 跟随光的指引

扁虫身体的前端有眼点，也就是光敏的眼睛。如果暴露在过亮的环境中，眼睛会回缩不动。

## 消化系统

环节虫的消化系统从口孔一直延伸到肛门，包括口、咽、食道、嗉囊、砂囊和肠。

口、咽、生殖系统、心脏、环带、肠

## 活动

靠背腹面像蛇一样起伏前进。

环节
刚毛
刚毛是一种短而硬的毛。

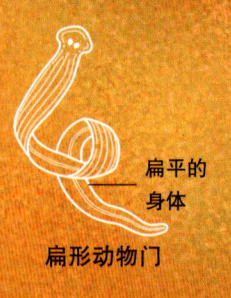

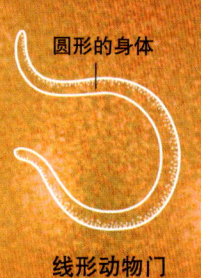

表皮层

吻
部分向内折叠。

钩
使蠕虫保持在原地。

**最长的蠕虫：巨大胎盘线虫约长 8.5 米。**

陆正蚓
*Lumbricus terrestris*

肛门

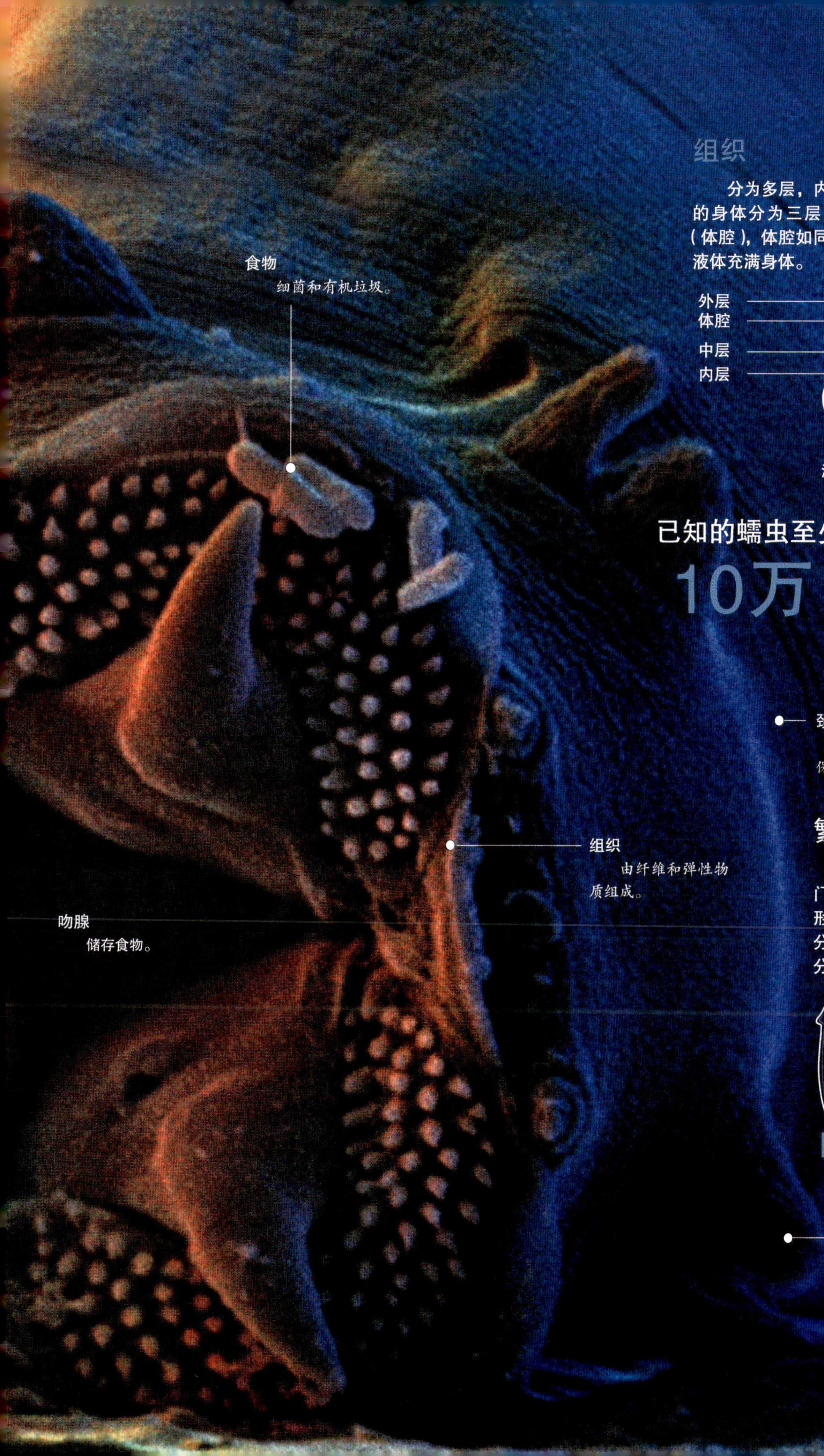

### 组织

分为多层，内有空腔。环节虫的身体分为三层，内有一个空腔（体腔），体腔如同液压骨骼一样使液体充满身体。

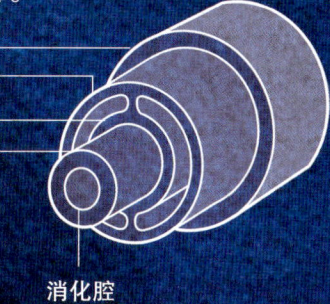

- 外层
- 体腔
- 中层
- 内层
- 消化腔

### 食物
细菌和有机垃圾。

## 已知的蠕虫至少有 **10万** 种。

### 颈部
可以在回缩后保持不动。

### 繁殖

扁形动物门和环节动物门的蠕虫通常雌雄同体，线形动物门的蠕虫则有性别之分。有时候，一条蠕虫可以分裂，变成两条新的蠕虫。

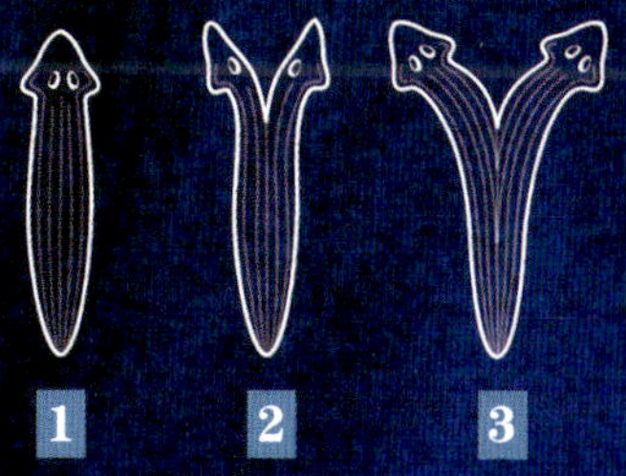

**1  2  3**

### 组织
由纤维和弹性物质组成。

### 吻腺
储存食物。

### 刺毛
可以穿透寄主的外壁。

# 没有关节

大多数软体动物的身体柔软且灵活，它们没有关节，但有又大又硬的外壳。绝大部分软体动物生活在海里，不过也有一些生活在湖泊和陆地上。现存所有软体动物的身体都是左右对称的，它们有带有感官且可以活动的肉质足、内脏团和分泌外壳的外套膜。软体动物还有一个特别的口部结构，叫作齿舌。

螺旋蜗牛
Helix aspersa

消化腺
肠道
肺

## 腹足纲

腹足纲动物的特征是长有大大的腹足。腹足纲动物包括蜗牛和蛞蝓，它们在陆地、海洋和淡水中都能生存。有的腹足纲动物有螺旋形的壳，极度柔软的身体能完全缩进壳里。腹足纲动物的头上还有眼睛，以及一到两对触角。

### 前鳃亚纲

这个亚纲里的动物主要是海洋动物，有的壳内有珠母层，有的壳具有瓷的质地。

性腺
肾脏
心脏
唾液腺
食道
雌性生殖器

### 有肺

蜗牛、陆地蛞蝓和淡水蛞蝓有肺，可以通过肺囊呼吸空气中的氧气。

### 后鳃亚纲

它们只有很小的壳（如海蛞蝓），有的甚至没有壳。

裸海蝶
Candida sp.

### 纽转的蜗牛

在移动过程中，蜗牛的内脏器官会扭转180°，消化道和神经之间呈8字形连接。

鳃
神经系统
消化道

## 双壳动物

这类动物是有两瓣壳的软体动物。连接两瓣壳的部分包括负责打开壳的弹性韧带、负责关闭壳的闭壳肌，以及壳顶（即帮助壳关闭的一组隆起）。所有的双壳动物都几乎以微生物为食。有的双壳动物藏在湿润的沙子里，挖出隧道，以便水和食物进入。这些隧道短的仅两三厘米，长的超过 90 厘米。

扇贝
*Pecten jacobaeus*

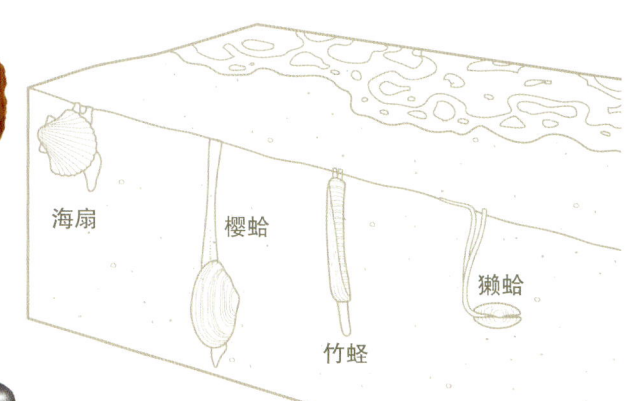

海扇　樱蛤　獭蛤　竹蛏

### 瓣鳃纲

囊括了大部分双壳动物。它们用鳃呼吸和进食。头、眼睛和四肢之间没有明确区分。瓣鳃纲动物可长到 13 厘米，通常栖息在海底。

翡翠贻贝
*Perna viridis*

## 沙砾之下

大部分软体动物都藏在沙里躲避捕食者，以及潮水、大风和突然的温度变化。

现存的软体动物约有

# 10万 种。

### 原鳃亚纲

这个亚纲的双壳动物有一个分裂的下足。它们用鳃呼吸。原鳃亚纲的银锦蛤仅有 13 毫米宽。

## 头足纲动物

墨鱼、章鱼、鱿鱼和鹦鹉螺属于头足纲动物，因为它们的足（触手）与头部直接相连。这些动物适应海洋生活，拥有相当复杂的神经系统、感觉系统和运动系统。头足纲动物的口边长有触手，口里有齿舌和有力的颚，身长从 1 厘米到几米不等。

齿舌

### 鹦鹉螺亚纲

在古生代和中生代时期，鹦鹉螺亚纲动物遍布海洋，但存活至今的只有鹦鹉螺属。鹦鹉螺有 1 个外壳、4 个鳃，以及 10 根触手。壳由钙质构成，呈螺旋形，包括多个腔室。

乌贼
*Sepia officinalis*

### 鞘形亚纲

鞘形亚纲的头足类动物有一个非常小的内壳，或者完全没有壳，并且只有两个鳃。该亚纲包括除鹦鹉螺以外的现存所有头足纲动物，比如章鱼、墨鱼和鱿鱼。

鹦鹉螺
*Nautilus pompilius*

# 长出来的珍宝

人们捕捞或养殖贝类以获得珍珠。4 000多年前，人们发现了珍珠。珍珠被称为"宝石皇后"，在很多古代文化中都是重要的象征。珍珠价格昂贵，但对于孕育珍珠的动物（比如牡蛎、蛤蜊或蚌）来说，却是个讨厌的累赘。牡蛎孕育的珍珠以光泽闻名于世，价值最高。

## 孕育珍珠

当沙砾或寄生虫不小心被卡在了牡蛎的身体里时，牡蛎会为了减轻不适感而开始采取自卫措施。它会分泌出一种光滑、坚硬的结晶物质（即珍珠质）把这个外来物包裹起来，最后成为珍珠。人工养殖珍珠则是人为地将颗粒塞进牡蛎。

### 1 珍珠的培育

珍珠养殖始于日本。首先，用淡水贝类的壳制成小圆珠，然后把它塞入活的牡蛎中。牡蛎肝脏中的腺体就会分泌珍珠质层包裹小圆珠，珍珠便开始变大。

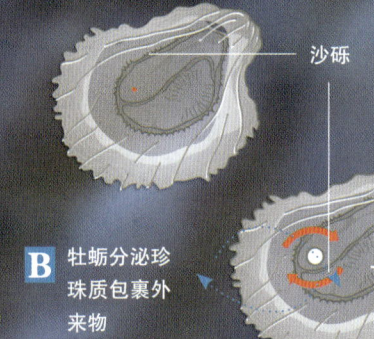

**A** 异物进入
**B** 牡蛎分泌珍珠质包裹外来物

- 沙砾
- 舌

**外壳** —— 由两片贝壳组成。

**贝壳的内表面** —— 上面的感知毛能让牡蛎感知光的明暗。

**消化腺** —— 吸收并消化食物颗粒。

### 2 珍珠的生长

一层又一层新的珍珠质会将珍珠均匀地包裹起来。当珍珠达到所需的大小和质量后，养殖者就会将珍珠取出。在这一过程中，养殖者需要为牡蛎提供合适的温度、水流，以及洁净的场所，以促进珍珠生长。

一颗珍珠长成需要 **3~8** 年。

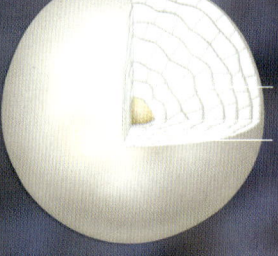

- 有机层
- 文石晶体
- 珍珠上一层层的珍珠质
- 外壳上一层层的珍珠质

**悬挂的牡蛎**
牡蛎被悬挂在竹筏下面，竹筏放置在有大量的浮游生物的地方。

- 牡蛎
- 拴在绳上

## 珍珠的形状

有的珍珠是圆形，有的则是不规则形状。

- 天然珍珠
- 人工养殖珍珠

**缘膜突起**
包裹外套膜，控制水流。

**牡蛎**
粗糙

**蚌**
光滑

**蛤蜊**
凹凸不平

欧洲牡蛎
*Ostrea edulis*

**珍珠**
被珍珠质包裹

**韧带**
从壳的内侧将两片壳连接起来。

**唇片**
分辨食物。

**鳃**
从水中吸入氧气。

**足**
很少使用；牡蛎倾向于游泳而非挖掘。

**闭壳肌**
保持外壳关闭的纤维。

**触手**
上有感觉器官。

### ❸ 收获

如今，人工养殖的珍珠占到了珍珠销售总量的95%。每年通过人工养殖得到的珍珠约有5亿颗。珍珠养殖业是个虽需求极大但供给严重不足的产业，因为100个养殖的牡蛎中，平均只有30个能够收获珍珠。

完美的珍珠仅占收获总量的

## 2%。

# 强有力的触手

有 8 条触手的章鱼是为数不多的大型海洋头足类动物。它们常常出现在河口附近的浅水岩石或砂质海床上。它们通常行动缓慢，偶尔会突然加速，它们在捕猎或是逃命时的速度极快。一些章鱼拥有高度进化的大脑，十分聪明。

## 色彩大师

章鱼能呈现出和海床接近的保护色，保护自己不被猎食者发现。它们还能在深海中发光以吸引猎物。章鱼如果一边跳着某种舞蹈一边变换颜色，那一定是在吸引异性的注意。

**皮肤**
一层完全覆盖身体、弹性极佳的膜。

**头部**
随章鱼的呼吸和移动而收缩和扩张。头的内部有大脑，但没有坚硬的保护结构。

## 攻击

章鱼会在攻击前将漏斗对准与前进方向相反的方向。普通章鱼身长能够达到 1 米，它们在地中海和北大西洋中生活，喜欢夜里在海床上的石头间活动。普通章鱼会对猎物发起突然袭击，并充分运用可以旋转的触手和下颚捕获猎物。

**普通章鱼**
*Octopus vulgaris*

漏斗肌起到逃生的作用，但章鱼朝猎物的方向移动时将漏斗指向猎物。

章鱼前进时，触手向前、向外伸。

触手根部较宽的地方能将猎物裹住。

## 大型捕食者

从体型来说，和其他大型头足类动物一样（比如鹦鹉螺、墨鱼和鱿鱼），章鱼是食肉动物，以鱼和其他无脊椎动物（包括软体动物和甲壳纲动物，特别是螃蟹）为食。章鱼的唾液有毒，可以在吞下猎物前先把猎物杀死。

## 快速逃离

环状肌肉和纵向肌肉交替收缩和舒展，控制水流进出漏斗。章鱼可以通过调节喷水的力度，像喷射机一样快速移动。章鱼伸展触手，朝头指的方向移动。

环状肌肉伸展，纵向肌肉收缩。水进入漏斗。

环状肌肉收缩，章鱼喷出水流，将自身向后推去。

### 用墨汁自卫

章鱼感觉到危险时，会收缩肛门附近的腺体，并喷出一股液体，在水中形成一团黑雾。

**1 呼吸**
头部 — 水

**2 推力**
漏斗 — 鳃

### 触手

8只触手一样长。雄性章鱼有一只触手能起到生殖器的作用。

### 眼睛

位于头部。章鱼的视觉极度发达。

### 漏斗

漏斗是章鱼呼吸腔的出口，对于章鱼的活动极为重要。头中的鳃从水中吸入氧气。鳃腔充满空气时，鳃将氧气和二氧化碳进行交换，并排出二氧化碳。

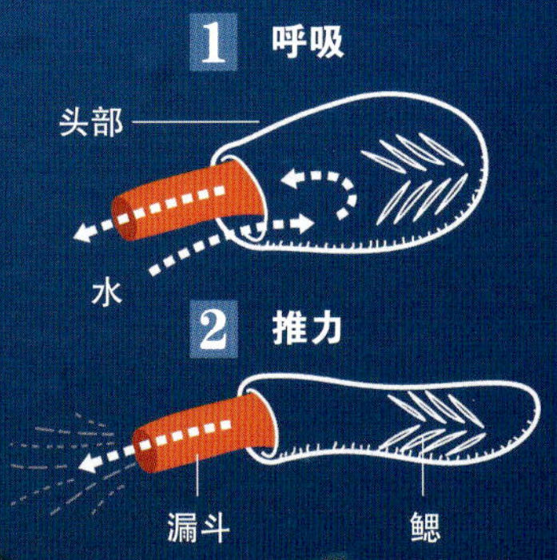

### 肌肉

章鱼可以用肌肉将自己撑起并进行移动。

### 吸盘

触手下侧的两排吸盘用于吸附岩石和抓住猎物。

## 抓握能力

章鱼通常在岩石间缓慢行进。章鱼会利用触手上的吸盘紧贴海床，或者将吸盘吸附在碰到的物体表面上支撑身体。章鱼可以用触手抓住物体，将自己拽向那个方向。

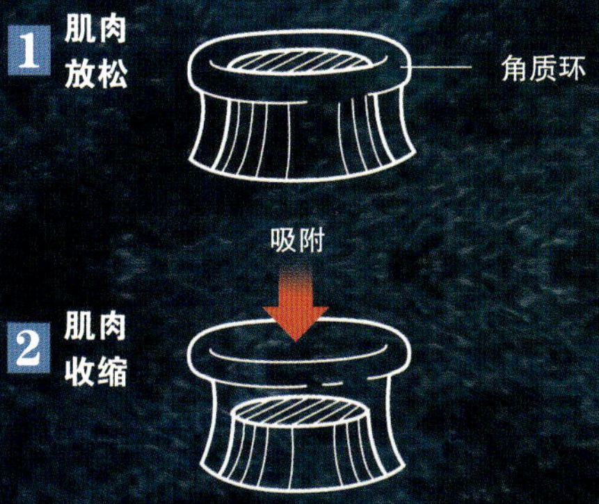

**1 肌肉放松** — 角质环

**吸附**

**2 肌肉收缩**

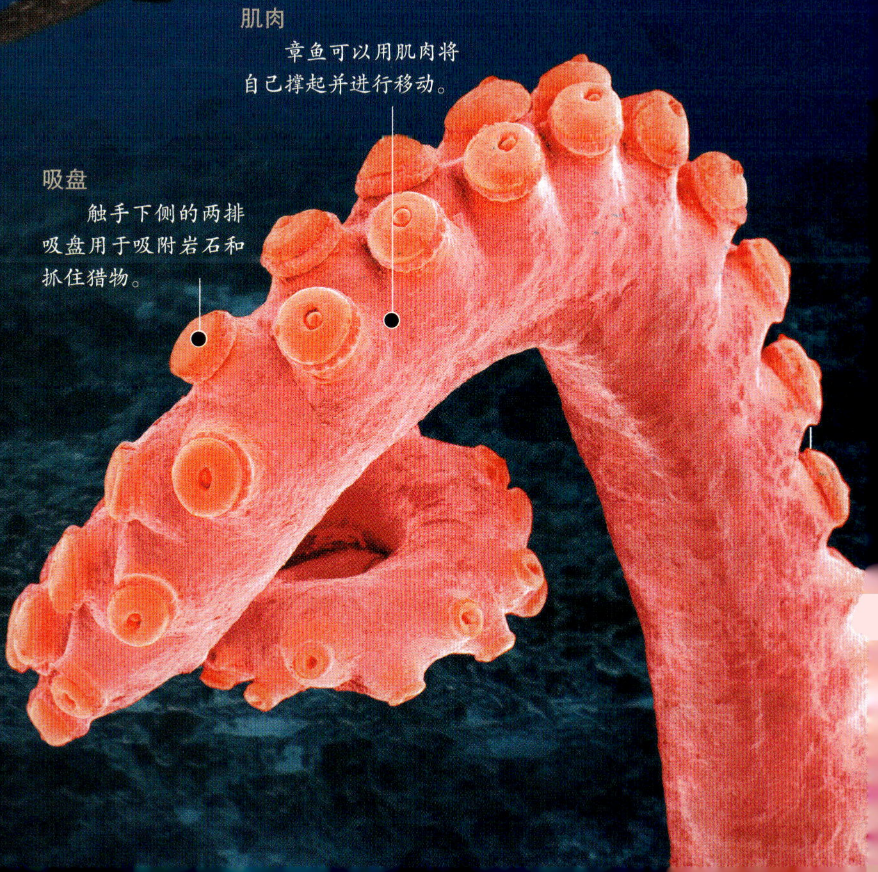

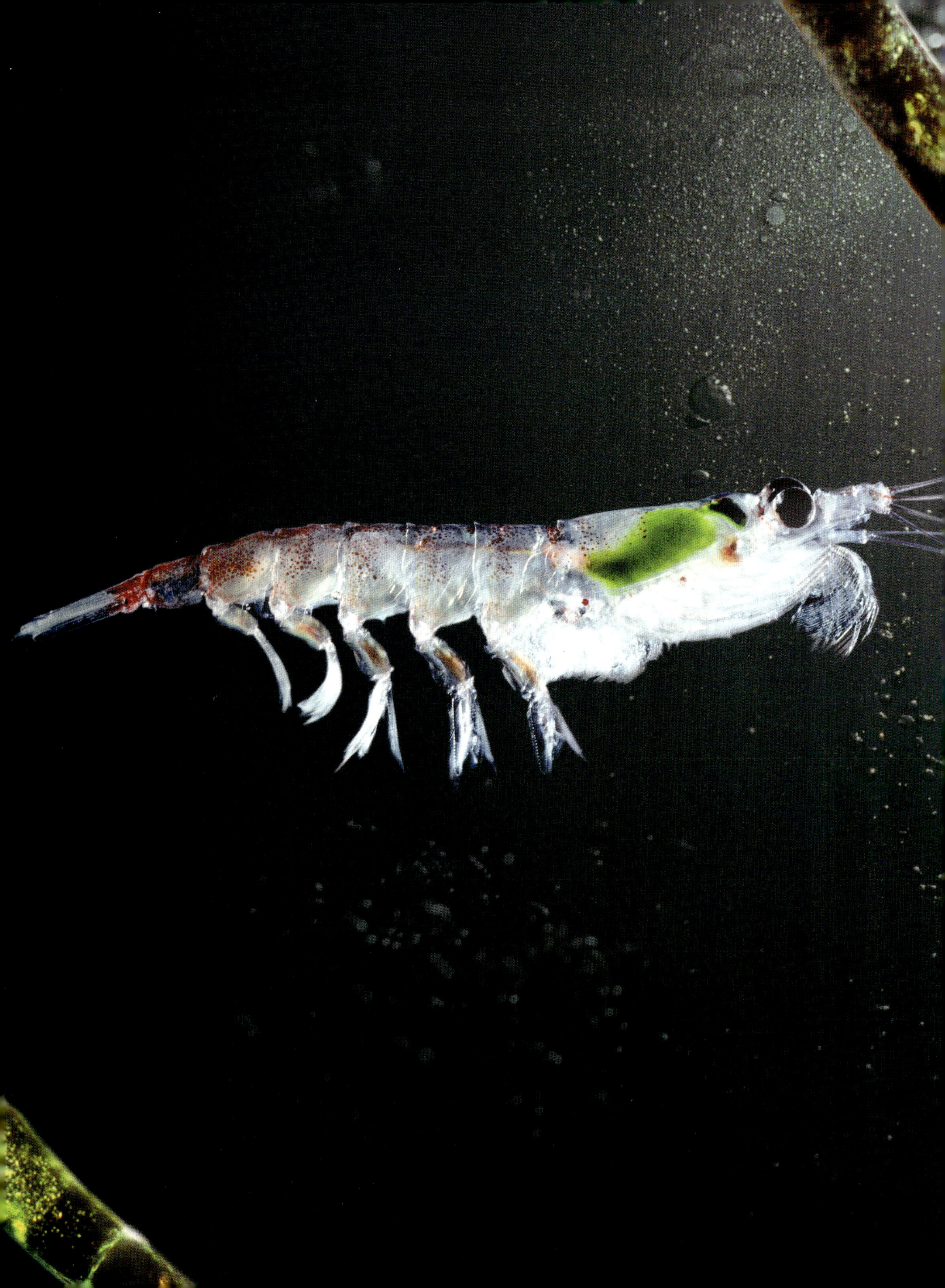

# 甲壳动物

　　这一单元介绍了常见的甲壳动物，比如虾、龙虾和螃蟹。你将了解到它们身体结构的相同和不同之处，你会为它们的生活方式而惊讶。一些动物用鳃呼吸，同时还能用皮肤呼吸。

**多彩的盔甲 216**
**锋利的前足 218**
**食物链之中 220**

# 多彩的盔甲

虽然所有的已知环境中都有甲壳亚门动物生存，但它们与水生环境的关系最为密切。甲壳动物在水中成功进化成为节肢动物。它们的身体分为三个部分：头胸部（长有触角和有力下颚）、腹部和背部。一些甲壳动物体型很小，比如海虱身长还不到四分之一毫米。而日本蜘蛛蟹的身长却超过3米，这还不算它的腿长，毕竟它除了两对触角外，腹部和胸部都有腿。

## 潮虫
*Armadillidium vulgare*

潮虫是无脊椎动物，属于等足目，是为数不多的陆生甲壳动物之一，也许是最适应陆地生活的甲壳动物。潮虫感觉到威胁时会蜷缩身体，只把坚硬的外骨骼露出来。潮虫不需要水也能繁殖发育，用鳃呼吸。它们的鳃在腹部的附肢里，必须保持一定的湿度，所以它们总是待在黑暗潮湿的地方，比如岩石下面、枯萎或掉落的叶片上面、倒下的树干里。

**身体舒展**

**外骨骼** 分为几个相互独立的部分。

**身体蜷缩**

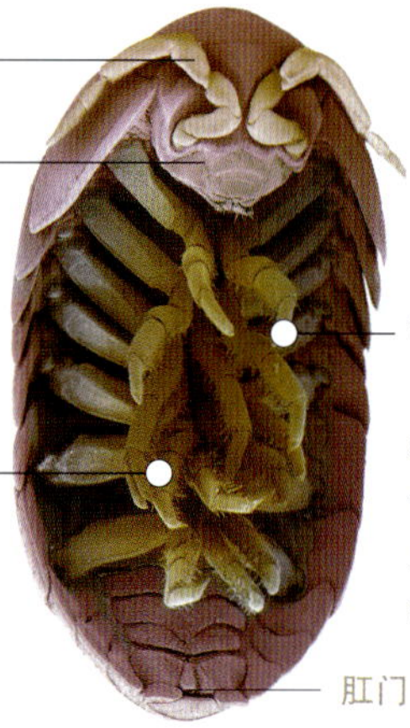

**触角**

**头部**

**足** 潮虫有7对足。

**节片** 背部节片较小，潮虫身体蜷缩时，节片有助于完全封闭身体。

**肛门**

## 软甲纲

这个词源于希腊语"柔软的甲壳"，软甲纲的动物是甲壳动物中结构最复杂的一类，包括螃蟹、海龙虾、虾、潮虫、海虱等。海洋和河流中的螃蟹有10条腿，其中一对变成了螯。软甲纲动物是杂食动物，可以在各种环境中生活。它们的体节从16节到60多节不等。

**附肢** 包括身体靠下的部位，这里长有两个带分节的分支，一个位于内侧（内肢），另一个位于外侧（外肢）。

太平洋蜘蛛蟹的体重可达 **20** 千克。

没有壳的藤壶

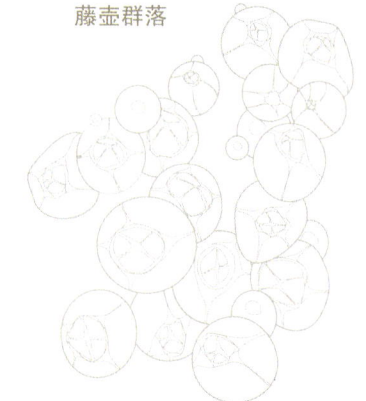

**藤壶群落**

## 永远在一起

刚出生的藤壶还是微小的幼虫，它们漂洋过海，来到遍布岩石的海岸。幼年的藤壶用肉柄将自己附着在海岸上，它们的触角不断生长变化，最终形成硬壳。藤壶一旦附着在某处，就再也不会移动。它们从水里获取食物。藤壶也可以食用。

**藤壶的纵截面**

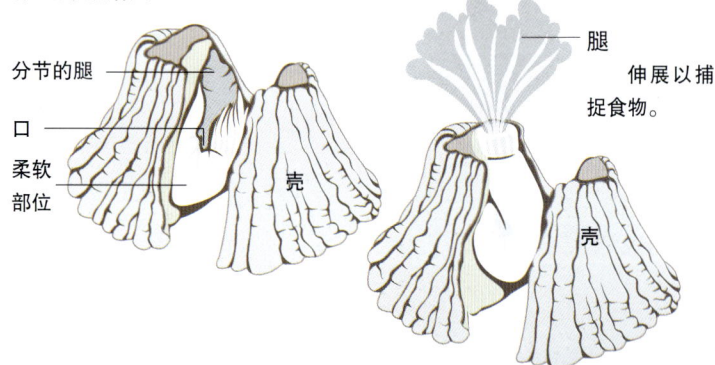

分节的腿

口

柔软部位

壳

腿 伸展以捕捉食物。

壳

217

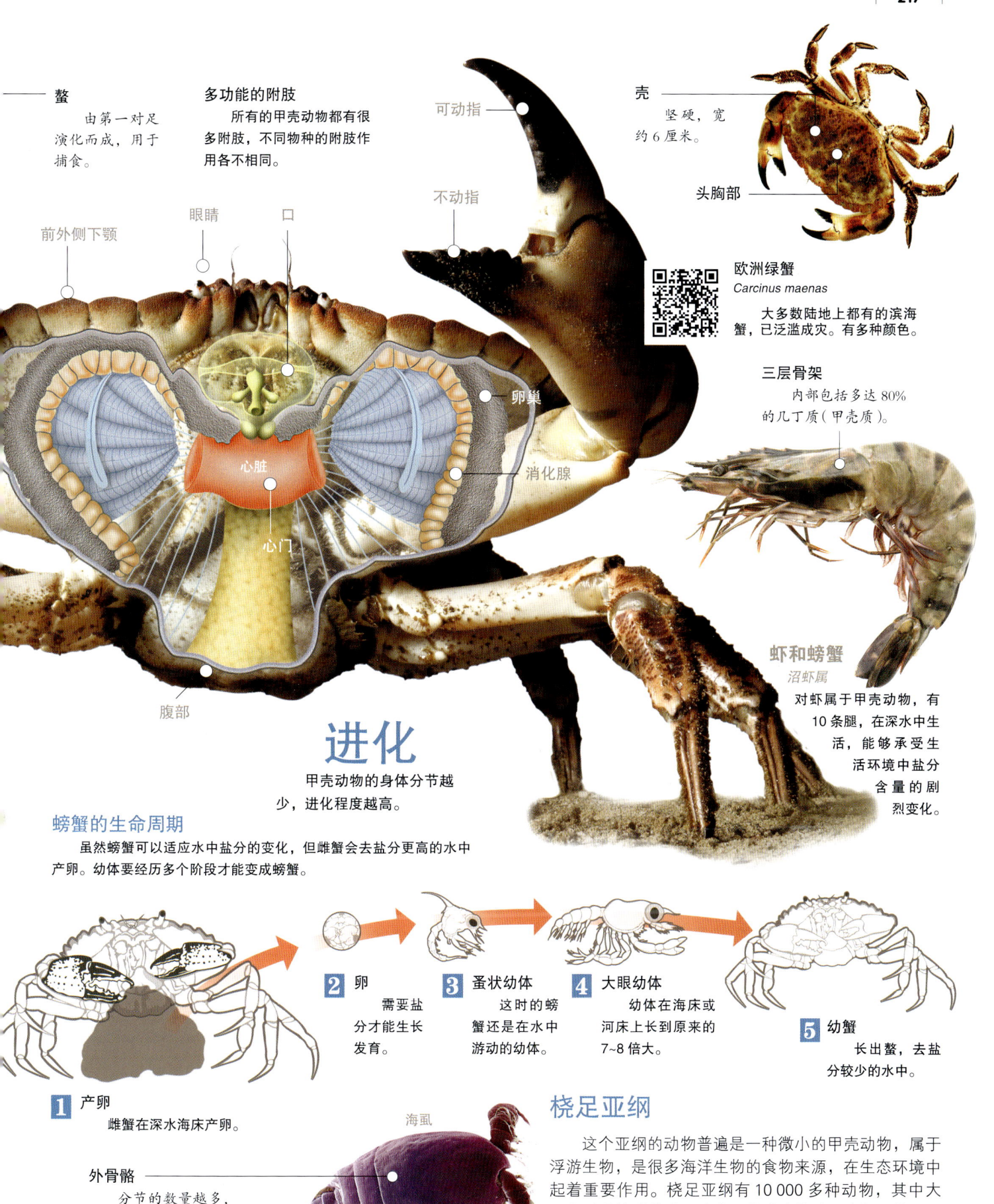

**螯**
由第一对足演化而成，用于捕食。

**多功能的附肢**
所有的甲壳动物都有很多附肢，不同物种的附肢作用各不相同。

可动指

**壳**
坚硬，宽约6厘米。

不动指

前外侧下颚　眼睛　口

头胸部

卵巢

消化腺

心脏

心门

**欧洲绿蟹**
*Carcinus maenas*
大多数陆地上都有的滨海蟹，已泛滥成灾。有多种颜色。

**三层骨架**
内部包括多达80%的几丁质（甲壳质）。

腹部

## 进化
甲壳动物的身体分节越少，进化程度越高。

**虾和螃蟹**
沼虾属
对虾属于甲壳动物，有10条腿，在深水中生活，能够承受生活环境中盐分含量的剧烈变化。

### 螃蟹的生命周期
虽然螃蟹可以适应水中盐分的变化，但雌蟹会去盐分更高的水中产卵。幼体要经历多个阶段才能变成螃蟹。

**1 产卵**
雌蟹在深水海床产卵。

**2 卵**
需要盐分才能生长发育。

**3 蚤状幼体**
这时的螃蟹还是在水中游动的幼体。

**4 大眼幼体**
幼体在海床或河床上长到原来的7~8倍大。

**5 幼蟹**
长出螯，去盐分较少的水中。

**外骨骼**
分节的数量越多，动物的进化程度越低。

海虱

## 桡足亚纲
这个亚纲的动物普遍是一种微小的甲壳动物，属于浮游生物，是很多海洋生物的食物来源，在生态环境中起着重要作用。桡足亚纲有10 000多种动物，其中大部分是海洋物种，也有一些淡水物种。大部分桡足亚纲动物的身长只有0.5~2毫米。最小的单孢球孢菌身长只有0.11毫米，最大的羽枝鱼虱身长32厘米。

# 锋利的前足

甲壳动物有双枝型附肢，适应水中生活。它们有一个共同点：分节的外壳、两对外露的触角，以及一对大颚和两对小颚，每个体节上有一对附肢。甲壳动物的螯非常有力，可以紧紧钳住猎物，送入嘴中。软甲纲包括龙虾、螃蟹、对虾等。

## 虾

虾是甲壳亚门十足目中约2 000种动物的总称。虾的身体扁平且半透明，附肢适宜游泳，触角很长，身长通常在几毫米到20厘米不等。虾可以在咸水、微咸水和淡水中生活。它们几乎整天都把自己埋起来，只在傍晚出来捕食。

**真虾**
*Caridea*

**腹部**

**甲壳**

**触角**
大脑接受触角传来的信息，通过腹神经把信息传递到身体其他部分。

**尾节**
用于游泳的鳍状结构。尾节、最后一个腹部节片和尾足一起构成尾扇。尾节上没有附肢。

**腹足**

**腹足**
腹部前5对附肢。

**前两对**
起性器官的功能。

**后三对**
彼此相似，用于游泳。

**步足**
5对附肢。

**前三对**
用于进食。螯捕捉并控制猎物。

**后两对**
在腹足的辅助下用于行走。

**尾足**
尾足像一把铲子，尾柄像一把钩子，二者都是虾逃跑时用来倒退的。

现存甲壳纲动物和化石各约有

## 55 000 种。

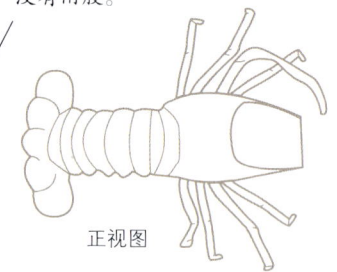

正视图

## 龙虾

龙虾的螯其实是由它的第一对前腿演化过来的。龙虾生活在浅水区的岩石下面，它们随季节迁徙，夏季前往岸边，冬季则去到更深的水里。龙虾在日落后捕食，是典型的夜行性动物。它们的食物主要有软体动物、双壳动物、蠕虫和鱼。

## 螃蟹

在所有的甲壳动物中，螃蟹格外灵活敏捷。螃蟹有5对足，其中4对用于行走。腿的位置和身体的结构决定了它只能横着走。螃蟹走路的样子很有趣，不过横着游泳和走路都很方便，它们甚至能在沙滩和岩石上行走，有的还能爬树。

**休息**
身体靠近地面，重心较低，动作缓慢而有节奏。

**摇摆**
缓慢移动
身体像摆锤一样晃动。螃蟹身体靠近地面，摇晃前进可以节省体力。

欧洲龙虾
Homarus Gammarus

### ③ 小小的钳子
两对灵活的小钳子用于把食物送到嘴边。

### ② 切割作用的钳子
**锋利的边缘**
钳子的边缘薄且锋利，用于切断猎物的肉。

### ① 粉碎作用的钳子
**齿**
齿又粗又壮，钳子能夹碎蜗牛和蛤蜊的壳，甚至人的手指。

神经
动脉网
屈肌
肌腱

**步足**
位于头胸部，步足相对于身体来说非常小，用于行走。

### 关节与杠杆
甲壳动物的腿十分纤细，无法容纳大块的肌肉，但它们的动作依然有力，这是因为腿上的大部分关节都是杠杆结构，腿是杠杆臂，关节是支点。

阻力

关节
肌肉
肌肉

### 反弹作用
**快速移动**
身体悬空，靠关节的力量跳起，从而让动力加倍。

身体高于关节，像倒立的钟摆一样落下，有助于快速移动。

# 食物链之中

浮游动物包括分属于不同种类的成千上万个物种，其中有原生动物、腔肠动物、蠕虫和甲壳动物等。浮游动物包括单细胞原生动物和真核细胞原生动物，是食物网络中广泛而多变的群落。浮游植物能进行光合作用，为浮游动物提供食物，它们还是棘皮动物、甲壳动物以及幼鱼的食物。幼鱼是一些小鱼的食物，小鱼又是大鱼的食物，以浮游生物为食的鲸有时也吃小鱼。

## 软甲纲

一部分软甲纲动物适应了淡水生活，有的甚至适应了陆地生活，但软甲纲动物是典型的海洋动物。所有软甲纲动物的头胸部都分为13节，有13对附肢；腹部都分为6节；身体末端都有不分节的尾节。

**南极磷虾**
*Euphausia superba*

地球上数量最多、最成功的物种之一。磷虾的寿命是5~10年，长到最大体型之前要换皮10次。磷虾能发出绿光，在夜晚可见到。

实际大小约3.8厘米

**眼睛** — 磷虾仅有一只黑色的大复眼。

磷虾群可能出现的深度是

## 2 000 米。

**足** — 磷虾用羽毛似的足过滤出可以食用的小型藻类。

## 如何逃命

磷虾利用5片"桨"组成的尾节推动自己在水中移动，速度极快，能向前或向后跳跃。磷虾群十分庞大，一立方米的水里就有上千只磷虾。

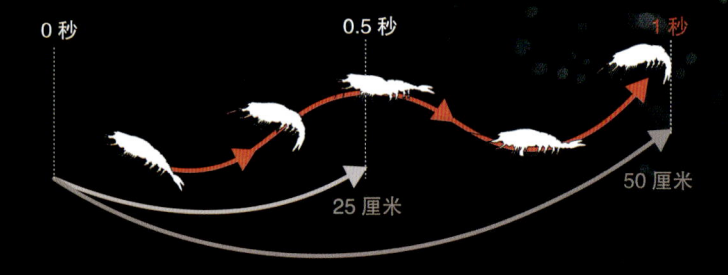

0秒　　0.5秒　　1秒
　　　　25厘米　　50厘米

## 发光

每种磷虾的腹部都有发光器，可以通过氧气与光素、荧光素酶和三磷酸腺苷等化合物的化学反应发光。甲壳纲下有一个目就叫作磷虾目。

## 营养链

植物生产者是食物链的开端。以生产者为食的叫作初级消费者，以初级消费者为食的叫作次级消费者，以此类推。

| 三级消费者 | 鲸等 |
| --- | --- |
| 次级消费者 | 章鱼、企鹅、鱼等 |
| 初级消费者 | 浮游动物 |
| 生产者 | 浮游植物 |

桡足亚纲动物约有

# 13 000 种。

## 桡足亚纲动物

它们主要是水生微型甲壳动物，部分是陆生。咸水和淡水中都有桡足亚纲动物。它们以浮游植物为食，是浮游生物的重要组成部分，同时也是无数海洋动物的食物来源。

"巨大"的附肢形成致密的梳齿，过滤水流获得食物。

实际大小约 2 毫米。

### 草绿刺剑水蚤
*Megacyclops viridis*

草绿刺剑水蚤的幼虫会发光。长成后开始自由游动。草绿刺剑水蚤生活在淡水中，是欧洲数量最多的无脊椎动物。

### 无节幼体
剑水蚤属

小型甲壳动物以用腿跳跃的方式在水中移动，以动植物碎屑为食。

### 足
将水流引向幼虫的嘴，让其中的小颗粒进入嘴中。

## 鳃足亚纲动物

它们是最原始的甲壳类动物，生活在世界各地的湖泊和池塘中。鳃足亚纲动物长有复眼，通常有保护甲板或是甲壳，有多个体节。

### 蚤状溞
*Daphnia pulex*

有两对触角和两双腿，用于游泳和抓握。第二对触角是运动器官。水蚤以微小的海藻和死去动物的残渣为食。

水蚤的平均寿命为

# 6~8 周。

实际大小约 3 毫米。

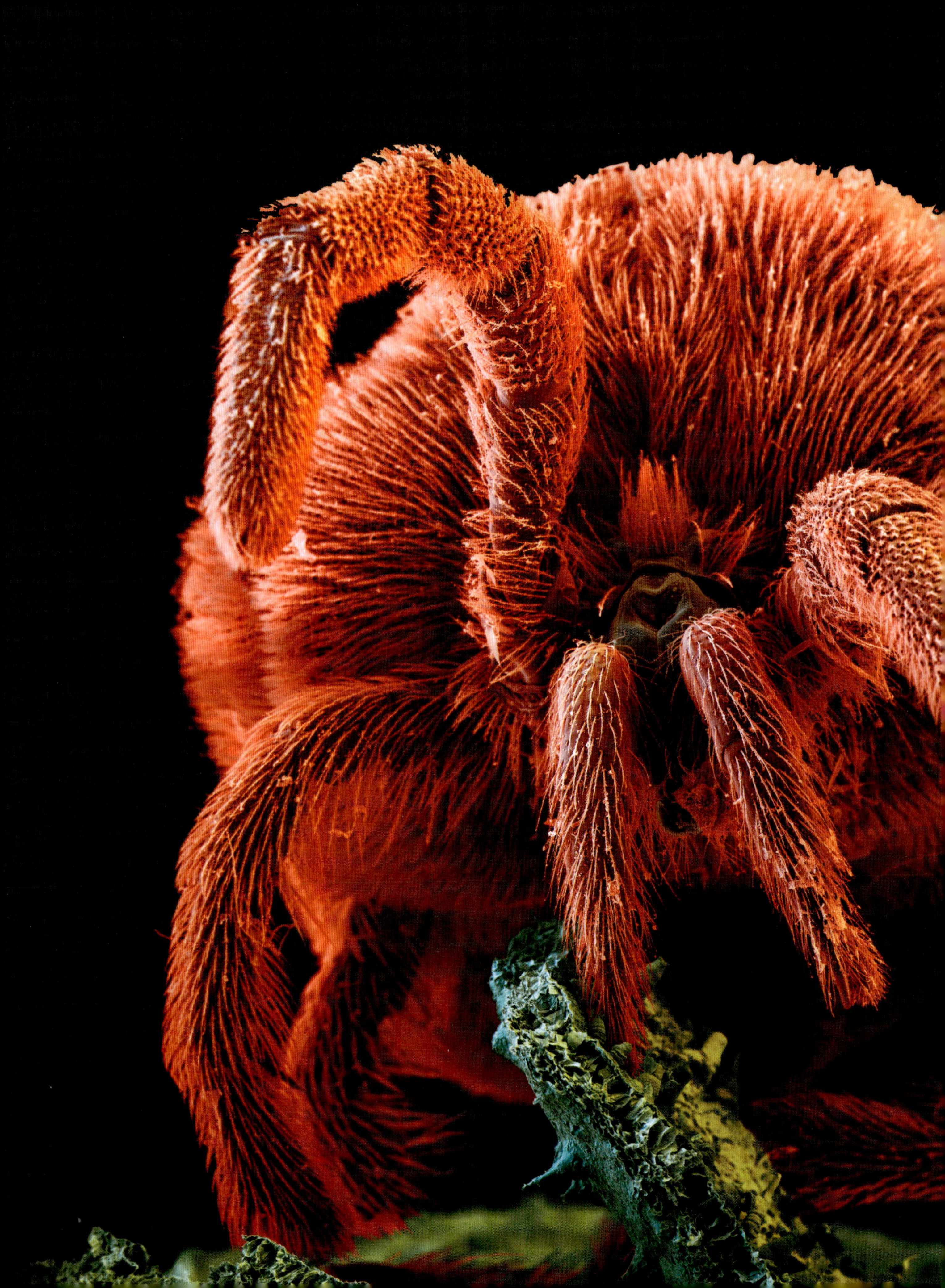

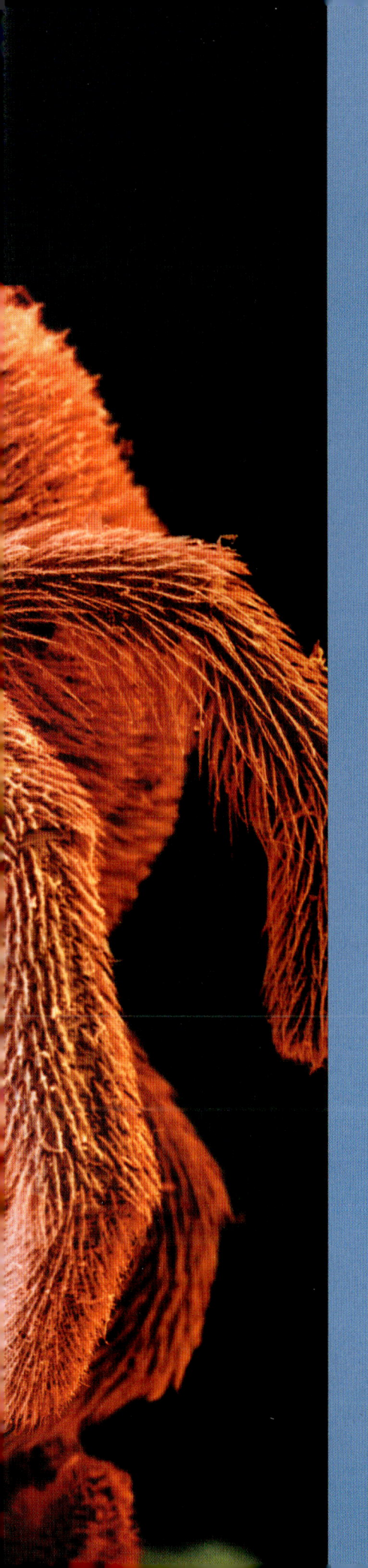

# 蛛形动物

蜘蛛、蝎子、蜱和螨同属于蛛形纲。它们身上覆盖着感觉毛,感觉毛小到肉眼无法看见。在希腊神话中,阿拉克涅(Arachne)向女神雅典娜提出比谁纺织更快。这激怒了雅典娜,雅典娜将阿拉克涅变成了蜘蛛,让她永远纺织。蛛形纲(Arachnida)英文名字由此而来。

**特别的家族 224**

**五彩斑斓的蛛形动物**
　　一些绒螨目动物引人注目,因为它们的身体是鲜艳的红色,并长有天鹅绒般的细毛。

# 特别的家族

蛛形纲动物是螯肢亚门中最大、最重要的类群，包括蜘蛛、蝎子、跳蚤、蜱、螨等。蛛形纲动物是最早登上陆地的节肢动物。化石显示早在志留纪时期就已经有蝎子了，蝎子的外形和行为至今并没有发生太大变化。蝎子和蜘蛛是最广为人知的蛛形纲动物。

**巨房蛛**
*Eratigena duellica*

这种蜘蛛的腿相对于身体来说很长。

雌蝎子可以背负30只幼蝎。

## 蝎子

长久以来，人们惧怕蝎子。蝎子的螯肢（即蝎子大大的口器）和须肢构成了一个钳子。头胸部和腹部覆盖着坚硬的几丁质外骨骼，包裹整个身体。

**帝王蝎**
*Pandinus imperator*

和其他蝎子一样，帝王蝎有一个毒腺贯穿的螯针。帝王蝎身长12~18厘米，部分可以长到20厘米。

钳子钳住猎物，让其无法动弹。

**须肢**

末端的须肢形成性器官，雄性用性器官给雌性受精。

**须肢**

起到感觉器官的作用，可以摆弄食物。雄性也用须肢交配。

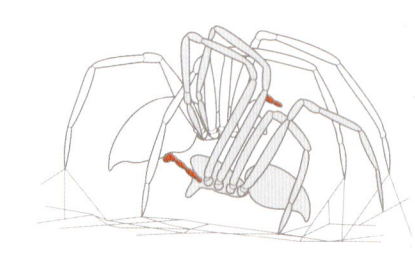

**螯肢**

可以上下活动。更加原始的蜘蛛（比如狼蛛）的螯肢可以像钳子一样左右活动。

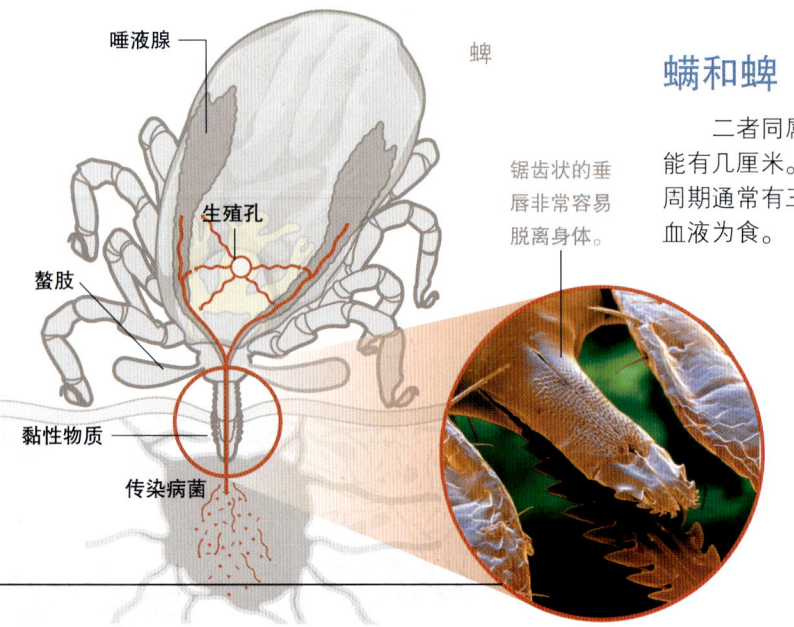

## 螨和蜱

二者同属蜱螨亚纲，但是大小不同。螨更小，蜱的身长最多能有几厘米。螨的外形多样，是动植物身上的寄生虫。蜱的生命周期通常有三个阶段：幼虫期、若虫期和成虫期，它们靠寄主的血液为食。

蜱
唾液腺
生殖孔
螯肢
黏性物质
传染病菌

锯齿状的垂唇非常容易脱离身体。

蜱　触须
螨　触须

世界现存的蛛形纲动物约有 **90 000** 种。

**外骨骼**
蜘蛛通过蜕皮（即外骨骼脱落）长大。幼蛛一年蜕皮多达4次，成年后一年蜕皮一次。

1. 壳的前缘脱落，表皮从腹部裂开。
2. 蜘蛛不断将前腿抬起放下，直到外壳脱落。
3. 旧的外骨骼脱落，新的外骨骼接触到空气后变硬。

标注：头胸部（前体）、螯肢、单眼、腹部（后体）、心、肠、泄殖腔、卵巢、肺、丝腺、生殖孔、毒腺、胃、股骨、膝节、胫节、步足、后跗节、跗节

蜘蛛有4对步足。靠感觉毛识别地形。

最大的蜘蛛的腿全部展开后，身长可达 **30** 厘米。

## 无鞭目

它们是体型在0.4~4.5厘米之间的小型蛛形纲动物。它们的螯肢不大，触肢非常有力，可以捕获猎物。第一对足变成了有感知功能的附肢，后三对足用于行走。它们的身体扁平，移动方式和螃蟹类似。

## 蜘蛛

蜘蛛是最常见的节肢动物。蜘蛛有一个特殊的能力：分泌一种和空气接触就能产生细线的物质。细线有很多用处。雌性蜘蛛交配后，会将卵放进卵包——由特殊的丝织成的茧。没有人会认错蜘蛛：它们的身体主要分为胸部（也叫前体）和腹部（也叫后体）两部分，中间由一根细柄（腹柄）连接。蜘蛛有4对大小位置各异的眼睛，根据眼睛就能判断蜘蛛的种类。蜘蛛螯肢的末端有毒牙，通过导管与有毒腺连接，它们用螯肢将毒液注入猎物身体，从而杀死猎物。

秘鲁红巨人鞭蛛

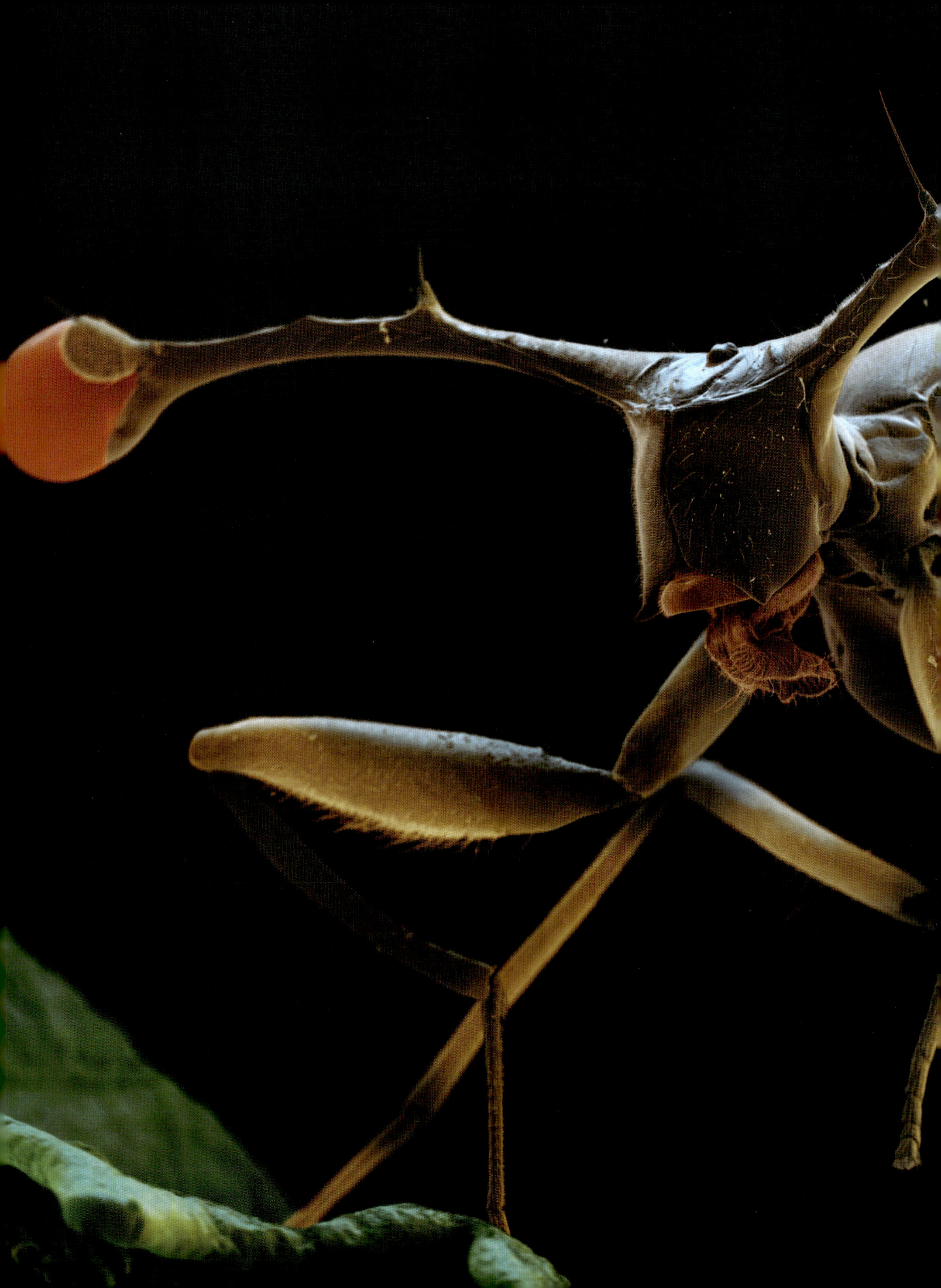

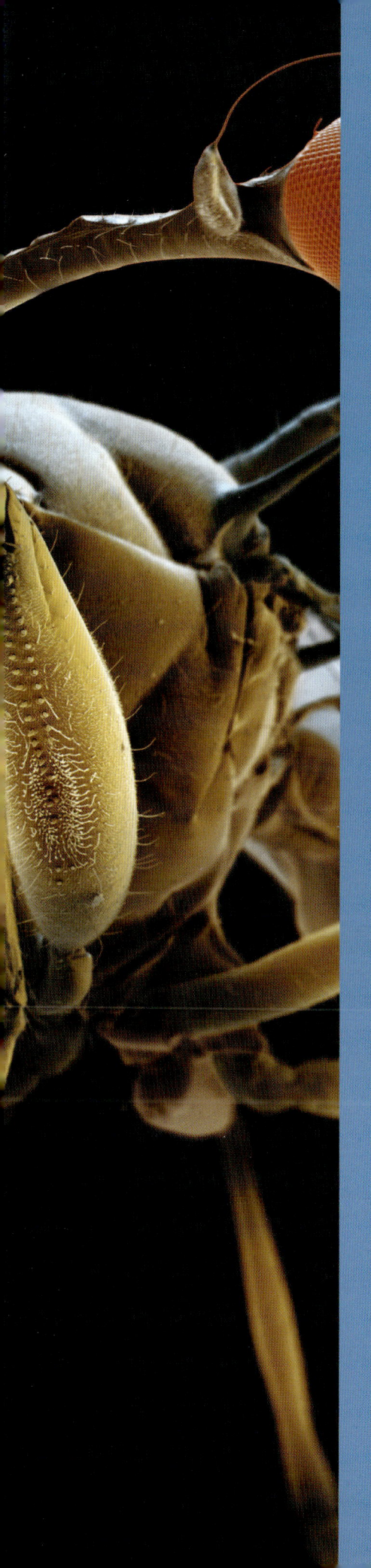

# 昆虫

昆虫是数量和种类最多的节肢动物。昆虫的繁殖过程十分简单,有些昆虫能适应任何环境。"盔甲"保护着昆虫的身体。人们认为节肢动物是唯一一种能活过核冬天的生物。它们的感觉器官高度发达,能看得很远。昆虫的种类超过100万种,这证明它们的进化十分成功。这其中的一部分原因在于昆虫的体型很小,所需的食物比大型动物更少,而且昆虫的运动方式非常特别,不容易被猎食者捕获。

**成功的秘诀 228**
**慧眼 230**
**各种各样的口器 232**
**跳跃高手 234**
**飞行高手 236**
**潜水、游泳和划水高手 238**
**变形记 240**
**等级和进化 244**
**目标:活下去 246**

**奇特的视觉**
这种热带昆虫的眼睛非常奇特,它们的视野非常广。

# 成功的秘诀

触角灵敏，头上的附肢用于咀嚼、挤压或抓握，头部两侧的眼睛高度发达，分节的足用处各异。以上是昆虫的突出特征。昆虫的胸部有 6 条足。

## 左右对称
昆虫和多足动物的所有身体结构都成对，沿一根从头部延伸到腹部下端的虚轴对称排列。

头部
胸部
腹部

虚轴

蜻蜓

## 附器
内有生殖器。

## 分节的身体
昆虫的身体分为三部分：头部（6节）、胸部（3节）和腹部（11节）。

## 呼吸孔
通向气管的小孔。

## 两对翅
一些远古时期的昆虫有三对翅。不过如今的昆虫只有一到两对翅。蝴蝶、蜻蜓、蜜蜂和黄蜂用两对翅飞行，但是其他昆虫只用一对飞行。

## 开放式循环
管状的心脏通过背主动脉使血淋巴（血液）流向身体各处。一些附属器官收缩，把血液推向翅膀和足。

已知的昆虫超过 **100万** 种。

后翅

## 休息
蜻蜓的翅膀贴紧身体。

## 呼吸系统
陆生节肢动物用气管呼吸。微气管将含有氧气的空气直接送入细胞，并排出二氧化碳。

肌肉
微气管
体壁
气管

## 用途各异的足
节肢动物的足的形状取决于足的功能以及栖息环境。一些昆虫的足上有味觉感受器和触觉感受器。

步足
蟑螂

跳跃足
蚂蚱

游泳足
水蝎

挖掘足
蝼蛄

携粉足
蜜蜂

蜜囊

## 构造
使翅非常结实。

足

## 迈出很多步

唇足纲（大部分是食肉动物）和倍足纲合称为多足类。这些动物的运动模式既复杂又高效。

## 感觉和交流

触角是感觉器官，其中有丝状或盘状的细胞。不同的触角作用不同，昆虫通过触角互相交流、感受外界、听到声音、感知温度和湿度，以及品尝食物。

棒状触角
蝴蝶

丝状触角
蝗虫

鳃叶状触角
羽角甲

羽状触角
蛾

## 口器

不同昆虫的口器用处不同，可以用于咀嚼、舔舐、吮吸或叮咬。甲壳虫（鞘翅目）像钳子一样的口器上有感觉器官。

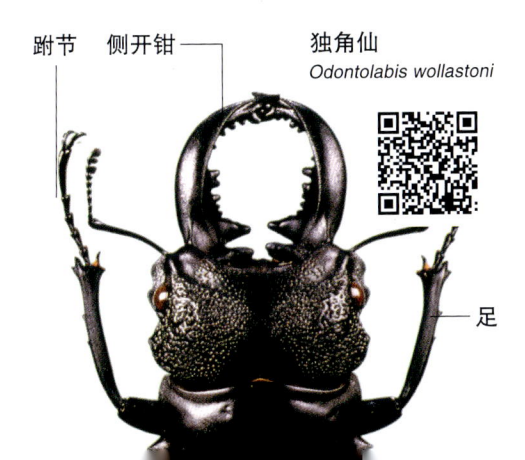

跗节　侧开钳　独角仙
*Odontolabis wollastoni*

足

胸部

触角

捕猎
前足困住猎物。

蓝晏蜓
*Aeshna cyanea*

复眼

足

股节

胫节

跗节

# 慧眼

就像看不见色彩的人很难理解色彩是什么一样，人类基本无法想象昆虫用复眼看见的世界是什么样的。复眼由成千上万小眼组成，每一只小眼都和大脑直接相连。科学家推测，昆虫的大脑能将每只小眼看到的图像进行组合，这样就能看见来自所有方向，甚至是背后的风吹草动。

## 视野

苍蝇的小眼呈环状排列，每只小眼覆盖一部分视野。这种眼睛的成像可能不太清晰，但是对于运动的物体非常敏感。非常微小的动作也能被小眼捕捉到，所以苍蝇很难被捉住。

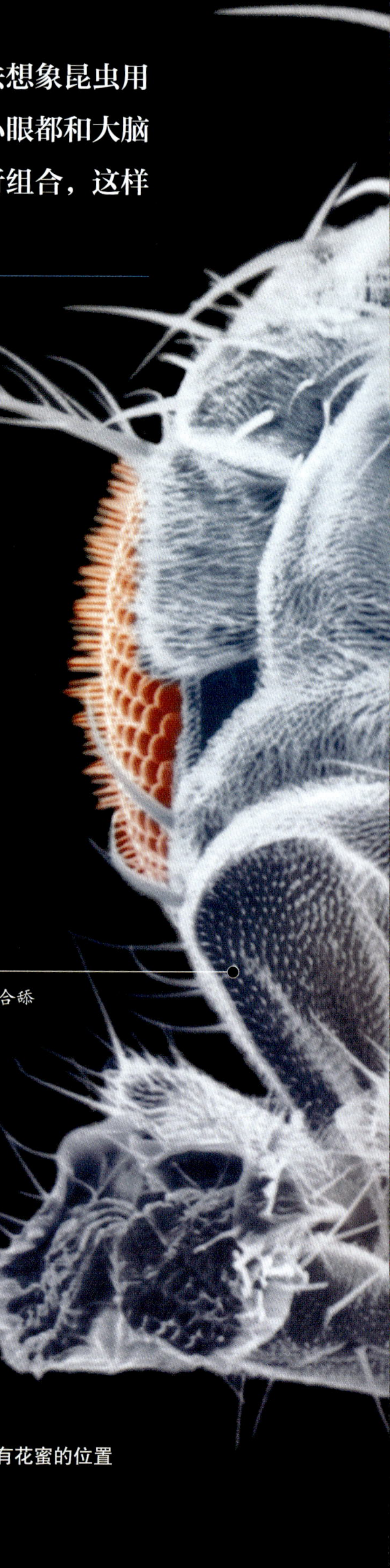

果蝇属
*Drosophila sp.*

触角

苍蝇的视野达

**360°**。

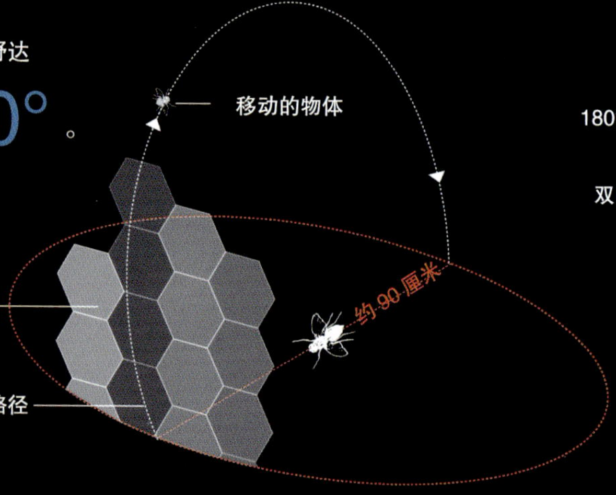

移动的物体

约 90 厘米

一部分视野

感知到的运动路径

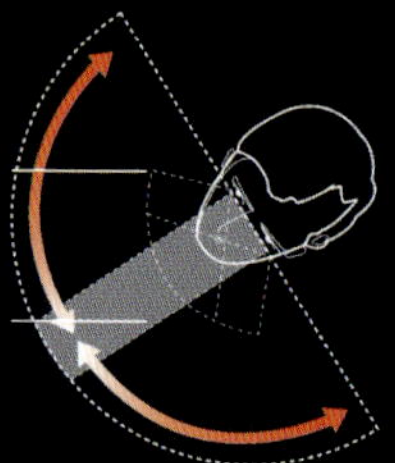

180° 视野

双眼视野

人类的视野

口器
口器适合舔舐和吮吸。

## 蜜蜂的视觉

和人类相比，蜜蜂多少有些近视。哪怕物体近在眼前，在蜜蜂眼里也是模糊的。蜜蜂的复眼约由 6 900 只小眼构成。

扭曲的中线

**人类**
人类拥有双眼视觉，看见的图像平坦且未失真。

**蜜蜂**
蜜蜂的视野更广，但同样的图像看起来更窄。

## 向花蜜出发

人类看不见紫外线，但工蜂对紫外线很敏感，能靠紫外线找到花朵中的花蜜。

有花蜜的位置

## 一只眼，还是千只眼

每只小眼负责整个视野的一小部分。每根感杆束周围的色素细胞会根据光线的类型而改变直径，调节复眼的整体敏感度。

复眼

小眼

家蝇有

**4 000** 只小眼。

感杆束
通过神经连接每个晶状体。

晶状体
圆锥形，能将光线折射到感杆束上。

视杆细胞

色素细胞

眼角膜
呈六边形，与其他小眼无缝衔接。

触角

家蝇的视觉器官

眼孔
视杆
小眼
触角

### 眼睛的分类

**保护型**
寄蝇的整个眼睛被一种组织覆盖。

**球面型**
某些蜻蜓有全方位的球形视野。

**计算型**
蓝豆娘用眼睛计算距离。

# 各种各样的口器

昆虫的口器远不只是一个开口，而是它们最复杂的身体部位之一。随着口器从简单的原始形态逐渐进化，昆虫的食物种类也逐渐增加。肉食性昆虫的口器与植食性昆虫（比如吃树叶的蝗虫）的口器完全不同。

触角

蝗科
*Acrididae*
蝗虫自古以来就是损害农作物的害虫。

蝗虫吃掉和自己体重一样重的食物只需

## 1 天。

### 为吃而生

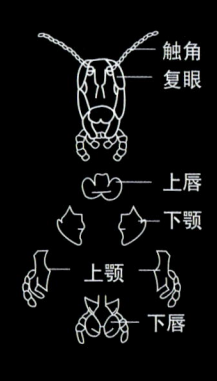

不同昆虫的口器各不相同。一般来说，第一对上颚用来托住食物，并将其吸入嘴里。第二对上颚在中线处融合成唇，唇的作用很多，具体取决于昆虫的食性。下颚和上颚在口的两边，上唇保护口的前侧。这些部分负责基本的叮咬和咀嚼，更先进的变体还能进行舐吸或吮吸。

**叮咬和咀嚼**
蝗虫
拥有有力的下颚和灵巧的上颚。
（触角、复眼、上唇、下颚、上颚、下唇）

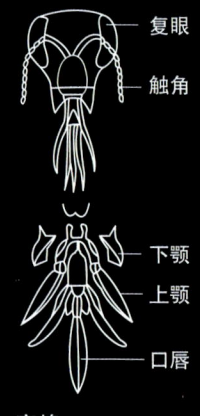

**穿刺和咀嚼**
蜜蜂
唇用来品尝花蜜；下颚用于咀嚼花粉和塑形蜂蜡。
（复眼、触角、下颚、上颚、口唇）

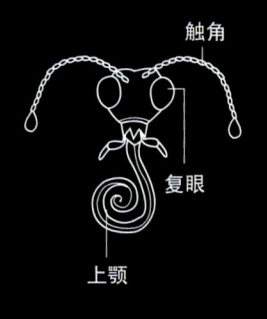

**吮吸**
蝴蝶
上唇较小，没有下颚。上颚呈吸管状。
（触角、复眼、上颚）

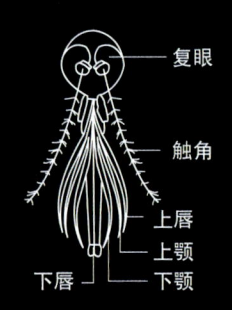

**扎孔和吮吸**
蚊子（雌性）
唇和上颚呈管状；下颚用于刺破皮肤，上唇如同保护套。
（复眼、触角、上唇、上颚、下颚、下唇）

七星瓢虫
*Coccinella septempunctata*
以蚜虫、木虱和沙蝇为食。

### 植食性昆虫

蝗虫、某些甲虫、毛毛虫以及很多昆虫的幼虫需要将树叶撕成小片送进嘴里。这些昆虫的下颚上有一排锯齿状的牙齿，上颚和唇有用来摆放和抓握叶片的触须。

### 肉食性昆虫

用双颚钳住猎物。

233

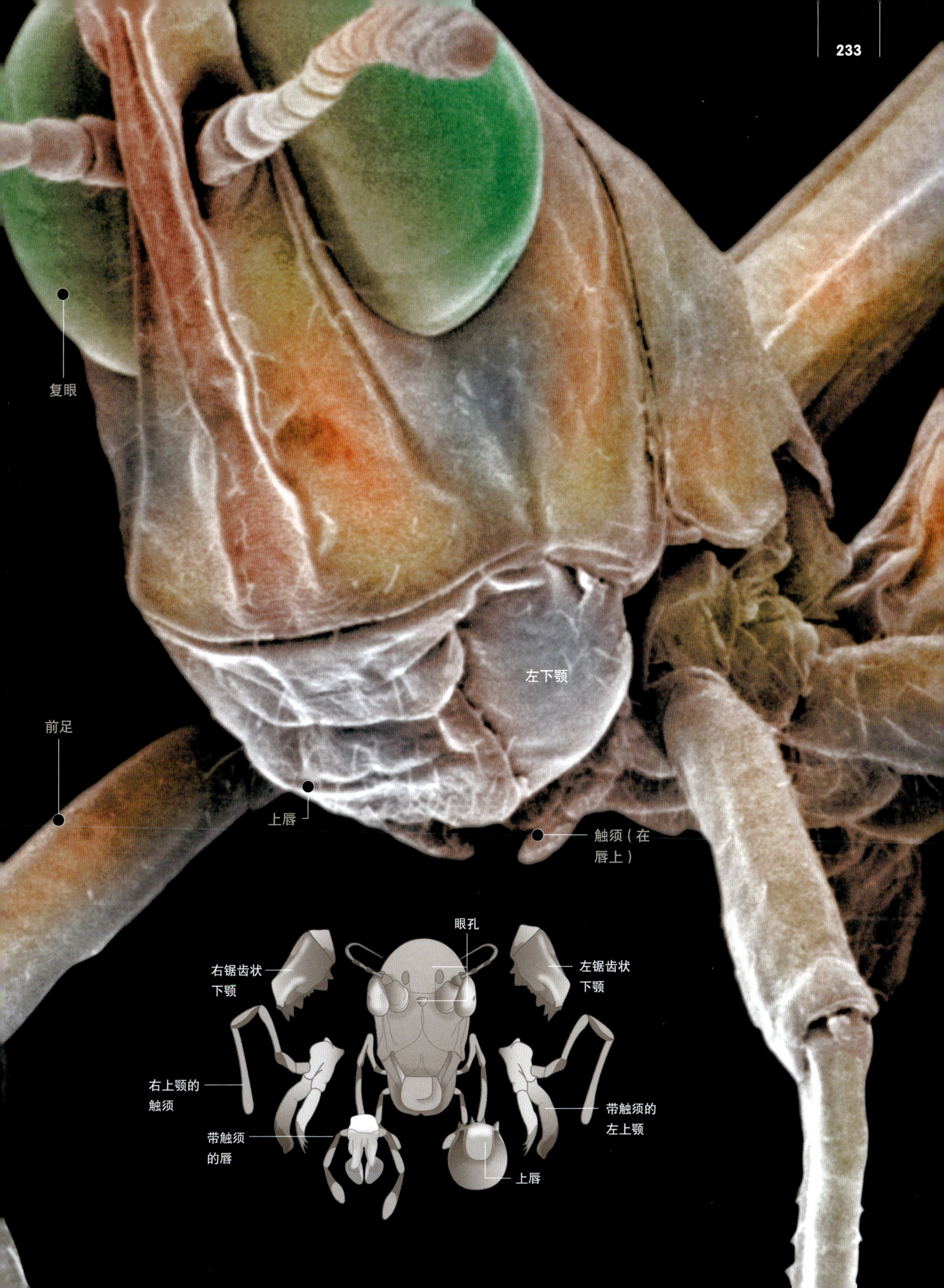

复眼

前足

左下颚

上唇

触须（在唇上）

眼孔

右锯齿状下颚

左锯齿状下颚

右上颚的触须

带触须的左上颚

带触须的唇

上唇

# 跳跃高手

跳蚤出色的跳跃能力天下闻名。它们虽然体型小，没有翅膀，但能通过跳跃的方式找到食物。它们主要以鸟类和哺乳动物的血液为食。跳蚤是狗、猫和禽类的体外寄生虫，在生活中随处可见。跳蚤会叮咬寄主，吸寄主皮肤中循环的血液。

跳蚤不吃不喝可以活

**3** 个月。

## 超级蛋白

跳跃能力和节肢弹性蛋白有关，这是一种像橡胶一样弹性极佳的蛋白。这种节肢弹性蛋白能够拉紧跳跃足，跳跃时释放累积的能量。有时跳跃失败，没能跳到寄主身上，不过这样的跳跃也并非毫无用处，因为下落会使弹性蛋白紧张，继而使跳蚤反弹跃出更远的距离。

**犬栉头蚤**
*Ctenocephalides canis*

狗身上 90% 的跳蚤都是这种跳蚤。

### 家中的跳蚤

跳蚤在猫狗身上很常见。跳蚤叮咬会使动物感到非常不适，它们会抓挠皮肤，使皮肤受到损伤。

### ❷ 起跳

胸部和腿上的肌肉收缩，累积能量。当累积的弹性能量达到一定程度时，后腿释放巨大爆发力，将身体弹射出去。

### 跳跃足

腿上有额外的上肢节，使跳蚤可以快速跳跃。

### ❶ 准备

跳蚤准备起跳只需十分之一秒。它们压缩节肢弹性蛋白，同时收紧后腿。后腿发达强健，可以保持张力并累积能量。

### 关键系统

**1** 髋部肌肉收缩，产生巨大张力。外骨骼产生张力的反作用力。

**2** 一旦开始跳跃，跳蚤的腿节和肌肉的扭转力在千分之一秒内就决定了跳跃的方向、力度和目标。

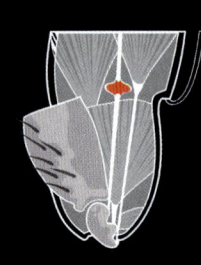

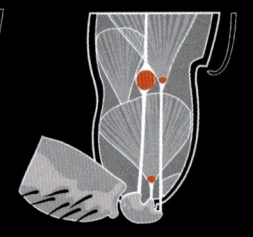

## 蚤目

跳蚤属于昆虫纲下的蚤目，其中包括无翅昆虫，即没有翅膀的体外寄生虫。跳蚤的口器用于穿刺和吮吸，它们的生命周期是一个完整的变态发育过程。蚤目共有 16 科，其中包括寄生于猫狗的跳蚤（犬栉首蚤和猫隐孢子虫）和寄生于禽类的跳蚤（鸟蚤）。

**人蚤**
*Pulex irritans*

通常以人类血液为食。它们和其他跳蚤不同，不会一直待在寄主身上。

跳蚤跳跃的距离是自身长度的

# 200 倍。

### 3 腾空

跳蚤一跳可以跃出大约 60 厘米远。铠甲状的重叠板构成外骨骼，保护身体。在连续的跳跃中，跳蚤可以用背部或头部落地而不会受伤。

**完全变态**

跳蚤是完全变态的昆虫，也就是说它们会经历完全的变态发育过程。

卵 — 幼虫 — 蛹 — 成虫

## 生命周期

从卵到成年的完整生命周期需要 2 ~ 8 个月。种类、环境温度、湿度和食物多少决定了生命周期的长短。通常来说，雌性跳蚤吸血之后，每天可以产 20 颗卵，一生最多可以产 600 颗卵。它们在寄主（狗、猫、兔子、老鼠、人类等）身上产卵。

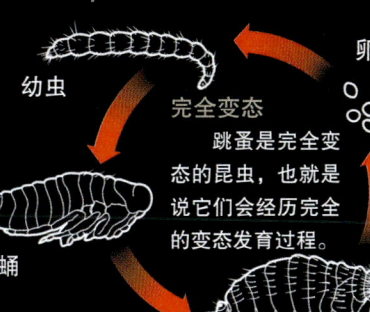

## 以血为食

跳蚤是温血动物的寄生虫，属于食血（吸血）昆虫。成年跳蚤吸食寄主的血，血液中含有跳蚤可以利用的营养物质。雌跳蚤靠这些营养来产卵。成虫粪便中的干涸血液，是多种幼虫的食物。

**1** 前两足对于进食很重要。它们用前两足保持自身不动，准备叮咬。

**2** 跳蚤的口针刺入皮肤时，会排出一种刺激宿主的物质，这种物质能避免血液凝固，便于跳蚤吸血。

### 跳蚤 VS. 人类

跳蚤的跳跃高度是自身体长的 200 倍，相当于人类跃上一栋 130 层高的楼。

# 飞行高手

飞行能力是昆虫最基本的适应性特征之一。大部分昆虫有两对翅膀。甲虫（鞘翅目）用一对翅膀飞行，一对翅膀保护自己。瓢虫圆鼓鼓的身体里有一套非常复杂的飞行系统，使这种对人类无害的小甲虫成了昆虫世界中的出色猎手。

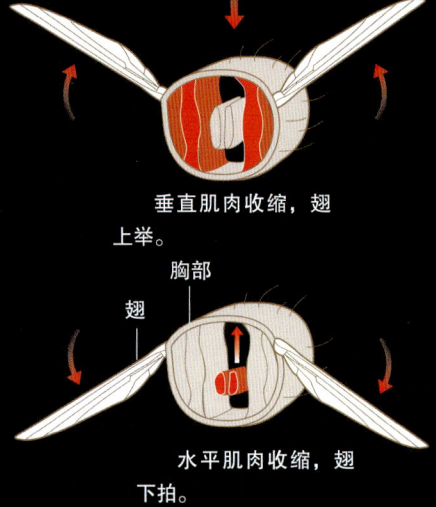

垂直肌肉收缩，翅上举。

胸部

翅

水平肌肉收缩，翅下拍。

## 会飞的"花大姐"

世界上约有 4 500 种瓢虫。几乎所有瓢虫的颜色都很鲜艳，通常是点缀着黑点的红色、黄色或是橘色。鲜艳的颜色通常代表有毒，是对捕食者的警告。实际上，一些瓢虫确实对小型捕食者放毒。瓢虫是农作物害虫的克星，比如木虱和牛虻，因此瓢虫常被当作防治害虫的天然生物。

**3**

### 飞行

鞘翅像机翼一样展开，这时第二对翅膀可以自由活动。基部的肌肉控制飞行方向。

**2**

### 起飞

虽然颜色鲜艳的鞘翅在飞行时没有用处，但瓢虫需要抬起鞘翅才能展开翅，翅只在飞行时可见。

鞘翅抬起

鞘翅的正视图

**七星瓢虫**
*Coccinella septempunctata*

七星瓢虫能杀死害虫。

**1**

### 准备

鞘翅张开。鞘翅保护胸部，并在翅膀收起时保护翅膀。

翅膀准备飞行

鞘翅
甲虫进化后的前翅。

鞘翅抬起

露出翅膀

后视图

瓢虫体长
0.1 ~ 1 厘米。

**警戒态**
瓢虫用鲜艳的颜色吓跑捕食者。

## 翅膀的数量

大部分昆虫都有两对翅膀。不过苍蝇和蚊子例外。

**苍蝇**
1 对翅膀

**蝴蝶**
2 对翅膀

### 其他功能

虽然甲虫与其他昆虫一样有两对翅，但它们的功能不一样。

**甲虫**
1 对硬鞘翅　1 对翅膀

**蝉（同翅目）**
1 对半硬鞘翅

1 对翅膀

## ④ 降落

降落时，瓢虫会放低飞行速度，张开翅膀，后腿可以帮助身体保持平衡。它们无须滑行便能降落。

**胸甲**
鞘翅靠近身体，翅膀在其下折叠。

**显眼的斑点**

二星瓢虫　七星瓢虫 — 7 个黑色斑点

红点唇瓢虫　大斑长足瓢虫

**胸部**
**头部**
**腹部**

### 腿部支撑

**1 后足**
起飞后一直保持伸展。

**2 前足**
两对前足保持弯曲直到落地。

**翅膀**
只在夜晚可见，沿中间的关节折叠。

**翅膀**

**花朵之上**
瓢虫在花朵或植物茎上寻找蚜虫作为食物。

# 潜水、游泳和划水高手

对一些昆虫来说（比如淡水中的水黾和咸水中的海黾），在水上行走不过是日常生活的一部分，并不是什么稀奇的事。如果水面平静，水黾利用液体的表面张力（以及特别的身体结构）就能在水上漫步。但是因为它们需要呼吸空气，所以水面一有动静，它们就会滑回岸边。另一些昆虫则能潜水或游泳，它们可以在水下呼吸并移动。

## 水面之下

水生甲虫有两个特征适合水下生活：后腿向后移动时与水接触的面积比向前时更大，所以能像桨一样将身体向前推；鞘翅可以存储空气，用于在水下呼吸。这些甲虫是死水环境中最主要的捕食者，其中龙虱身长约3.5厘米。

浮上水面补充空气

鞘翅下的空腔

身体

空气

水

龙虱
*Dytiscus marginalis*

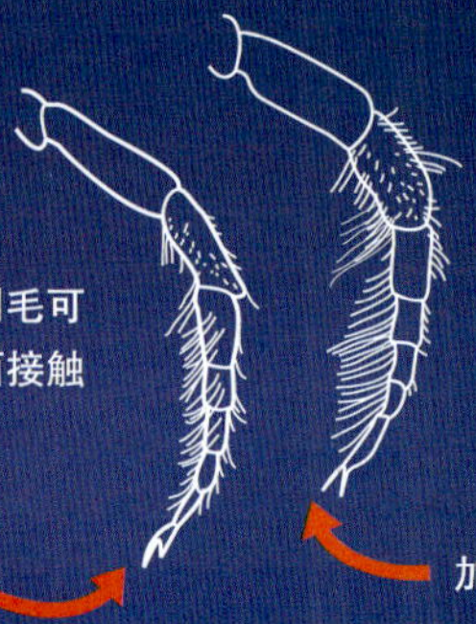

## 水面之上

以前人们认为水黾科的昆虫能在水面上划水，是因为它们的足能分泌一种蜡。直到最近，人们才发现水黾的足上有大量微毛，这些微毛粗细只有人类头发丝的1/30，可以吸附微小的气泡。气泡形成气垫，避免足沾到水，使它们能够漂在水上。

水黾
*Neogerris hesione*
生活在淡水表面。
体长约1.3厘米。

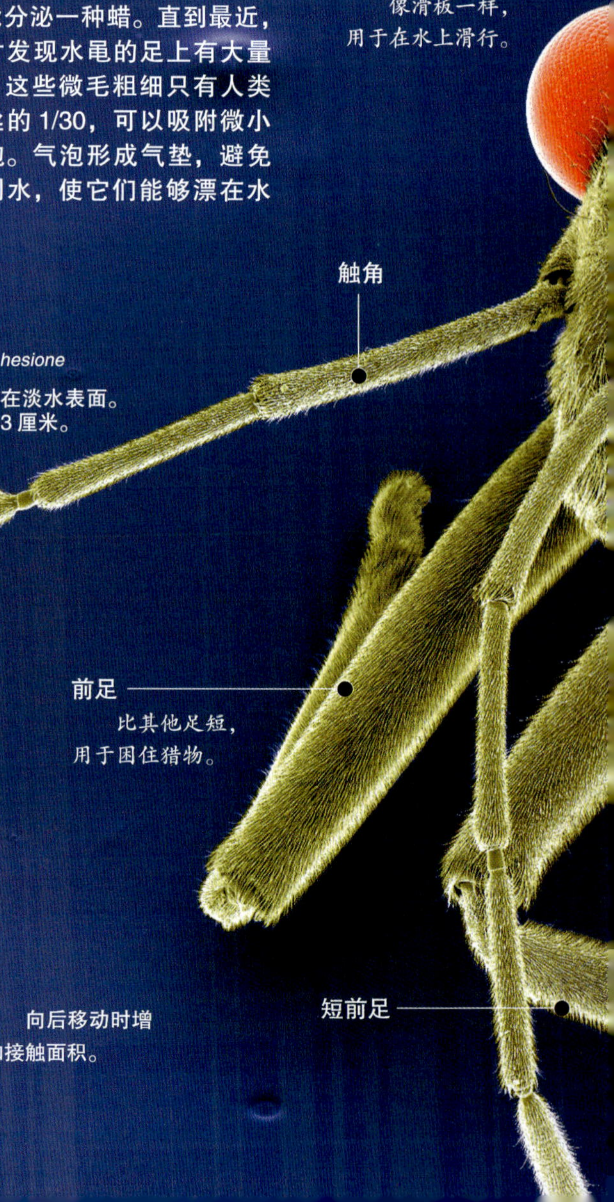

游泳足
足上的刚毛可以调整与水面接触面积的大小。

向前移动时减少接触面积。

向后移动时增加接触面积。

中足
像滑板一样，用于在水上滑行。

触角

前足
比其他足短，用于困住猎物。

短前足

**后足**
为水面滑行提供动力。

异翅亚目昆虫的翅膀分为两半（半鞘翅），一半较硬，另一半像膜一样。

**腹部**

**胸部**

水黾平均游泳速度为

# 1.5 米/秒。

中足和后足长在身体的不同位置。

**头部**

水的表面张力可以承受的重量是水黾体重的

# 15 倍。

## 水上行走
水黾的脚在水上的位置使水成了一张弹性薄膜。后足支撑并推动身体。支点不止一个，足上的多个节片都是支点。

**图例**
ⓧ 水上的支点

空气

## 表面张力
液体分子之间的相互压力让分子聚集在一起，抵抗试图穿透表面的压力。

每个分子都朝所有方向施加压力。

水

水黾的足和水面的接触角度约为167°。

中足更长

# 变形记

变态发育是昆虫在生长发育过程中经历的身体变化过程。变态发育分为两种：完全变态（比如帝王蝶）和不完全变态（比如蜻蜓和蚂蚱）。昆虫的完全变态发育过程包括一个静止阶段（称为茧期或蛹期）。其间，昆虫的身体在荷尔蒙的作用下发生变化。

## 1 生命的开始：卵

成年雌帝王蝶在树叶间产卵，卵在那里可以得到保护。帝王蝶的卵呈灰白色或奶油色，形似木桶，直径约为 2 毫米。幼虫在卵中生长，直到卵孵化完成。孵化结束后，幼虫会吃掉卵壳。

**交配和产卵**
雌蝶在第一次交配后产卵。

幼虫要在卵中待

**7** 天。

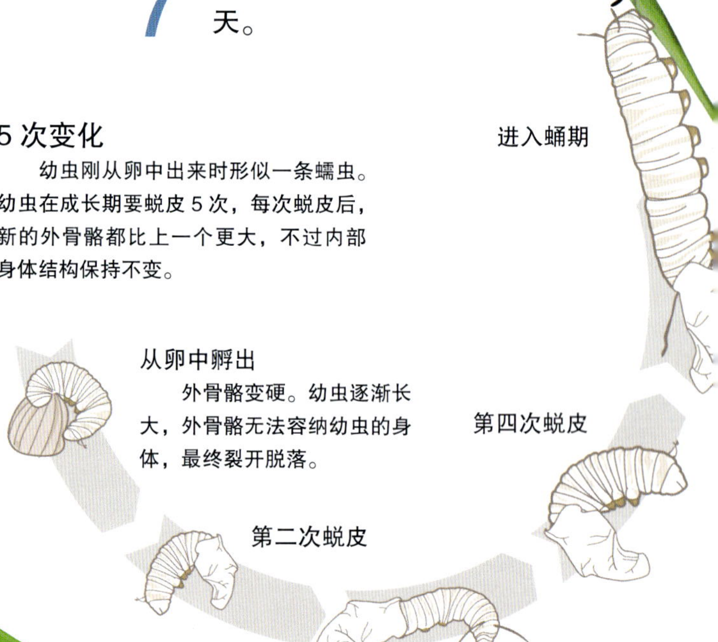

### 5 次变化
幼虫刚从卵中出来时形似一条蠕虫。幼虫在成长期要蜕皮 5 次，每次蜕皮后，新的外骨骼都比上一个更大，不过内部身体结构保持不变。

**从卵中孵出**
外骨骼变硬。幼虫逐渐长大，外骨骼无法容纳幼虫的身体，最终裂开脱落。

第二次蜕皮

第三次蜕皮

第四次蜕皮

进入蛹期

帝王蝶
*Danaus plexippus*

## 不完全变态

和完全变态不同，不完全变态没有蛹期。昆虫的翅膀和腿逐渐发育，因此不存在静止阶段。蝗虫、蟑螂、白蚁和蜻蜓的成长都属于不完全变态。不完全变态的特点之一是幼虫的若虫阶段。若虫的外形在发育过程中会逐渐变化。若虫蜕去外骨骼就变成了成虫。

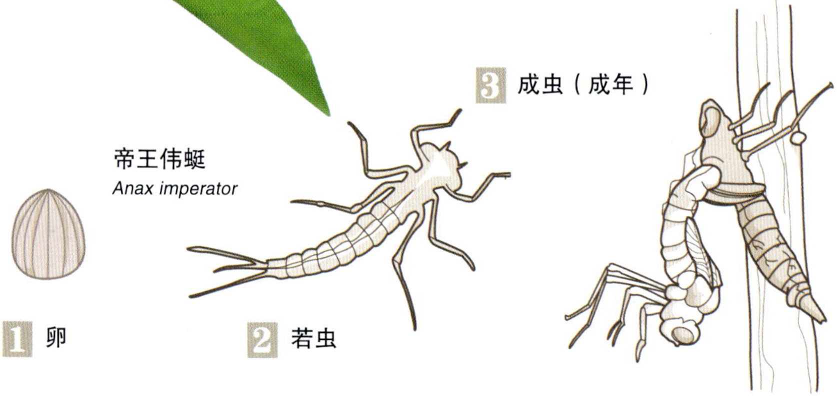

帝王伟蜓
*Anax imperator*

1 卵　　2 若虫　　3 成虫（成年）

## ❷ 幼虫

幼虫吃掉外壳，来到外面的世界。从这一刻开始，它的主要活动是进食和长大。每次蜕皮时，幼虫旧的外骨骼破裂，长出新的柔软外骨骼。新外骨骼在血压的作用下逐渐膨胀，历经化学反应后变得坚硬。

帝王蝶的幼虫期约为

**3** 周。

### 一项简单的任务

幼虫集中精力吃叶子，为变态发育的下一个阶段积累必要的能量。为了消化叶子，幼虫长有简单的消化道。

### 为蛹期做准备

在进入下一个阶段前，幼虫会停止进食，并排出消化道里剩下的所有食物。促进幼虫身体变化的保幼激素开始受到抑制。

**尾刺**
幼虫会分泌出刺入植物茎的纤维垫，然后用腹部尾端的钩子把自己挂在垫上。

**外骨骼**
上有交错的黄黑白三色花纹，刚蜕皮时较软，然后变硬。蜕皮总是从头部开始。

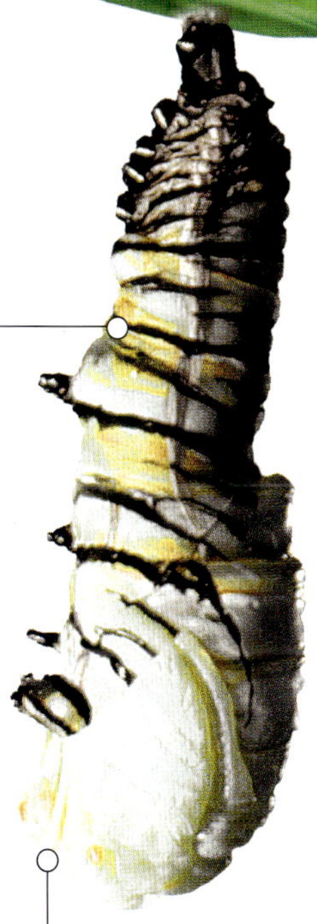

**静止悬挂**
幼虫期即将过去，蛹期就要到来，幼虫静静地等待着变化降临。

**和旧"我"说再见**
幼虫最后的外骨骼开始脱落，取而代之的是一种将会变成蛹或茧的浅绿色组织。

### 幼虫的体内

在幼虫期，幼虫的心脏、神经系统和呼吸系统几乎发育完全，之后基本保持不变。生殖系统在成虫后才会形成。

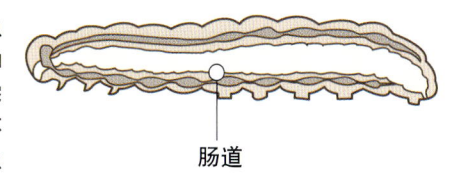

**肠道**

## ③ 蛹（茧）

摆脱掉幼虫期的外骨骼之后，它静静地挂在枝叶上，安全地待在蛹里。它在蛹中发育，具备了蝴蝶的典型特征。在这期间，它虽然不吃不喝，但依然具有强烈的生物活性，正在经历巨大的变化。这一过程叫作组织分解，幼虫的组织分解，转化为成虫结构。

### 组织生成

血淋巴（即血液）、马氏管（昆虫生产能量的器官）、分解的组织，以及幼虫的肌肉形成新的组织。帝王蝶的蛹呈椭圆形，上有金色和黑色的斑点，能保护其中的幼虫。

帝王蝶蛹期或茧期约为 **15** 天。

### 变成蝶形

主要由几丁质构成的角质层或皮肤组织形成了成年蝴蝶的翅和足。新生细胞维持或重建其他器官。

### 激素分泌旺盛

变态发育由三种激素主导。其中之一是刺激前胸腺的脑激素。第二种是由前胸腺分泌的让旧皮肤脱落的蜕皮激素。第三种是保幼激素，减缓向成虫阶段转化的速度。

### 透明可见

随着破蛹化蝶的日子逐渐临近，蝶蛹变细，颜色变得透明，甚至能看见里面变形后的成虫。

**伪装**
蝶蛹的形状、质地和颜色都是它的伪装，能避免蛹被捕食者发现。蝶蛹常常看起来像树叶或者鸟类的粪便。

**内脏器官**
蝶蛹中的幼虫逐渐变成成虫。肠道盘成螺旋形，用于消化液体食物，生殖器官也开始发育，为成年做准备。

肠道

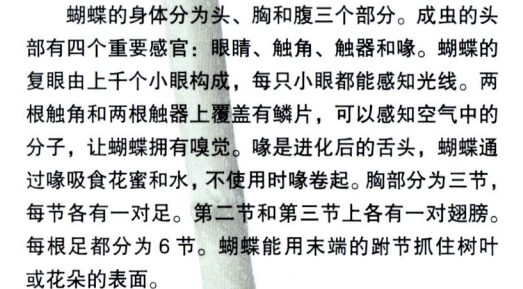

### 蝴蝶的身体结构

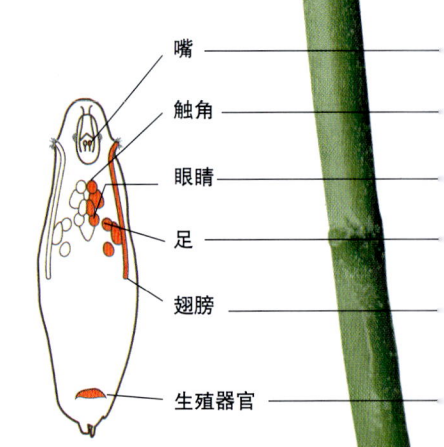

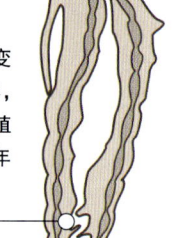

蝴蝶的身体分为头、胸和腹三个部分。成虫的头部有四个重要感官：眼睛、触角、触器和喙。蝴蝶的复眼由上千个小眼构成，每只小眼都能感知光线。两根触角和两根触器上覆盖有鳞片，可以感知空气中的分子，让蝴蝶拥有嗅觉。喙是进化后的舌头，蝴蝶通过喙吸食花蜜和水，不使用时喙卷起。胸部分为三节，每节各有一对足。第二节和第三节上各有一对翅膀。每根足都分为6节。蝴蝶能用末端的跗节抓住树叶或花朵的表面。

嘴
触角
眼睛
足
翅膀
生殖器官

## ④ 成虫

蝴蝶的外形长成后就不再变化。蝴蝶刚从蛹中出来时，翅膀又皱又湿。它需要倒挂一会儿，将翅膀展开晒干，然后才能飞行。这一过程需要等待好几个小时。蝴蝶从此以花蜜为食。

### 挣脱束缚

为了让成虫能够从蛹中出来，蛹会裂开一条竖缝。成虫逐渐伸展开新的身体，激活血液循环。

### 年轻的成虫

刚离开蛹的蝴蝶通常颜色暗淡，折叠的翅膀非常柔软。大约40分钟后，翅膀展开、变硬，颜色变得鲜艳。

### 排出废物

在离开蛹的过程中，蝴蝶排出蛹期产生的废液。这种液体叫作蛹便，味道十分难闻。

### 在一起，但不是永远

离开蛹后，同一批卵孵化出的帝王蝴蝶会在一起待3~8天，然后各奔东西。

### 飞吧，蝴蝶

成年蝴蝶寿命的长短取决于自身的运气，它的迁徙之旅是否顺利，捕食者能否将它捕获……

它们一般能活 **5~7** 周。

### 成虫的生活

成虫的主要任务是交配、繁殖、产下小小的虫卵并带来新的生命。每只雌蝶一生平均产卵100~300颗。

# 等级和进化

蚂蚁是高度社会化的昆虫。蚁丘中的每个居民都有自己的工作。蚁后是蚂蚁家族的家长，只有蚁后有繁殖能力，其他所有蚂蚁都是它的后代。在交配时，蚁后和来自不同家族的雄蚁飞到空中交配。蚁后需要交配多次，以获得足够一生使用的精子。

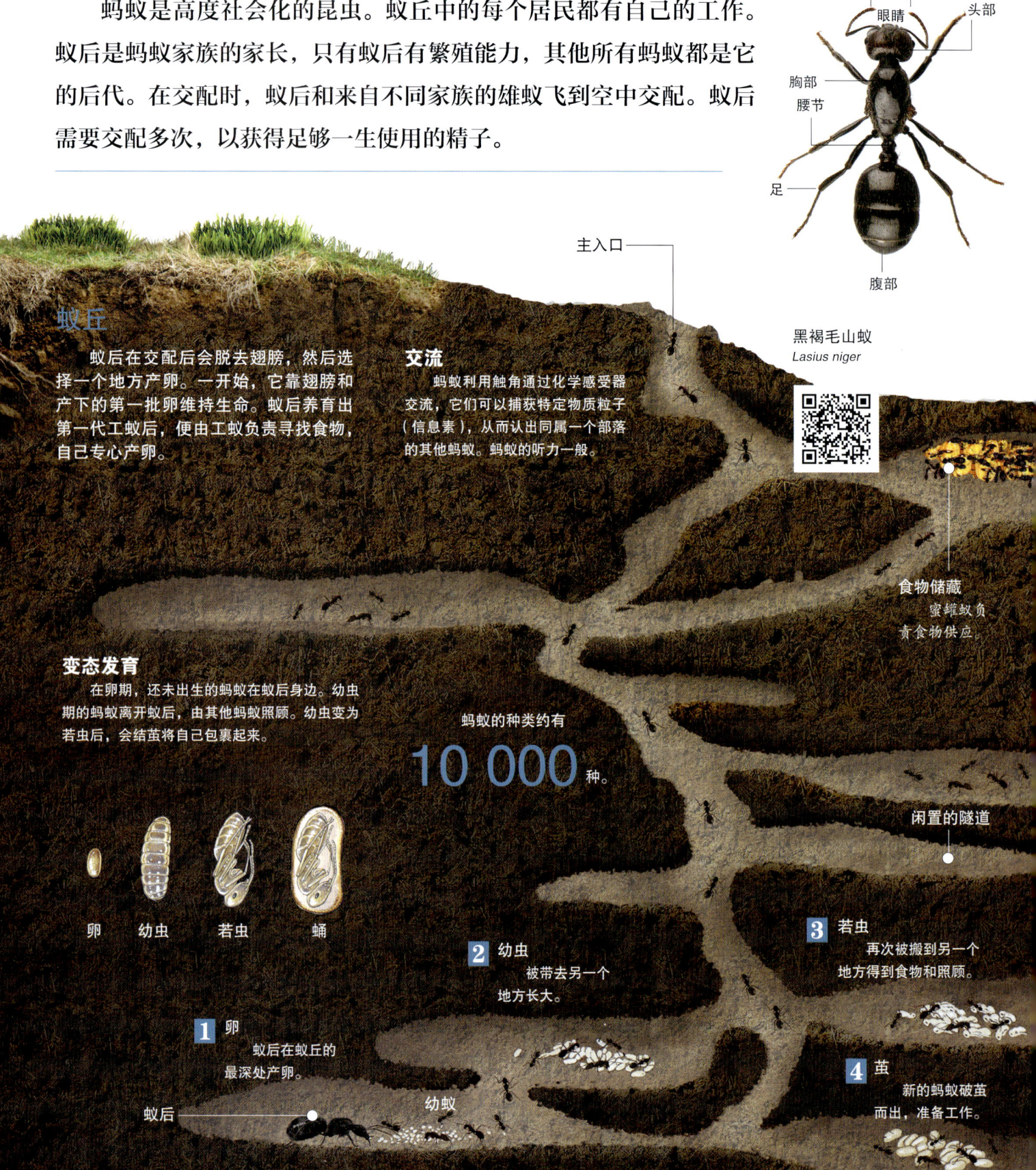

**黑褐毛山蚁**
*Lasius niger*

（触角、眼睛、头部、胸部、腰节、足、腹部）

## 蚁丘

蚁后在交配后会脱去翅膀，然后选择一个地方产卵。一开始，它靠翅膀和产下的第一批卵维持生命。蚁后养育出第一代工蚁后，便由工蚁负责寻找食物，自己专心产卵。

## 交流

蚂蚁利用触角通过化学感受器交流，它们可以捕获特定物质粒子（信息素），从而认出同属一个部落的其他蚂蚁。蚂蚁的听力一般。

主入口

食物储藏
蜜罐蚁负责食物供应。

## 变态发育

在卵期，还未出生的蚂蚁在蚁后身边。幼虫期的蚂蚁离开蚁后，由其他蚂蚁照顾。幼虫变为若虫后，会结茧将自己包裹起来。

蚂蚁的种类约有 **10 000** 种。

卵　幼虫　若虫　蛹

闲置的隧道

**1** 卵
蚁后在蚁丘的最深处产卵。

**2** 幼虫
被带去另一个地方长大。

**3** 若虫
再次被搬到另一个地方得到食物和照顾。

**4** 茧
新的蚂蚁破茧而出，准备工作。

蚁后　　幼蚁

## 社会等级

蚁丘中的每只蚂蚁从出生时就确定了自己的角色。根据分工不同，蚂蚁可以分为蚁后、雄蚁、兵蚁、工蚁。

**蚁后**
2对翅
是群体中体型最大的蚂蚁。主要职责是繁殖后代和统管蚁群。

**雄蚁**
1对翅
它的任务是交配，在交配后死去。

**工蚁**
负责搜集食物、打扫卫生和保护蚁丘。

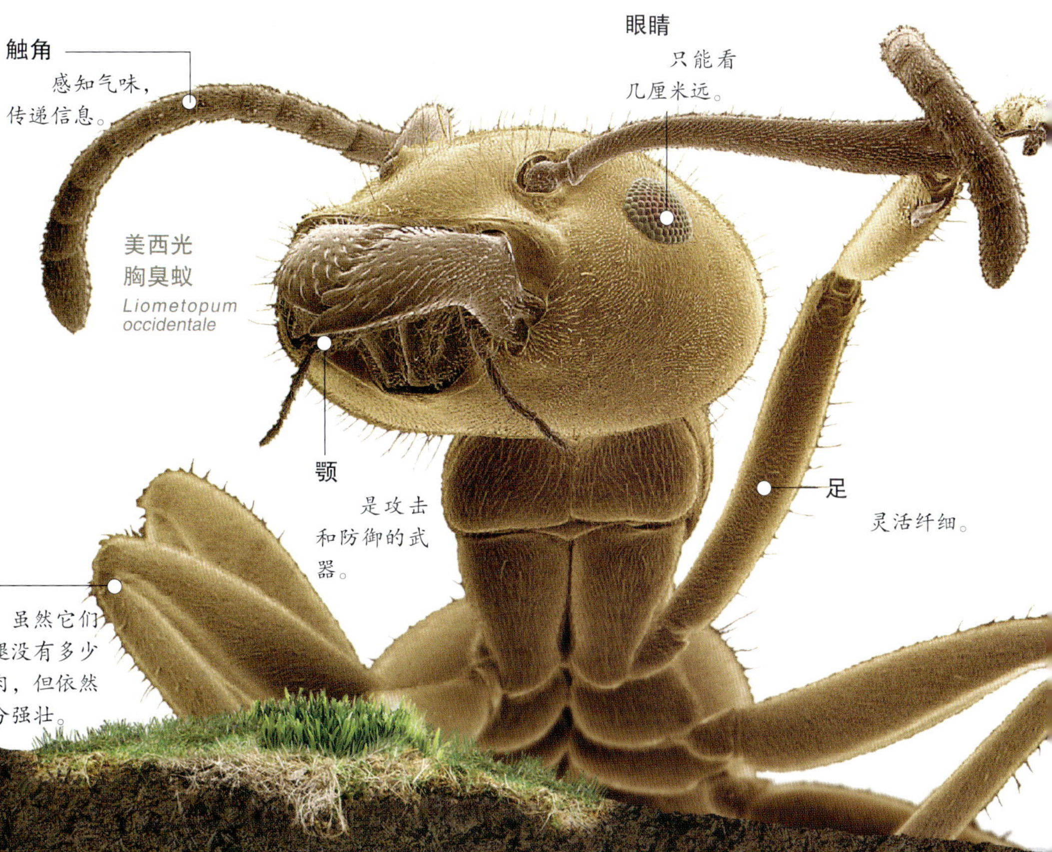

**触角**
感知气味，传递信息。

**眼睛**
只能看几厘米远。

**美西光胸臭蚁**
*Liometopum occidentale*

**颚**
是攻击和防御的武器。

**足**
灵活纤细。

**腿**
虽然它们的腿没有多少肌肉，但依然十分强壮。

## 进食

蚂蚁不能吃固体食物。它们将能吃的动植物与唾液混合成糊状，供整个部落食用。

食物储存在腹部。

蜜罐蚁

食物储备

## 交换食物

蚂蚁有两个胃，不同蚂蚁之间可以分享食物。接受食物的蚂蚁用前腿触碰给予食物的蚂蚁的嘴唇，然后开始传递食物。

胃

进食胃

嗉囊

社交胃

## 防御

撕咬和喷射蚁酸是蚂蚁最常用的防御手段。兵蚁的脑袋比工蚁大，它们的工作之一就是吓跑敌人。

**颚**
颚是蚂蚁的主要自卫武器，只需咬一口就能吓跑或伤害敌人。蚂蚁还用下颚捕猎和进食。

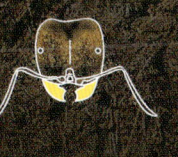

美国真菌蚁

钳子般的下颚

**毒液**
蚂蚁可能含有蚁酸，可以杀死或麻痹猎物。毒液产自下腹部中的特殊腺体。

赤蚁
*Formica rufa*

有毒的螫针

腹部

喷射毒液

大齿猛蚁
*Odontomachus bauri*

毒囊

# 目标：活下去

进化赋予生物不同寻常的特征。一些昆虫伪装成树枝或树叶来捕猎或避免成为猎物；另一些昆虫用炫目的颜色或骇人形状欺骗其他动物，从而避免被攻击。数百万年来，躲藏和作秀这两种截然相反的手段是使最能适应环境的动物活下来的绝妙手段。

## 警示

拟态就是模拟其他生物的一些特征：要么显得很危险，要么让自己看上去很难吃。模拟危险动物的颜色和形状叫作贝氏拟态。昆虫分泌难闻的物质来恶心捕食者，这叫作缪勒拟态。

**钩粉蝶属**
*Gonepteryx sp.*
翅膀像是断掉的树叶。

## 防御

最常被模仿的昆虫有蚂蚁、蜜蜂和黄蜂，因为它们能分泌可能致命的有毒物质。

**翅脉**
翅脉看起来就像树叶的脉络，这种模仿非常出色。

## 模仿大师

动物的伪装或保护色是适应环境的一种现象。捕食者和潜在的猎物都会使用伪装术。昆虫的身体可能形似树皮、树叶、树枝或是树木的其他部分。它们通过这种方式轻松"消失"在周围的环境里。

### 翅膀
翅膀的颜色、形状和结构都和树叶相似，看起来就像树叶一样。

**幽灵竹节虫**
*Extatosoma sp.*
这种像小树棍的虫子会前后摇摆，仿佛随风摆动。

**身体**
树枝状的腹部。

**足**
像干枯的树叶。

**孔雀蛱蝶**
*Inachis io*
艳丽、警戒态（警告性的）的配色警告捕食者：我非常危险，最好保持距离。

**眼斑**
鳞片的花纹看起来像是眼睛。

## 伪装

伪装是这些昆虫的生存技能，目的是不被捕食者发现。

**眼睛**
复眼，可以监控周围环境。

**前足**
移动缓慢，从而不被猎物察觉。

**小魔花螳螂**
*Blepharopsis mendica*
这种螳螂利用伪装对那些过于靠近它们强壮前足的昆虫发起突然袭击。